"博学而笃志，切问而近思。"

《论语》

博晓古今，可立一家之说；
学贯中西，或成经国之才。

复旦博学·数学系列

概 率 论

（第二版）

应坚刚　何　萍　编著

Probability
Theory

復旦大學出版社

内 容 提 要

　　本书以概率空间和随机变量为主线，力求将概率论的直观思想同严密的数学逻辑结合起来，主要讲述概率论和随机变量的一些基本理论、经典问题，包括一些重要的分布、数学期望、条件概率和独立性、随机变量的各种收敛性以及相互间关系、大数定律、特征函数的方法、中心极限定理等. 本书可作为高等学校理科各专业和其他相关专业的教材，亦可供有关科研人员参考.

第二版前言

讲一门课，写一本教材，首先思考的是选取什么内容. 我作为概率论的专业教师，自工作以来一直教概率论这门课，送走了一届又一届的学生，但是每次上课的时候还是不由自主地考虑这门课应该包括哪些内容以及怎么讲这些内容，所以从第一版出版后，讲义还是在不断地修改补充删减，力求让教材更贴合我对大学概率论课程的理解. 虽然每次改动都不大，但这么多年过去，积少成多，感觉到了该出一个新版本的时候了.

学生在概率论这门课程上主要要学些什么？首先，我们将讲一些直观经典的例子，以让读者来感受什么是随机现象，什么是概率，也就是说了解这门学科的背景，这有助于读者理解这门课程为什么要这样来展开. 概率论在 17 世纪中叶产生到 20 世纪初建立公理体系而真正成为一个数学分支，经过了约 250 年历史，在这段时间里，概率论可以说是自由发展着，每个人都感觉着概率论直观的一面而把它记录下来，已经积累了丰富的内容. 除了古典概率外，还知道各种分布，比如二项分布、Poisson 分布、几何分布、均匀分布、正态分布、指数分布等现在教科书上必讲的经典分布，也知道它们怎么作为数学模型用在一些具体的问题上，当然也知道分布的一些基本的数字特征，比如数学期望和方差、相关系数等，也知道随机变量独立性应该怎么来描述或者它直观上是什么意思. 令人惊讶的是，早在 1700 年，Bernoulli 就知道频率会趋于概率的称之为大数定律的重要思想，这是大样本统计学的基石；同样令人惊讶的是在 1730 年，De Moivre 进一步精细化了大数定律，证明了二项分布中心化后的分布趋于正态分布，发现了概率论中最重要的分布. 以上这些内容是每个学完大学概率论的学生应该了解的基本知识.

在了解了这些基本知识之后，真正对数学感兴趣的学生必然想要弄清楚这个学科的理论体系，想要弄清楚每个直观陈述背后的数学含义和逻辑体系，因此我们将同时介绍概率论的公理体系，让学生们知道尽管概率论本身研究随机现象，但作为数学的分支，概率论有严密的公理和逻辑作为基础，是一个确定的严格意义上的学科，没有任何含糊的地方，它能够比较恰当地解释某些随机现象并对实际的问题有一定的指导意义. 读者应该记住，数学通常只是把实际问题简单化，抽象化，最完美的数学模型也不能完全重现实际问题，换句话说，实际世界和数学模型之间还有遥远的距离. 公理化之后，概率论的研究对象就是概率空间和随机变量及其分布. 这些研究对象都有很好的实际背景，但是其数学意义是来自公理体系和逻辑推理的，直觉可以帮助解决数学问题，但不能作为解决数学问题的依据. 随后我们将介绍概率论中最重要的一些分布类型, 它们就如同数学分析中重要的函数类型一样, 概率论中最重要的独立性和条件概率也会在数学上给予定义. 接着, 我们会介绍概率研究中的一些数学方法, 比如随机序列的收敛性与分布列的弱收敛性, 然后我们就可以理解概率论中最早也是最重要的一个定理: Bernoulli 大数定律, 它算是概率这个概念的直观意义所在, 也是随机现象中最重要的一个规律. 在这里, 我们还补充了作为大数定律序列中最重要的 Kolmogorov 强大数定律及其证明, 其方法漂亮得令人惊叹. 最后, 为了证明概率论另外一个重要定理: 中心极限定理, 我们详细介绍了分析中的最常用, 最重要的方法: 特征函数方法. 这个方法本身没有多少概率气息, 但它在概率论研究中的作用是不可替代的. 最后一章比较抽象, 是为概率论理论研究准备的, 教师可以视课时和学生情况决定是否讲授.

当然以上两部分内容并不是完全分裂的, 在这一版教材中也是交错在一起的. 总体说来, 本次修订相对于上一版还是有较大的改动, 章节的编排和顺序都有所改变, 但是基本的结构内容并没有太多变化. 我们把单调类方法和条件数学期望合在一起把它放在最后一章, 这个内容对于读者进一步学习随机过程和随机分析是绝对重要的. 加星号的补充内容不在大纲或者考试范围之内, 有兴趣的学生可以选择阅读. 加星号的习题也是相对比较难的. 另外参考书目中添加了王梓坤先生不久前再版的经典教材 [15], 它也是我大学学概率论时使用的教材, 印象深刻. 如果对概率论理论感兴趣且想进一步学习测度化概率论, 随机过程和随机分析, 那么可以参考汪嘉冈教授的教材 [16] 和我与合作者编写的研究生教材 [18].

从课时安排看, 本教材的总课时是 48 个, 第一章初等概率论约 6 个课时, 第二章随机变量及其分布约 3 个课时, 第三章条件概率全概率公式约 4 个课时, 第四章数学期望内容较多, 约需要 7 个课时, 第五第六两章一维与多维随机变量以及常用分布约 10 个课时, 第七章三种收敛性约 4 个课时, 第八章特征函数约 4 个课时, 第九章中心极限定理约 2 个课时, 第十章单调类方法独立随机序列存在性与条件期望约 8 个课时.

尽管讲义着重的是理论, 但更重要的是直觉, 因为理论可以传承, 直觉却只能自己感悟. 本讲义在复旦大学作为数学专业概率论课的教材已经使用多年, 虽经不断的修改补充, 但一定还会有错误或者不妥之处, 望读者见谅.

12/21/2013 于南京雍园时光青旅

补充 1: 感谢本院 2013 级学生王博文和吴佩学, 他们仔细阅读了讲义并提醒我改正了讲义中的许多错误.

补充 2: 感谢复旦大学出版社编辑范仁梅女士和陆俊杰先生仔细阅读并改正许多文字表达的错误, 为本书新版的出版提供帮助.

第一版前言

概率论是大学数学各专业的必修课, 作者讲授概率课程多年, 选用过多种不同的概率论教材, 但经常有学生反映为他们讲授的概率论不像是数学, 作为教师, 我们在教授时也有同样的感觉, 因为其中常常有许多概念不能严格地定义, 许多结果不能严格地证明, 原因是严格地定义和证明需要测度论的语言, 而测度论的体系又不可能在概率论课程中详细介绍, 这促使作者尝试编写现在这本教材, 努力用最简单的语言讲清楚每个概念和严格证明每个结果.

本教材分两章, 第一章讲授概率空间和数学期望的公理体系与基本理论, 大多数涉及的例子都是离散的和古典的, 所用的方法是初等的. 第二章讲授连续型随机变量和分布理论, 介绍了收敛的概念及其性质、特征函数及其应用, 还简单介绍了大数定律与中心极限定理. 整个内容除了假设均匀分布的存在性外, 所涉及的每个结果都有严格的证明. 除最后一节介绍特征函数的内容时需要应用一些简单的复变函数知识, 阅读本教材所需的知识限制在数学分析和线性代数的范围内, 但很好的数学素养会对理解有很大的帮助. 我们在编写过程中遵循的宗旨是简明扼要, 期望学生在理解概率的直观与历史背景的同时认识到概率论是严密数学理论的一个分支. 书中还讲述了大量直观的经典例子, 它们是教材的重要组成部分, 期望读者通过这些例子来理解概率论的方法. 如果读者对经典的概率问题感兴趣, 可以进一步阅读 Feller [5], 从直觉和理论两方面来说这都是一部极其经典的概率参考书教材, 较新的 [7] 也是不错的参考书. 如果读者对概率的数学理论有兴趣, Billingsley [1] 是一个很好的开始.

概率论是历史悠久且直观背景很强的领域, 但它成为数学的一个分支却还不到百年的历史. 概率论的严格公理体系是建立在测度论上的, 而测度论不能很好体现概率生动而直观的一面, 因此教师在讲授概率论和编写概率论教材时, 常常会陷入注重严格的逻辑体系或者注重直观背景这样两难的选择. 本教材的编写过程也是如此, 虽然我们非常努力地尝试把两者自然地连接起来, 取得我们所理解的某种意义上的平衡, 但是否能达成这一目标依然需要实践的检验. 本教材曾作为复旦大学数学系三年级第一学期部分专业每周 4 学时概率论课程的讲义试用过, 反响良好. 本教材不是一本通用教材, 希望它的特色适用于那些对概率的数学理论感兴趣的读者, 以帮助他们更好地理解概率论. 我们要感谢复旦大学数学系, 他们在基金资助和课程安排方面的鼎力支持对于完成教材的编写是至关重要的; 感谢复旦大学出版社的范仁梅女士为本书顺利出版提供的帮助.

目录

第一章 初等概率论

概率论的发展是从古典概率开始的, 理解概率论当然也要从古典概率开始. 古典概率是指我们熟知的那些掷硬币, 掷骰子, 摸球等游戏中产生的概率问题, 在如今的中学教材中也已经出现, 日常生活中更是常见. 它通常具有有限多种可能性且直观上是等概率这样两个特点. 古典概率的问题通常归结于集合计数问题, 我们学习的重点不是怎么解决这些问题, 而是怎么通过这些问题来理解概率论的产生.

1.1 概率简史

概率论是数学的一个分支, 产生于人们对随机现象的认识与研究. 人类对随机现象的认识和利用应该已经有悠久的历史, 在许多场合都会用到随机现象, 比如赌博, 祭祀等. 特别是赌博, 深植于各种阶层各个民族的文化之中, 正是因为人类无法破解这些随机现象, 赌博作为一种娱乐或者可以让人瞬间贫富转换的战场才始终长盛不衰. 观察概率论的历史, 我们可能还需要感谢一些职业赌徒的执着地想勘破玄机的精神, de Méré 就是记录在案的一个法国贵族赌徒, 他不断地写信给当时最伟大的数学家 Pascal 询问他自己在赌博中迷惑的问题, 比如著名的分赌注问题等, 正是他的这些问题让数学家开始认真思考随机现象中的一些规律性现象, 从而诞生出概率论这个学科.

尽管历史记录认为概率论始于 Pascal 和 Fermat 的通信讨论, 但我相信历史上一定有许多智者对神秘的随机现象感兴趣并进行研究. 这里特别应该提到的例子是 16 世纪的意大利著名数学家 G. Cardano (1501-1575) 写过一本研究机会问题的书《The book of games of chance》(共 15 页), 里面有很多关于骰子游戏中的概率问题讨论, 该著作比 Pascal 和 Fermat 的通信早大约 100 年. 由于 Cardano 与教会的矛盾, 该书一直在他死后很多年才得以出版, 而且并没有相关学者注意到, 使得它和其它类似研究一起湮灭在历史的长河中, 直到上个世纪才被人关注并拿来作为历史进行研究. 从 Pascal 和 Fermat 那个时间算起, 到 Kolmogorov 的公理体系出现之前, 尽管概率不是严格意义上的数学, 但仍然产生了丰富的结果, 如组成本教材主要内容的大数定律与中心极限定理等, 还有超出本教材范围的随机游动理论, Markov 过程, Lévy 过程, Brown 运动等. 到 20 世纪 30 年代由前苏联数学家 Kolmogorov 引入了严格的公理体系, 概率论立刻带着丰富的内容进入数学家族, 成为数学的一个重要分支.

本讲义把概率论作为严格的数学理论来介绍, 强调其严密的一面, 但观察概率论的历史, 读者应该认识到概率论的背景和应用是学习概率论所不可缺少的. 像前言中所说那样: 理论是可以通过教材学的, 直观却是需要自己体验的. 作为数学的一个分支, 如著名概率学者 Feller [5](p.1) 所言: [1] 要注意区分理论的三个方面, 第一是其形式逻辑公理体系, 第二是其直观背景历史演变, 第三是其应用, 对任何一方面的缺失, 都会妨碍你对整个理论的欣赏.

A. Einstein 有句有争议的名言: 上帝不掷骰子. 意思就是说大自然早已确定了所有的规则. 但不论上帝掷不掷骰子, 他至少有时候表现得像在掷骰子, 因为现实世界里确实有许多难以预知结果的现象. 人们称这些现象为随机现象. 概率论是由于人们对随机现象的兴趣发展起来的, 也是研究随机现象的重要工具之一, 但概率论不关心随机现象的成因, 也就是说不研究随机现象是由于自然本身确实不可预知抑或是由于人类的无知. 简单的如掷硬币, 它本质上是一个经典的确定的力学系统, 但现有的测量手段和计算工具远不足以告诉硬币的哪一面会向上, 所以我们一样把它称为随机现象. 概率这个词是人们经常使用的, 用来描述一个随机现象中某个事件出现的可能性大小, 但也许很少有人会仔细地想一想人们在使用这个词的时候的确切意义. 例如, 大多数人都知道掷硬币得到国徽的概率是 $\frac{1}{2}$, 但它的含义究竟是什么呢? 又例如, 若天气预报说明天下雨的概率是 $\frac{1}{2}$, 它的含义又是什么? 是否和硬币的情况一样呢? 其实这两种场合是不同的, 在前一种场合下, 可以说这样的说法是有依据的, 而在后一种场合, 人们只是用概率表达自己的一种信念. 说前一种情况有依据, 是因为我们可以用一种简单的方法进行验证, 例如我们可以任意次地重复地掷硬

---

[1]原文: In each field we must carefully distinguish three aspects of the theory: (a) the formal logical content, (b) the intuitive background, (c) the application. The character, and the charm, of the whole structure cannot be appreciated without considering all three aspects in their proper relation.

币, 看其中正面或反面出现的比例, $\frac{1}{2}$ 的意义在于当掷足够多次硬币后, 这个比例大约会是 $\frac{1}{2}$. 而在后一种情况, 概率只是表达说话人语气的一种方式, 不能验证其正确或不正确. 数学中的概率论是以前一种情况为研究对象的. 关于这方面类似问题的解释, 更多地属于哲学范畴, 感兴趣的读者可参考 von Mises 的经典著作 [14].

在 Kolmogorov 把概率作为测度引入了公理体系之后, 概率论成为数学的一个部分, 它很好地表达了绝大多数已知的经典概率问题, 就如同几何学可以表达实际测绘中的问题一样. 严格的理论来自于人们对于直觉的抽象化, 它可以帮助我们触摸到直觉难以触及的深度. 在这里, 我们对概率论的早期历史作一简单说明.

(1) 1654 年: B. Pascal(1623–1662) 与 P. Fermat(1601-1655) 的 1654 年夏天的一些通信. 在其中, 他们对一些所谓的机会问题进行了探讨, Fermat 建议了古典概率的算法, 而 Pascal 想讨论赌博中的公正问题, 如分赌注问题.

(2) 1657 年: C. Huygens(1629–1695) 出版的书: 游戏中的机会之价值, 英文名: *The Value of all Chances in Games of Fortune.*

(3) 1713 年: J. Bernoulli(1654–1705) 出版的书: 猜度术, 英文名: *The Art of Conjecture*, 首次证明了大数定律.

(4) 1733 年: De Moivre(1667–1754) 的工作: *The Analytic Method*, 推导出中心极限定理和正态分布.

(5) 1812 年: S. Laplace(1749–1827) 出版的书: *Essai philosophique sur les probabilités.* 在此书中, 他给出了概率应该满足的性质, 例如可加性, 还定义了古典概率.

(6) 1933 年: Kolmogorov 出版的书: *Foundations of Probability Theory*, 推出概率的公理体系, 并被大家接受.

还有许多著名学者在概率的早期研究中留下了他们的名字: 如 Poisson(1781–1840), Gauss(1777–1855), Chebyshev (1821–1894), Markov (1856–1922), von Mises (1883–1953), Borel (1871–1956) 等. 然后随着整个数学基础的成熟, 概率也成为一个重要的数学领域.

例 1.1.1 (分赌注问题) 分赌注问题是 1654 年由贵族赌徒 de Méré 提给数学家 Pascal 的若干关于赌博的机会问题之一, Pascal 就这些问题和 Fermat 有一系列通信讨论, 他们各自用不同的想法给出了答案一致的解答, 虽然问题简单, 但自然地用到独立性与可加性, 对概率概念的最终形成有极大的贡献. 甲乙两个赌徒通过掷硬币三局两胜 (先胜两局者胜) 来分 64 块钱赌注, 正 (反) 面是赌徒甲 (乙) 胜. 已知第一次掷硬币是正面, 问继续下去甲最终赢得赌注的概率是多少? 继续掷第二次, 如果是正面, 那么甲 2:0 赢; 如果是反面, 那么他们 1:1 平局, 需要再掷一次决胜负. 因此甲最终赢包含两种情况: 1. 第二次是正面, 概率是 1/2; 2. 第二次是反面, 但第三次是正面, 概率是 1/4, 这里用到两次掷硬币的独立性; 从而甲最终赢得概率是 $1/2 + 1/4 = 3/4$, 这里用到概率的可加性.

这里所提到的可加性和独立性正是概率论最重要的两个性质, 大多数经典概率问题可以直观地用这两个性质解决.

1.2　计数

本节简单介绍集合计数的问题, 也就是组合理论, 它是古典概率模型中的主要工具. 最重要的是下面的乘法原理.

定理 1.2.1 设完成一件事情分 r 个顺序的步骤, 第一步有 n_1 种选择, 固定第一步的选择后, 第二步有 n_2 种选择, 固定前两步的选择后, 第三步有 n_3 种选择, $\cdots$, 在固定前 $r-1$ 步的选择后, 第 r 步有 n_r 种选择, 那么完成这件事情共有 $n_1 n_2 \cdots n_r$ 种选择.

从 n 个学生中选 r 个学生排成队列是典型的例子, 这时第一步有 n 种选择, 第一个人选定后, 第二个人有 $n-1$ 种选择, $\cdots$, 由乘法原理共有

$$n(n-1)\cdots(n-r+1)$$

种排列的方法, 记此数为 $(n)_r$, 称为 n 个对象中选 r 个的排列数. 如果 $n=r$, 这等于说 n 个学生有多少种不同的顺序, 共有 $n!$ 种. 这里注意选择数是指固定前面步骤中的选择后的选择数, 单独地看第二步, 它和第一步一样有可能选择到所有的人, 因此也有 n 种选择, 但选好了第一个, 第二步就只有 $n-1$ 个选择了. 这是不可重复的情形, 在其他一些情形下选择也许是可以重复的, 比如选号码, 设 r 个人都从 $1, 2, \cdots, n$ 中选个号码, 因为可以重复, 每个人都有 n 种选择, 我们讲选择是独立的, 这时共有 n^r 种不同选择.

将上面 n 个对象取 r 个排列分成为如下两步: 先取出 r 个对象, 然后再将它们

排顺序. 第一步的不同选择数称为是 n 个对象中取 r 个的组合数, 记为 $\binom{n}{r}$ 或 C_n^r, 与排列数的不同处是它不计顺序, 第二步是 r 个对象的排列有 $r!$ 这么多选择. 再用乘法原理得

$$(n)_r = \binom{n}{r} \cdot r!,$$

因此

$$\binom{n}{r} = \frac{(n)_r}{r!} = \frac{n!}{r! \cdot (n-r)!}.$$

组合数也被理解为 n 个不同元素的组分为包含 r 个与 $n-r$ 个元素的两个组的分组数. 排列和组合的差别通常也就是考虑顺序和不考虑顺序的差别.

例 1.2.1 掷一个骰子, 有 6 种可能; 两个骰子, 有 36 种可能. 若区别骰子, 两个骰子点数不同有 $6 \times 5 = 30$ 种可能, 三个骰子点数互相不同有 $6 \times 5 \times 4 = 120$ 种可能. 若不区别骰子, $2,1,3$ 与 $1,2,3$ 就不区分了, 这时两个骰子点数不同有 $6 \times 5/2! = 15$ 种可能, 三个骰子点数互相不同有 $6 \times 5 \times 4/3! = 20$ 种可能. 从标准的 52 张扑克牌中取 5 张牌, 当然通常是不在意牌的顺序的, 共有 $\binom{52}{5}$ 种选择. 其中没有重复的牌点的可能选择共有 $\binom{13}{5} \cdot 4^5$ 种, 恰有一个对子的可能选择有 $13 \cdot \binom{4}{2} \cdot \binom{12}{3} \cdot 4^3$ 种, 恰有两个对子的可能选择有 $\binom{13}{2} \cdot \binom{4}{2} \cdot \binom{4}{2} \cdot 11 \cdot 4$ 种. 恰是三带二 (即 3 张相同数字的加 2 张相同数字的, 英文是 full house) 的可能选择有 $13 \cdot 4 \cdot 12 \cdot \binom{4}{2}$ 种. ∎

例 1.2.2 (分组) 从 n 个人中取 k 个人的方法数是组合, 它实际上也可以看成为把 n 个人分为两组各有 k 与 $n-k$ 个人, 而且容易验证组合数对应于二项式展开

$$(x+y)^n = \sum_{k=0}^{n} \binom{n}{k} x^k y^{n-k},$$

或者说在左边乘开后的和式中, 其中包含 k 个 x 与 $n-k$ 个 y 的项共有 $\binom{n}{k}$ 个. 考虑更一般的分组: n 个人分为 r 组, 分别各有 $n_1, n_2, \cdots, n_r$ 个人, 这样有多少种不同分法? 第一组的分法有 $\binom{n}{n_1}$ 种, 分好后, 从剩下的 $n - n_1$ 中分第二组, 分法有 $\binom{n-n_1}{n_2}$ 种, 然后再从剩下的 $n - n_1 - n_2$ 个人中分出第三组, 依此类推, 由乘法原理, 不同分法共有

$$\binom{n}{n_1} \cdot \binom{n-n_1}{n_2} \cdots \binom{n-n_1-\cdots-n_{r-1}}{n_r} = \frac{n!}{n_1! n_2! \cdots n_r!}$$

种. 我们把右边记为

$$\binom{n}{n_1 \ n_2 \ \cdots \ n_r} := \frac{n!}{n_1! n_2! \cdots n_r!},$$

称为多项组合数. 同样有多项式展开公式

$$(x_1 + \cdots + x_r)^n = \sum_{n_1 + \cdots + n_r = n, n_1, \cdots, n_r \geq 0} \binom{n}{n_1 \ n_2 \ \cdots \ n_r} x_1^{n_1} \cdots x_r^{n_r},$$

且特别地 $\binom{n}{k} = \binom{n}{k \ n-k}$.

例 1.2.3   前面看到, 从 $\{1, 2, \cdots, n\}$ 中取 k 个不同的数, 如果计顺序, 则有 $(n)_k$ 种不同取法, 也就是说, 集合 $\{(x_1, x_2, \cdots, x_k): 1 \leq x_i \leq n,$ 且互不相同$\}$ 共有 $(n)_k$ 个元素. 如果不计顺序, 则有 $\binom{n}{k}$ 种不同取法. 也就是说, 满足 $1 \leq x_1 < x_2 < \cdots < x_k \leq n$ 的正整数向量 $(x_1, \cdots, x_k)$ 的个数等于 1 到 n 的整数中取 k 个数的组合数, 即 $\binom{n}{k}$.

然后, 再看取 k 个可以重复的数的取法, 如果计顺序, 那么相当于重复地取 k 次, 每次有 n 种取法, 共有 n^k 种取法. 问题是不计顺序有多少种取法? 那相当于算满足 $1 \leq x_1 \leq x_2 \leq \cdots \leq x_k \leq n$ 的正整数向量 $(x_1, \cdots, x_k)$ 的个数. 我们用 $A_{n,k}$ 表示满足 $1 \leq x_1 < x_2 < \cdots < x_k \leq n$ 的正整数向量 $(x_1, \cdots, x_k)$ 组成的集合, 而用 $B_{n,k}$ 表示满足 $1 \leq x_1 \leq x_2 \leq \cdots \leq x_k \leq n$ 的正整数向量 $(x_1, \cdots, x_k)$ 组成的集合. 作变换

$$\phi((x_1, \cdots, x_k)) := (x_1, x_2 + 1, x_3 + 2, \cdots, x_k + k - 1),$$

它是 $B_{n,k}$ 到 $A_{n+k-1,k}$ 的映射. 显然 ϕ 是单且满的, 因此

$$|B_{n,k}| = |A_{n+k-1,k}| = \binom{n+k-1}{k}.$$

作变换的方法是计数的一个常用方法. 比如我们再来算在 1 到 n 中取 k 个不重叠 2- 组的取法 (不计顺序). 一个 2- 组是指两个连续整数. 如 $(1, 2)$, $(4, 5)$ 是 1,2,3,4,5 中 2 个 2- 组. 用 $C_{n,k}$ 表示从 1 至 n 个整数中选取的有序的 k 个不重叠 2- 组全体. 一个有序的 k 个不重叠 2- 组可以写成

$$((n_1, n_1 + 1), \cdots, (n_i, n_i + 1), \cdots, (n_k, n_k + 1)).$$

把它映射为

$$(n_1, \cdots, n_i - i + 1, \cdots, n_k - k + 1).$$

不难验证这样的映射建立了从 $C_{n,k}$ 到 $A_{n-k,k}$ 的一个一一对应, 因此,

$$|C_{n,k}| = |A_{n-k,k}| = \binom{n-k}{k}.$$

例 1.2.4 满足 $x_1 + \cdots + x_r = n$ 的正整数值向量 $(x_1, \cdots, x_r)$ 有多少个? 想象有 n 个 1 排成一排, 然后插入 $r-1$ 个隔离板隔成 r 个房间, 第 i 个房间中 1 的个数是 x_i, 这样的分隔恰好给出了上述问题的解. 因此解的个数等于这样的分隔数. 因为 x_i 都是正整数, 故把 $r-1$ 隔板插入 1 之间的 $n-1$ 个空隙就给出了这样一个分隔. 由组合的思想, 这相当于从 $n-1$ 个位置中选择 $r-1$ 个位置, 总数为 $\binom{n-1}{r-1}$. 满足 $x_1 + \cdots + x_r = n$ 的非负整数值向量 $(x_1, \cdots, x_r)$ 有多少个? 把这样一个向量映射为 $(x_1+1, \cdots, x_r+1)$, 问题等同于满足 $y_1 + \cdots + y_r = n+r$ 的正整数向量 $(y_1, \cdots, y_r)$ 有多少个, 答案显然是 $\binom{n+r-1}{r-1}$.

1.3 古典概率问题

在这一节中, 让我们通过一些经典例子来看看概率的直观背景, 这对于真正理解概率论是非常重要的.

首先介绍一些简单的专业术语. 随机现象有很多种类, 如果一个随机现象可以像做实验那么重复, 那么就说是随机试验. 在本讲义中, 我们一般考虑随机试验. 一个随机试验会产生不同的结果, 每次有且仅有一个结果会出现. **随机试验的可能结果全体作为一个集合称为样本空间**. 可以是有限集, 也可以是无限集, 通常用 Ω 表示, 其中的元素称为样本点或基本事件. 要注意的是这里所说的可能出现的结果依赖于主观选择. 因此随机试验的样本空间的选择不是唯一的.

例 1.3.1 掷硬币有两个结果: 反面, 正面. 我们不妨用 T, H 表示, 因此样本空间为 $\Omega = \{\text{T,H}\}$. 要注意我们说掷硬币总是指掷理想化的硬币, 实际上是指有两个可能结果的随机试验, 因为具体的硬币不一定如此, 它可能由于有厚度而站立起来, 不是正面也不是反面. 我们后面讲的各种随机试验都是如此. 掷两枚硬币的样本空间是什么呢? 如果你区别两枚硬币, 那么 $\Omega = \{\text{TT,TH,HT,HH}\}$, 其中第一个字母表示标识的一个硬币的结果, 第二个字母表示另一个硬币的结果. 如果你不能或者不区别硬币, 那么 $\Omega = \{$ 两正, 两反, 一正一反 $\}$. 两者都可以作为样本空间. 掷两个骰子, 若

分别记录两个骰子点数, 则样本空间取作 $\Omega = \{(i,j) : 1 \le i,j \le 6\}$; 若只关心骰子点数和, 那么样本空间是 2 到 12 这 11 个结果.

概率是指一个随机试验中某个所关心的一件事情) 发生 (或出现) 的可能性的大小, 称之为事件 (事件这个常用词在这里就有了特殊意义). 要理解概率, 首先要理解事件. 事件通常是用语言叙述的某个条件, 比如说在 "掷骰子出现偶数的概率" 这句话中, 掷骰子 是随机试验, 出现偶数是一个事件. 实际上, 样本空间是所有结果, 事件就是其中某些结果, 因此, 选取合适的样本空间, **事件等同于 (或者说对应于) 样本空间的一个子集**, 即一个事件发生 (或出现) 是指样本空间对应子集中的基本事件有一个发生. 把一个事件所对应的子集准确地写出来其实不算是数学问题. 有两个特别的事件, $\Omega, \varnothing$ 分别称为必然事件与不可能事件.

事件的运算和关系也对应于子集的运算和关系. 设 A, B 是两个事件, 那么 A, B 两个事件同时发生 也是一个事件. 直观地, 它是同时属于事件 A, B 的基本事件中有一个发生, 因此它是子集 $A \cap B$ 所对应的事件, 也就是说事件的运算也对应于它们所对应的子集的运算. A, B 同时发生意味着子集 A, B 的交 $A \cap B$, 有时简单地写为 AB, 或简单地用一个逗号分隔. 类似地, A, B 至少有一个发生意味着子集 A, B 的并 $A \cup B$. 而事件 A 不发生意味着子集 A 的余集 A^c, 等等. 另外, 如果事件 A 发生时事件 B 必发生, 那么 A 包含的基本事件必也在 B 中, 即有 $A \subset B$. 因此, 有关事件的运算与关系完全确定地对应于子集的运算与关系. 同样, 事件的运算是通过语言完成的, 也许对语义的不同理解会导致得到不同的结果, 因此准确地叙述问题是非常重要的.

例 1.3.2 三个事件 A, B, C 至少有一个发生是 $A \cup B \cup C$, 恰好有一个发生是

$$(A \cap B^c \cap C^c) \cup (A^c \cap B \cap C^c) \cup (A^c \cap B^c \cap C),$$

都不发生是 $A^c \cap B^c \cap C^c$.

自然地, 事件的概率是一个介于 0 与 1 之间的数, 我们用 $\mathbb{P}(A)$ 表示事件 A (发生) 的概率. 另外概率显然有其一些直观上看来必须满足的性质, 这些性质可作为我们定义概率的依据. 首先在一个随机试验中, 总有一个结果会出现, 这意味着不可能事件 (是指不含有任何结果的事件, 即空集) $\varnothing$ 的概率为零, 而必然事件 (是指含有所有结果的事件, 即样本空间本身) Ω 的概率是 1. 一些事件称为是互相排斥的, 如果其中任何两个都不可能同时发生. 那么直观地, 任何两个互相排斥的事件有一个发生的概率是它们分别发生的概率的和, 称为概率的可加性. 这些观察帮助我们建

立概率论的数学理论. 在这一节的后面, 我们将讨论很有启发意义的古典概率模型并给出一些经典的例子.

先来看看古典概率模型中的概率是怎样定义的, 以及简单理论与一些有趣的例子. 一个随机试验或者概率模型称为是古典概型, 如果它的样本空间可以取为有限且其中的结果是等可能发生的. 经典的例子大多数都是古典概型.

定义 1.3.1 设随机试验的样本空间 Ω 是有限的且设每个样本出现的可能性是相同的. 那么对事件 $A \subset \Omega$, 定义 A 的概率 $\mathbb{P}(A)$ 如下:

$$\mathbb{P}(A) = \frac{|A|}{|\Omega|}.$$

这个概率称为是 Ω 上的古典概率.

这个定义是由 Laplace 明确给出的, 它告诉我们在计算古典概型中事件 A 的概率时, 实际上就是计算事件 A 中元素个数与 Ω 中元素个数的比例. 样本空间的具体形式不重要, 重要的是样本点的数量. 因此计算多是应用乘法原理排列组合的方法. 注意事件 A 中样本点数是作为样本空间的子集数出来的. 等概率的假设通常应该明确. 在有些问题中, 我们经常省略等概率性的假设的明确叙述, 作为是隐含在语义中的自然假设 (除非问题明确叙述其他假设), 比如说掷一个骰子, 那么隐含着说假设 1,2,3,4,5,6 点出现的可能性是一样的, 我们说从一个盒子里取球时总是假设取到盒子中任何一个球的可能性都是一样的, 等等. 下面的例子说明同样的结果可能有不同的等可能假设.

例 1.3.3 (公平) 把两个苹果公平地分给两个人 A, B. 这不是一件很容易的事情, 即使两个苹果看上去差不多. 公平大致有两种, 一种是结果公平, 那就是一人分得一个苹果. 还有一种是机会公平, 有很多方法. 例如, 每个苹果等可能地分给一个人. 这样共有 4 种等可能的分法. A (或者 B) 分到的苹果数是 0,1 或 2, 概率分别是 1/4, 1/2, 1/4. 但也可以把两个苹果放置在地上, 中间共有三个空隙 (包括两侧), 等可能地选一个空隙等于把苹果分成两堆. 这样 A (或者 B) 分到的苹果数还是 0,1 或 2, 但概率都是 1/3. 大家可以尝试设计其它公平分配的方式. 哪个才是真正的公平呢? 可能每人都有自己的看法. ∎

简单地说, 我们关注三个要素. 第一是样本空间; 第二是事件的集合; 第三是事件的概率. 从数学的角度是说一个非空的有限集合 Ω 作为样本空间, Ω 的某些子集的集合 $\mathscr{F}$ 作为事件的集合, 这里我们简单地取 $\mathscr{F}$ 是 Ω 的全体子集 (但在更一般的情况下, 这通常不是好的和必要的, 我们只要求它对某些集合运算封闭就足够了), 还

有就是 $\mathscr{F}$ 到 **R** 的映射 $\mathbb{P}$, 称为事件的概率, 它是一个 $0, 1$ 之间的数, 还满足下面的性质:

(1) 对任何 $A \subset \Omega$, $\mathbb{P}(A) \geq 0$;

(2) $\mathbb{P}(\Omega) = 1$;

(3) 如果 $A \cap B = \varnothing$, 那么 $\mathbb{P}(A \cup B) = \mathbb{P}(A) + \mathbb{P}(B)$.

第 (1) 条称为非负性, 第 (2) 条称为正规性, 第 (3) 条称为有限可加性. (1) 与 (2) 的验证非常直接, (3) 是因为对两个互斥的集合 A, B 有 $|A \cup B| = |A| + |B|$. 从这三条性质 (而不必从定义本身) 可以推出

(4) 如果事件 $A_1, \cdots, A_n$ 互相排斥, 那么

$$\mathbb{P}(A_1 \cup \cdots \cup A_n) = \mathbb{P}(A_1) + \cdots + \mathbb{P}(A_n).$$

如果进一步, $\Omega = \bigcup_{i=1}^{n} A_i$, 即事件 $\{A_i\}$ 没有两个会同时发生又必有一个发生, 称它们是 Ω 的一个划分, 这时, $\sum_{i=1}^{n} \mathbb{P}(A_i) = 1$.

(5) $\mathbb{P}(A^c) = 1 - \mathbb{P}(A)$.

(6) 如果 A 发生时 B 也发生, 那么 B 发生而 A 不发生的概率为

$$\mathbb{P}(B \setminus A) = \mathbb{P}(B) - \mathbb{P}(A).$$

(4) 由 (3) 直接推出, 另外因为 A 发生与 A 不发生 (即 A^c) 是排斥的, 而且两者必有一个发生, $A \cup A^c = \Omega$, 因此 (5) 由 (3),(2) 推出. (6) 成立是因为当 $A \subset B$ 时, $B = A \cup (B \setminus A)$. 上面三个要素 $(\Omega, \mathscr{F}, \mathbb{P})$ 称为是此概率模型的概率空间.

除可加性外, 另一个直观概念是独立, 直观地说, 两个事件是否发生互相不影响就是独立, 这时, 它们同时发生的概率是各自概率的乘积. 古典概率的例子经常用到独立假设, 在大多数情况下是随机试验的独立, 但独立性实际上是被等可能假设所蕴含的. 例如, 设两个古典概型随机试验的样本空间分别是 Ω_1 与 Ω_2, 把它们放在一起的可能结果可以写成乘积空间 $\Omega_1 \times \Omega_2$, 这时假设乘积空间等可能其实就是假设两个随机试验独立, 自然可以推出一个随机试验中的事件与另外一个随机试验中的事件总是独立的. 因此在本节所涉及的例子中, 我们不必特意强调独立性.

例 1.3.4 掷两个均匀的骰子, 如果区别两个骰子, 用 (i,j) 顺序表示两个骰子的点数, 那么样本空间是 $\Omega = \{(i,j) : 1 \le i, j \le 6\}$, 它是一个等概率样本空间且点数和为 8 这个事件相当于子集

$$A = \{(2,6), (3,5), (4,4), (5,3), (6,2)\}.$$

$\mathbb{P}(A) = 5/36$. 而若不区分两个骰子, 样本空间就是 $\{[i,j] : 1 \le i \le j \le 6\}$, 其中 $[i,j]$ 表示其中一个是 i 一个是 j 的事件, 那么它不应该是等概率的, 当 $i \ne j$ 时, $\mathbb{P}(\{[i,j]\}) = 1/18$; 当 $i = j$ 时, $\mathbb{P}(\{[i,i]\}) = 1/36$, 事件 $A = \{[2,6], [3,5], [4,4]\}$,

$$\mathbb{P}(A) = \frac{1}{18} + \frac{1}{18} + \frac{1}{36} = \frac{5}{36}.$$

但如果只考虑奇数偶数, 那么样本空间是 { 都是偶数, 一奇一偶, 都是奇数 }, 这时候点数和为 8 这个事件就不能用它的子集来表示. 这说明, 样本空间取得合适, 事件才能表示为子集. ∎

　　从这个例子可以看出, 事件发生的可能性大小是由假设确定的, 与选择什么样的样本空间无关.

例 1.3.5 掷 n 枚硬币, 因为每枚硬币以相同概率得到 H 与 T, 因此样本空间 Ω 是 n 个顺序排列的 H 或者 T 的全体, 有 2^n 个元素, 是一个等可能的样本空间. 用 A_k 表示其中有 k 个正面这个事件, 是 Ω 中包含 k 个 H 的样本点的子集, 其中元素的个数是 n 中取 k 的组合数, 因此概率是 $\frac{1}{2^n}\binom{n}{k}$. 显然 $A_0, A_1, \cdots, A_n$ 是样本空间的划分, 故

$$\sum_{k=0}^{n} \frac{1}{2^n} \cdot \binom{n}{k} = 1,$$

即二项公式. ∎

例 1.3.6 甲掷 $n+1$ 枚硬币, 乙掷 n 枚硬币, A 表示事件: 甲的正面比乙的正面多. 用 ξ, η 分别表示甲, 乙所得正面个数, 那么 $A = \{\xi > \eta\}$. 这样的函数称为是随机变量, 用随机变量可以更简单明了地来表达事件, 使问题更容易理解, 正式的定义将在下一节给出, 但它的使用是自然的, 读者不妨在下面的例子中尝试使用随机变量. 样本空间 Ω 可以取作 $\{(k,m) : 0 \le k \le n+1, 0 \le m \le n\}$ 其中 k, m 分别是甲乙所得的正面数. 由于甲掷得的结果与乙掷得的无关, 因此 (k,m) 的概率是

$$\frac{1}{2^{n+1}}\binom{n+1}{k} \cdot \frac{1}{2^n}\binom{n}{m}.$$

因此

$$\mathbb{P}(A) = \frac{1}{2^{2n+1}} \sum_{k>m} \binom{n+1}{k}\binom{n}{m}.$$

由组合数的性质,

$$\sum_{k>m} \binom{n+1}{k}\binom{n}{m} = \sum_{k=1}^{n+1} \sum_{m=0}^{k-1} \binom{n+1}{n+1-k}\binom{n}{n-m}$$

$$= \sum_{k'=0}^{n} \sum_{m=k'}^{n} \binom{n+1}{k'}\binom{n}{m}$$

$$= \sum_{k \le m} \binom{n+1}{k}\binom{n}{m},$$

故而 $\mathbb{P}(A) = \frac{1}{2}$. 直观地看, $\mathbb{P}(A)$ 中的和是 $(n+2) \times (n+1)$ 矩阵

$$\left[\binom{n+1}{k}\binom{n}{m} \right]_{0 \le k \le n+1, 0 \le m \le n}$$

主对角线下一半, 而此矩阵是旋转 $180°$ 不变的, 因此恰是整个矩阵和的一半.

一个简单的解法如下, 用 B 表示事件: 甲的反面比乙的反面多. 显然由正反面的对称性得 $\mathbb{P}(A) = \mathbb{P}(B)$. 因为甲乙的反面数分别是 $n+1-\xi$ 与 $n-\eta$, 故 $B = \{n+1-\xi > n-\eta\} = \{\eta+1 > \xi\}$. 而 ξ, η 都是整数, $\eta+1 > \xi$ 等价于 $\eta \ge \xi$, 因此 $B^c = \{\eta < \xi\} = A$, 推出 $\mathbb{P}(A) + \mathbb{P}(B) = 1$, 从而得 $\mathbb{P}(A) = \frac{1}{2}$. ∎

例 1.3.7 (生日问题) 把 n 个球随机地放入 N 个盒子中, 每个球等可能地放入任何一个盒子. 那么每个球有 N 种放法, 因此样本空间 Ω 共有 N^n 种可能的放法, 每一种放法是等可能的. 现在设 $n \le N$, 考虑事件: 每个盒子至多只有一个球. 我们只需计算这个事件有多少基本事件就可以了. 由乘法原理 (定理 1.2.1) 知道, 它应有

$$N(N-1)\cdots(N-n+1)$$

个, 即 N 个数中取 n 个的排列 $(N)_n$. 因此每个盒子至多只有一个球的概率为 $(N)_n / N^n$.

与此相联系的是生日问题, 任意的 n 个人中, 至少有 2 个人生日相同的概率是多少? 一年是 365 日, 一个人的生日可以认为是从 365 日中随机选一日, 这样按照上面的说明, n 个人生日各不相同的概率为 $(365)_n / 365^n$, 因此至少有两人生日相同的概率为

$$p_n = 1 - \frac{(365)_n}{365^n}.$$

比如

$$n = \quad 15, \quad 20, \quad 25, \quad 30, \quad 35, \quad 40, \quad 45, \quad 50, \quad 55,$$
$$p_n = \quad 0.25, \quad 0.41, \quad 0.57, \quad 0.71, \quad 0.81, \quad 0.89, \quad 0.94, \quad 0.97, \quad 0.99,$$

其中几个数字颇出乎意料. 例如 55 个人中有重复生日的概率得到 99%, 这数字远远
小于一年的天数 365. ∎

例 1.3.8 (配对问题) n 个人随机地取自己存放的帽子, 恰有 k 个人拿到自己帽
子的概率用 $p_k(n)$ 表示. 如果用 ξ 表示拿到自己帽子的人数, 那么简单地 $p_k(n) =$
$\mathbb{P}(\xi = k)$. 用 A_i 表示第 i 个人取到自己的帽子, 那么 $\bigcup_{1 \le i \le n} A_i$ 表示至少有一个人
取得自己的帽子. 另外不难看出

$$\mathbb{P}(A_i) = \frac{(n-1)!}{n!};$$
$$\mathbb{P}(A_i \cap A_j) = \frac{(n-2)!}{n!}, \ i \ne j;$$
$$\cdots\cdots$$
$$\mathbb{P}(A_1 \cap \cdots \cap A_n) = \frac{1}{n!}.$$

怎么用事件交的概率来计算事件并的概率呢? 我们还有下面有用的公式.

定理 1.3.1 设 $A_1, \cdots, A_n \in \mathscr{F}$, 那么

$$\mathbb{P}\left(\bigcup_{1 \le i \le n} A_i\right) = \sum_{1 \le i \le n} \mathbb{P}(A_i) - \sum_{1 \le i < j \le n} \mathbb{P}(A_i \cap A_j) + \cdots$$
$$+ (-1)^{n-1} \mathbb{P}\left(\bigcap_{1 \le i \le n} A_i\right)$$
$$= \sum_{k \ge 1} (-1)^{k-1} \sum_{1 \le i_1 < \cdots < i_k \le n} \mathbb{P}(A_{i_1} \cap \cdots \cap A_{i_k}).$$

证明. 当 $n = 2$ 时, 因为 $(A_1 \cup A_2) \setminus A_1 = A_2 \setminus (A_1 \cap A_2)$, 故由上面的性质 (6),

$$\mathbb{P}(A_2 \cup A_1) - \mathbb{P}(A_1) = \mathbb{P}(A_2) - \mathbb{P}(A_1 \cap A_2).$$

因此 $n = 2$ 时成立. 而

$$\mathbb{P}\left(\bigcup_{1 \le i \le n} A_i\right) = \mathbb{P}\left(\left(\bigcup_{1 \le i \le n-1} A_i\right) \bigcup A_n\right)$$

$$= \mathbb{P}(\bigcup_{1 \le i \le n-1} A_i) + \mathbb{P}(A_n) - \mathbb{P}(\bigcup_{1 \le i \le n-1} A_i \cap A_n),$$

因此可用归纳法证明其成立. □

因此推出

$$\begin{aligned} p_0(n) &= 1 - \mathbb{P}(\bigcup_{1 \le i \le n} A_i) \\ &= 1 - [n\mathbb{P}(A_1) - \binom{n}{2}\mathbb{P}(A_1 \cap A_2) + \cdots \\ &\quad + (-1)^{n-1}\mathbb{P}(A_1 \cap \cdots \cap A_n)] \\ &= 1 - 1 + \frac{1}{2!} + \cdots + (-1)^n \frac{1}{n!}. \end{aligned}$$

恰有 k 个人拿到自己帽子这件事情分两步: 选 k 个人都取得自己帽子, 其他 $n-k$ 个人没有人取得自己的帽子. 由乘法原理, 定理 1.2.1, 共有 $\binom{n}{k}$ 乘以固定 k 个人取到自己帽子而其他 $n-k$ 个人都没有取到自己帽子的取法. 而后者共有 $p_0(n-k) \cdot (n-k)!$ 种取法, 因此

$$p_k(n) = \frac{\binom{n}{k} p_0(n-k) \cdot (n-k)!}{n!} = \frac{p_0(n-k)}{k!}.$$

配对问题的正式叙述是: n 个编号的球随机地放入 n 个编号的盒子中, 假设每个盒子只放一个球, 求恰有 k 个配对的概率.

例 1.3.9 (Banach) 某数学家有两盒火柴, 每盒有 n 根. 每次用火柴时任取一盒从中取一根火柴, 求他取出一盒火柴后发现已经用完而另一盒中还有 r 根的概率. 实际上, 问题相当于掷硬币一直到正面或反面出现 $n+1$ 次时, 另一面只出现 $n-r$ 次的概率. 记这个事件为 A_r, 那么 $A_0, A_1, \cdots, A_n$ 是样本空间的划分. 共掷了 $2n-r+1$ 次硬币, 如果最后一次是正面, 另外 $2n-r$ 次中有 n 次正面, $n-r$ 次反面, 由例 1.3.5, 概率为 $\frac{1}{2^{2n-r+1}}\binom{2n-r}{n-r}$. 在最后一次是反面时, 概率一样, 因此所求概率为

$$\mathbb{P}(A_r) = \frac{1}{2^{2n-r}}\binom{2n-r}{n-r}.$$

由概率的性质得恒等式:

$$\sum_{k=0}^{n} \binom{n+k}{k} \frac{1}{2^{n+k}} = \sum_{r=0}^{n} \mathbb{P}(A_r) = 1.$$

这个等式也可以用初等方法直接验证. ∎

例 1.3.10 (**Bose-Einstein 统计与 Maxwell-Boltzmann 统计**) 还是放球问题, 换个说法, r 个粒子随机占据空间中的 n 个位置, 上面例子认为每个粒子等可能地占据一个位置, 即样本空间

$$\Omega = \{(n_1, \cdots, n_r) : 1 \le n_i \le n,\ 1 \le i \le r\}$$

(其中 n_i 表示第 i 个粒子在第 n_i 个位置) 的 n^r 个元素是等可能的, 这种观点或者假设在统计物理中称为 Maxwell-Boltzmann 统计.

如果不区别粒子, 只观察第 k 个位置中粒子的个数 r_k, 即 $r_k = \sum_{i=1}^r 1_{\{n_i=k\}}$, 或者说样本空间是

$$\Omega' := \left\{ (r_1, r_2, \cdots, r_n) : r_1 \ge 0, \cdots, r_n \ge 0, \sum_{i=1}^n r_i = r \right\}$$

有多少元素呢? 比如 $r=n=2$ 时, 只能有 3 种: $\{(2,0),(1,1),(0,2)\}$. 一般地, 由例 1.2.4, $|\Omega'| = \dbinom{r+n-1}{r}$.

从另外一个角度看, 字符乘积

$$\prod_{k=1}^r \left(x_1^{(k)} + x_2^{(k)} + \cdots + x_n^{(k)} \right)$$

展开后的每一项为 $x_{n_1}^{(1)} \cdots x_{n_r}^{(r)}$, 可以看成是 Ω 的元素, 共有 n^r 项. 然后假设 $x_i^{(1)} = \cdots = x_i^{(r)} = x_i$, 再合并同类项, 则上面乘积是

$$(x_1 + x_2 + \cdots + x_n)^r = \sum_{r_1, \cdots, r_n \ge 0, \sum_i r_i = r} \binom{r}{r_1 \cdots r_n} x_1^{r_1} \cdots x_n^{r_n},$$

这时候每个同类项 $x_1^{r_1} \cdots x_n^{r_n}$ 可看成 Ω' 的元素, 项数为 $\dbinom{r+n-1}{r}$. 特别地,

$$n^r = \sum_{r_1, \cdots, r_n \ge 0, \sum_i r_i = r} \binom{r}{r_1 \cdots r_n},$$

$$\binom{r+n-1}{r} = \sum_{r_1, \cdots, r_n \ge 0, \sum_i r_i = r} 1.$$

在 Maxwell-Boltzmann 统计的假设下, Ω' 中结果 $(r_1, \cdots, r_n)$ 发生的概率与 $x_1^{r_1} x_2^{r_2} \cdots x_n^{r_n}$ 的系数成正比, 为

$$\binom{r}{r_1 \ r_2 \ \cdots r_n} \cdot \frac{1}{n^r}.$$

但是令人惊讶的是, 根据观察, 还没有发现粒子系统服从 Maxwell-Boltzmann 假设, 而 Bose 和 Einstein 发现, 对某些粒子, 比如光子和核子等, Ω' 是等可能样本空间, 即事件 $(r_1, \cdots, r_n)$ 发生的概率为 $\binom{r+n-1}{r}^{-1}$. 这个假设在统计物理中称为 Bose-Einstein 统计, 尽管与一般的常识相矛盾, 但从概率的理论看来却没有任何问题, 只是在同一个样本空间上赋予不同的概率, 即不同的分布. 这时每个位置至多一个粒子这个事件共有 $\binom{n}{r}$ 种放法, 因此其概率为

$$\frac{\binom{n}{r}}{\binom{r+n-1}{r}}.$$

此外还有 Fermi-Dirac 统计, 它假设每个位置至多只能有一个粒子且这样的条件下每种放法是等可能的, 电子, 中子, 质子等符合这个假设.

我们可能感觉到 Bose-Einstein 统计的假设并不是那么自然, 但它不是完全不合常理. 初学者经常认为在一个古典概率问题中, 等可能假设总是自然的, 不言自明的, 其实不是这样, 上面的例子以及下面的例子就是为了解释这一点, 望读者体会.

例 1.3.11 (放回与不放回摸球) n 个球中有 m 个白球, $n-m$ 个黑球, 任取 k 个, 我们来算其中有 l 个白球的概率. 先考虑球是一起取出的 (这等价于一个一个取且不返回), 因为无需考虑顺序, 故共有 $\binom{n}{k}$ 种取法, 假设它们是等可能的. 取出的 k 个球中, l 个白球, 有 $\binom{m}{l}$ 种取法, $k-l$ 个黑球, 有 $\binom{n-m}{k-l}$ 种取法, 因此共有 $\binom{m}{l}\binom{n-m}{k-l}$ 种取法, 概率为

$$\frac{\binom{m}{l}\binom{n-m}{k-l}}{\binom{n}{k}}.$$

如果球是取出一个记下颜色后放回再取, 取 k 次, 那么共有 n^k 种等可能的取法. 考虑上述事件时, 先考虑在记录顺序中黑球白球的位置, 再考虑它们的取法, 因此概率为

$$\binom{k}{l}\frac{m^l(n-m)^{k-l}}{n^k}.$$

例 1.3.12 (计票问题) 设有 $n+m$ 个人投票, 候选人为甲乙两人, 投给甲乙各为 n 票和 m 票, 且 $n > m$, 求整个唱票中间过程 (除起点) 中甲的票数一直领先 (大于) 乙的票数的概率. 考虑平面上的整数格点, 从格点 (m,a) 到 (n,b) 的一个格点轨道是指格点

$$z = \{(k, z(k)): \ m \le k \le n\}$$

满足 $z(m) = a$, $z(n) = b$ 且对 $m \le k < n$ 有 $z(k+1) - z(k) = \pm 1$. 用格点轨道来记录唱票过程, 一票给甲或者乙则轨道对应地向上或者向下一格. 显然从 $(0,0)$ 到 $(n+m, n-m)$ 的格点轨道总数是 $\binom{n+m}{n}$, 它们是等可能出现的. 用 A 表示事件 '甲票数一直领先'. 从轨道看, 就是除起点外, 轨道不碰到横轴. A 中的轨道总数等于 $(1,1)$ 到 $(n+m, n-m)$ 轨道数减去其中碰到横轴的轨道数.

　　反射原理: 设 a, b 是正整数, 那么从 $(0,a)$ 到 (n,b) 且碰到横轴的格点轨道总数等于从 $(0,a)$ 到 $(n,-b)$ 的格点轨道总数.

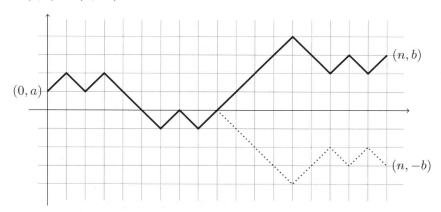

　　证明不难, 只需按图建立一个从 $(0,a)$ 到 (n,b) 碰到横轴的轨道到从 $(0,a)$ 到 $(n,-b)$ 的轨道的映射, 然后说明该映射是一一对应即可.

现在,

$$\mathbb{P}(A) = \frac{\binom{n+m-1}{n-1} - \binom{n+m-1}{n}}{\binom{n+m}{n}} = \frac{n-m}{n+m}.$$

这个问题本身也许意义不大, 但反射原理曾经是研究随机游动的重要方法. ∎

上面讨论的问题都是古典概型的问题, 其样本空间是有限的. 因此有限可加性就足够用了. 下面的例子说明当我们把一个古典的模型无限次重复时就会产生非古典的概率模型, 这时有限可加性就不够了.

例 1.3.13 一次接一次重复掷一个硬币, 硬币的正面会在有限次内出现的概率是多少? 这显然不是一个古典概率的问题, 因为谁也不知道要掷多少次正面才会出现, 虽然大多数人大概都相信不需要太多次正面就会出现. 用 A 表示正面会在有限次内出现的事件, 而 A_n 表示正面在掷第 n 次时首次出现, 那么 $A = \bigcup_{n \geq 1} A_n$, 也就是说, 有限时间内正面出现意味着正面出现在某个时刻 $n \geq 1$, $\{A_n\}$ 显然是互斥的, 那么稍微推广一下概率的可加性:

$$\mathbb{P}(A) = \sum_n \mathbb{P}(A_n).$$

概率 $\mathbb{P}(A_n)$ 的计算要回到古典概率, 因为 A_n 意味着在掷 n 次硬币的试验中, 前 $n-1$ 次是反面, 第 n 次是正面. 由独立性,

$$\mathbb{P}(A_n) = \frac{1}{2} \cdots \frac{1}{2} \cdot \frac{1}{2} = \frac{1}{2^n}.$$

因此 $\mathbb{P}(A) = \sum_{n \geq 1} 1/2^n = 1$. 也就是说这件事情以概率来说肯定是对的.

把硬币换成骰子, 计算六点在有限次内出现的概率. 这时 $\mathbb{P}(A_n) = (5/6)^{n-1} \cdot 1/6$, 而

$$\mathbb{P}(A) = \sum_{n \geq 1} \mathbb{P}(A_n) = \sum_{n \geq 1} (5/6)^{n-1} \cdot 1/6 = 1.$$

巧的是它的答案也是 1. ∎

上面例子中的可加性显然不能蕴含在有限可加性中. 与有限可加性不同, 也许我们很难说概率的这种可加性也是直观的, 因为人能够做的事情总是有限的, 无限的事情只能在人的思维中实现. 但这种可加性是有限可加性的自然的推广, 而且我们发现它在计算概率时是不可缺少的, 没有这样的可加性, 概率的力量也是极其有限的. 让我们来抽象地叙述这个性质.

(3′) **(可列可加性)** 如果 $A_1, A_2, \cdots$ 是一个互相排斥的事件序列, 那么其中至少有一个事件发生的概率为

$$\mathbb{P}(A_1 \cup A_2 \cup \cdots) = \mathbb{P}(A_1) + \mathbb{P}(A_2) + \cdots.$$

可列可加性实际上是概率最本质的性质, 要看清楚这一点, 最好的方法是看看假如没有可列可加性, 概率论可以走多远? 我们不想就此说得太多, 有兴趣的读者不妨自己试一试. 下面再看一个利用可列可加性的例子.

例 1.3.14 A, B, C 三人下棋, 规则如下: 两人下, 赢者与第三人下, 一直到其中一人连赢两局为胜, 比赛终止. 三人的水平相当, A 与 B 先下. 求每个人最终胜的概率. 用 ACBACBB 表示这样的一次比赛: A 赢, C 赢, B 赢, A 赢, C 赢, B 连赢. 最终的结果是 B 胜, 共 7 局, 这样的结果出现的概率应该是 $\dfrac{1}{2^7}$. 那么样本空间 Ω 是这样的排列全体, 是一个无限集.

A 最终胜出这个事件包含样本空间里如下的序列:

(1) 首局 A 赢: AA, ACBAA, ACBACBAA, ACBACBACBAA, $\cdots$, 它们发生的概率依次为 $\dfrac{1}{2^2}, \dfrac{1}{2^5}, \dfrac{1}{2^8}, \cdots$;

(2) 首局 A 输: BCAA, BCABCAA, BCABCABCAA, $\cdots$, 它们发生的概率依次为 $\dfrac{1}{2^4}, \dfrac{1}{2^7}, \dfrac{1}{2^{10}}, \cdots$.

因此 A 最终胜出的概率为

$$\frac{\frac{1}{2^2}}{1 - \frac{1}{2^3}} + \frac{\frac{1}{2^4}}{1 - \frac{1}{2^3}} = \frac{5}{14}.$$

由对称性知 B 胜出的概率与 A 胜出的概率是一样的, 而类似的计算得 C 胜出的概率为 $\dfrac{4}{14}$, 三者概率和是 1, 也就是说比赛终有一个人会赢.

注意在古典概率模型中, 不可能事件与概率零事件是等同的. 在最后两个例子中, 尽管计算每个概率时仍然要用等可能性, 但实际上已经不是古典概率的问题了. 在掷硬币的例子中, 正面有限次内出现的概率是 1, '有限次内不出现' 这个事件是非空的, 即不是不可能的, 但概率是零. 同样在最后一个例子中, '比赛不终止' 也包含了样本空间里的结果, 不是不可能的, 但概率一样是零. 概率是零但有不是不可能的事件被称为几乎不可能事件, 概率为 1 但又不是必然事件被称为几乎必然事件.

1.4 几何概率问题

与古典等可能性类似的是几何等可能性. 在一个线段上随机地任取一个点, 那么可能的结果是线段上的所有点全体 Ω, 它是一个无限元素的集合, 故而等可能性不能如古典情形那样用元素个数描述. 重新体会随机的含义, 这里所说的随机是指每个点是等可能的, 但在这种情况下谈论点是没有意义的, 因此我们把随机理解成为一个点落在区间 I 的概率只与区间的长度有关, 而与其位置无关. 这意味着概率与区间的长度成比例. 类似地, 在一个有界平面区域 Ω 上随机地任取一个点, 落在子区域 D 中的概率等于子区域的面积 $|D|$ 与整个区域面积 $|\Omega|$ 的比, 类似于古典概型的定义, 也就是说

$$\mathbb{P}(\text{点落在区域 } D) = \frac{|D|}{|\Omega|},$$

这在直观上是显然的. 下面是几个经典问题, 也是非常直观的.

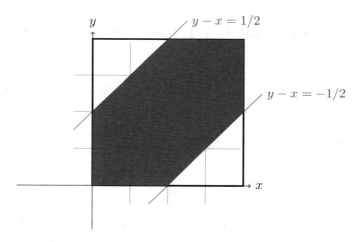

例 1.4.1 (约会问题) 设有甲, 乙两人约定 8:00 到 9:00 在某处见面, 再约定先到的人只等待 30 分钟后离开, 问两人能见面的概率是多少? 在这个问题中, 一个隐含的假设是他们在约定时间段的任何时间抵达的可能性都是一样的, 也就是等可能性. 用 x, y 分别表示甲乙两人抵达的时间, 由于随机性, 两人抵达的时间相当于在平面区域 $\Omega = \{(x,y) : 8 \le x, y \le 9\}$ 中随机地取一个点, 见上图, 而两人能见面这个事件相当于这个点落在区域 $A = \{(x,y) \in \Omega : |x - y| \le \dfrac{1}{2}\}$ 内. 它的概率就等于这个集合的面积与整个样本空间的面积的比, 即 3/4.

例 1.4.2 (Bertrand) 在一个圆周上随机地任取一根弦, 求其长度大于内接等边三角形边长的概率. 这个问题在历史上曾称为 Bertrand 悖论, 因为问题有不同的答案. 但随着理论的完善, 人们认识到导致不同答案的原因是问题中随机性的含义不清楚, 或者说因为对随机性有不同的理解. 所以后来称之为 Bertrand 奇论, 它是帮助理解概率论中随机性的很好的例子.

在这个问题里, 随机性至少有三种理解:

(1) 先在圆周上取定一点 A, 然后再在圆周上随机地取一个点 B, 连接 A 与 B 成为弦;

(2) 先取定一条直径 A, 然后在直径上随机地取一个点 B 作一条过此点与直径垂直的弦;

(3) 以圆内的任何点作为中点的弦是唯一决定的, 因此以这个对应, 随机地取一条弦就等同于随机地在圆内取一个点 B.

说这三种随机性不同是说如果按 (1) 随机地取弦 AB, 那么它与圆心的距离就不可能是在半径上等可能的, 它的中点也不会等可能地出现在圆内. 关于此, 在后面会有进一步解释.

一条弦长大于圆的内接等边三角形边长当且仅当弦的中点与圆心的距离小于 $\frac{1}{2}$ 的半径长, 那么在 (1) 的情况下, 点 B 必须落在点 A 对面的 $\frac{1}{3}$ 圆弧上, 因此概率为 $\frac{1}{3}$, 在 (2) 的情况下, 点 B 必须与圆心距离不小于 $\frac{1}{2}$ 半径长, 因此概率为 $\frac{1}{2}$, 在 (3) 的情况下, 点 B 必须落在半径为原来圆半径长的 $\frac{1}{2}$ 的圆内, 因此概率为两圆面积的比 $\frac{1}{4}$. ∎

例 1.4.3 (Buffon 投针) 向一个画着等距离平行线的平面上投针, 平行线间的距离为 l, 针的长度为 a, $l > a$, 求此针与平行线相交的概率.

设针的中点与最近的平行线的距离是 x, 针 (或其延长线) 与平行线的夹角为 ϕ, 参见下图. 我们假设 (x, ϕ) 是在区域

$$[0, \frac{l}{2}] \times [0, \frac{\pi}{2}]$$

上随机取的一个点, 这等于假设

1. x, ϕ 在各自范围内是等可能的;

2. x 与 ϕ 是独立的.

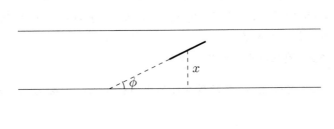

事件 A: 针与平行线相交发生当且仅当 (x, ϕ) 落在区域 $\{(x, \phi) : x \le \dfrac{a}{2}\sin\phi\}$, 参见下图. 因此概率是面积的比

$$\mathbb{P}(A) = \frac{\displaystyle\int_0^{\frac{\pi}{2}} \frac{a}{2}\sin\phi\, d\phi}{\dfrac{l}{2} \cdot \dfrac{\pi}{2}} = \frac{2a}{\pi l}.$$

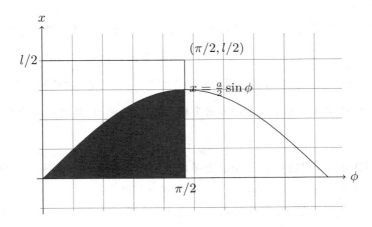

Buffon 问题还有一个解答, 不必使用上面并不那么自然的独立性假设, 简述如下. 设 $f(x)$ 是针上长为 x 的部分与平行线相交的概率, 利用概率的可加性推出

$$f(x + y) = f(x) + f(y).$$

因此存在常数 k 使得对 $x \le l$ 有 $f(x) = kx$, 下面我们要计算 k.

先看一个三角形扔在平面上与平行线相交的概率, 同样是应用可加性, 以及这样的观察: 一个三角形与平行线相交当且仅当三角形的两条边和平行线相交. 由此推出三角形与平行线相交的概率为

$$\frac{1}{2}(f(a) + f(b) + f(c)) = \frac{1}{2}k(a + b + c),$$

其中 a, b, c 是三角形三条边长, 这个结论来自本节的一个习题. 因此这个概率是周长的 $k/2$ 倍. 同理, 任何一个直径不超过 l 的凸多边形随机扔在平面上与平行线相交的概率也是周长的 $k/2$ 倍, 取极限得一个直径不超过 l 的凸图形与平行线相交的概率同样如此. 而一个直径为 l 的圆扔在平面上必然与平行线相交, 即有

$$k/2 = \frac{1}{l\pi}.$$

注意一个图形的直径是指其中最远两个点的距离.

这里有没有用到什么假设呢? 是的, 在我们说 $f(x)$ 是针上长为 x 的部分与平行线相交的概率时, 实际上假设这个概率只依赖于针的长度, 而与它的位置无关. 这是一个等可能性的假设.

1.5 随机取个自然数 (*)

任取一个自然数是偶数的概率是多少? 如果可列可加性必需满足, 这个问题就不可能有意义. 任取一个自然数这个随机试验意味着样本空间 Ω 是自然数全体, 还意味着每个自然数取得的概率是相同的, 有限可加性迫使这个概率为 0, 而这时由可列可加性得 $\mathbb{P}(\Omega) = 0$, 矛盾.

但是上面的概率可以如下解释, 显然, 在 $\{1, 2, \cdots, n\}$ 中任取一个数是偶数的概率是 $\frac{1}{2}$ 或者 $\frac{n-1}{2n}$, 当 $n \longrightarrow \infty$ 时, 这个数的极限是 $\frac{1}{2}$, 因此我们说任取一个自然数是偶数的概率是 $\frac{1}{2}$.

令 $\Omega_n := \{1, 2, \cdots, n\}$, 对自然数的一个子集 A, 定义

$$\mathbb{P}_n(A) := \frac{|\Omega_n \cap A|}{n},$$

是事件 A 限制在 Ω_n 上的古典概率. 如果极限 $\lim_n \mathbb{P}_n(A)$ 存在, 定义为任取一个自然数落在集合 A 中的概率 $\mathbb{P}(A)$, 也称为数集 A 的密度. 这也是数论里论述命题的一种方法, 比如 70% 的数满足 Goldbach 猜想等等. 注意这个概率是有限可加的, 但

不是可列可加的. 因此落在一个固定的有限集中的概率是 0. 由数论中的 Euler 定理
知任取一个数是素数的概率也是 0. 任取一个自然数是 k 的倍数的概率是 $\frac{1}{k}$. 显然
任取一个数 n 与素数 p 互素当且仅当 n 不能是 p 的倍数, 因此任取一个数与素数 p
互素的概率是 $\frac{p-1}{p}$. 给定自然数 k, 任取一个数 n 与 k 互素当且仅当 n 不能是 k
的素因子的倍数, 用 $p(k)$ 表示 k 的素因子的集合, 那么任取一个数与 k 互素的概率
是

$$p_k = \prod_{p \in p(k)} \frac{p-1}{p}.$$

回忆著名的 Euler 函数 $\phi(n)$, 它定义为不超过 n 且与 n 互素的正整数个数, 则由
Euler 函数的性质 $p_k = \frac{\phi(k)}{k}$.

　　这样定义的概率可以用来回答一些有意思的问题. 让我们在上面定义的意义下
来计算任取两个自然数, 它们恰好互素的概率. 这虽然是个有趣的问题, 最后也得到
一个有趣的答案, 但下面涉及的复杂计算对理解概率论并没有本质的帮助, 初次阅读
的读者可以略过. 用 K 表示两个数互素的事件. 注意这里 K 是二维自然数空间的
子集, $\mathbb{P}_n$ 实际上是二维自然数空间上定义的, 是事件限制在 $\{(i,j) : 1 \le i, j \le n\}$ 上
的古典概率. 那么如果它们不互素, 一定存在素数 $p \in p(n)$ 使得 p 是它们的公因子.
用 A_p, B_p 分别表示两个数是 p 的倍数的事件. 由定理 1.3.1 以及两次取数的独立
性, 有

$$
\begin{aligned}
\mathbb{P}_n(K^c) &= \mathbb{P}_n\Big(\bigcup_{p \in p(n)} (A_p \cap B_p) \Big) \\
&= \sum_{k \ge 1} (-1)^{k-1} \sum_{p_1 < \cdots < p_k \in p(n)} \mathbb{P}_n\big((A_{p_1} \cap B_{p_1}) \cap \cdots \cap (A_{p_k} \cap B_{p_k}) \big) \\
&= \sum_{k \ge 1} (-1)^{k-1} \sum_{p_1 < \cdots < p_k \in p(n)} \mathbb{P}_n(A_{p_1} \cap \cdots \cap A_{p_k}) \mathbb{P}_n(B_{p_1} \cap \cdots \cap B_{p_k}) \\
&= \sum_{k \ge 1} (-1)^{k-1} \sum_{p_1 < \cdots < p_k \in p(n)} \mathbb{P}_n(A_{p_1 \cdots p_k})^2 \\
&= \sum_{k \ge 1} (-1)^{k-1} \sum_{p_1 < \cdots < p_k \in p(n)} \frac{1}{n^2} \left[\frac{n}{p_1 \cdots p_k} \right]^2,
\end{aligned}
$$

其中 $[\cdot]$ 是取整的函数. 因此上面的和当然是有限项和. 那么

$$\mathbb{P}_n(K) = 1 + \sum_{k \ge 1} (-1)^k \sum_{p_1 < \cdots < p_k \in p(n)} \frac{1}{n^2} \left[\frac{n}{p_1 \cdots p_k} \right]^2.$$

下面要算它当 n 趋于无穷时的极限. 因为对任何 n, 右边通项的绝对值不超过

$$\sum_{p_1 < \cdots < p_k} \left(\frac{1}{p_1 \cdots p_k} \right)^2,$$

而以此为通项的级数是收敛的, 故极限与求和可以交换,

$$\lim_n \mathbb{P}_n(K) = 1 + \sum_{k \geq 1} (-1)^k \sum_{p_1 < \cdots < p_k} \left(\frac{1}{p_1 \cdots p_k} \right)^2 = \prod_{p \in p(\infty)} \left(1 - \frac{1}{p^2} \right).$$

但

$$1 - \frac{1}{p^2} = \frac{1}{\sum_{n \geq 0} (1/p^n)^2},$$

因此推出

$$\mathbb{P}(K) = \frac{1}{\sum_{k \geq 1} 1/k^2} = \frac{6}{\pi^2},$$

这个结论可以直观地解释为 (注意只是解释为而不是就是) 任取两个自然数互素的概率为 $6/\pi^2$.

习　　题

1. 从标准的 52 张扑克牌中取 5 张牌, 求下列情况各有多少不同选择:

    (a) 正好是个顺子;

    (b) 正好是个同花顺子;

    (c) 四种花色都出现.

2. 设 T_n 是集合 $\{1, 2, \cdots, n\}$ 不同划分的数目, 如 $T_1 = 1$, $T_2 = 2$. 证明

$$T_{n+1} = 1 + \sum_{k=1}^n \binom{n}{k} T_k.$$

3. 设 A, B 是两个有限集合, 那么 $|A \cup B| = |A| + |B| - |A \cap B|$.

4. 求 x_i 取 0 或 1 并满足 $\sum_{i=1}^n x_i \geq k$ 的向量 $(x_1, \cdots, x_n)$ 的个数.

5. 求下列情况下 k 对夫妇的坐法有多少种? 要求夫妻座位相邻.

    (a) 排成一排的 $2n$ 个座位;

(b) 围绕一圆桌的 $2n$ 个座位.

6. 求从 $1, 2, \cdots, n$ 中取 k 个不重合 r- 组的取法种数, 其中 r- 组是指 r 个连续整数.

7. 设有 A, B, C 三个事件, 请用集合运算表示下列事件:

(a) 仅有 A 出现;

(b) A, B 都出现, C 没有出现;

(c) 三个事件都出现;

(d) 至少一个事件出现;

(e) 至少两个事件出现;

(f) 仅有一个事件出现;

(g) 仅有两个事件出现;

(h) 不多于两个事件出现.

8. n 个球一个一个地等可能地放在 n 个盒子里, 求恰有一个空盒的概率.

9. 8 部车随机地停在一列 12 个位置的停车场内, 求 4 个空位恰好连在一起的概率.

10. 在一副经充分洗匀的扑克牌 (这里及后面提到的扑克排都是指不包括 Joker 的 52 张牌) 中, 求没有两张 A 相邻的概率.

11. 掷 6 个骰子, 如果点 1 可以替代任何点数, 问 6 个骰子点数一样的概率是多少?

12. 在两副牌中等可能地取 26 张至少有 2 张牌完全一样的概率是多少?

13. 一个盒子里有红球与黑球, 现在任取两个球都是红球的概率是 1/2. 问:

(a) 盒子中至少有几个球?

(b) 已知有偶数个黑球, 盒子中至少该有几个球?

14. 父亲为了鼓励儿子打网球, 宣称如果他能赢得三场与父亲和教练的比赛中连续的两场, 他将获得一笔奖金. 他可以选择比赛的顺序为

(a) 父亲 – 教练 – 父亲;

(b) 教练 – 父亲 – 教练.

教练比父亲打得好. 问为了增加获得奖金的机会, 他应该选择哪个顺序?

15. 假设某人在赌场使用下面的策略: 先押 1 元钱, 赢了就离开, 输了就再赌一次, 押 2 元钱, 然后不论输赢都离开. 设每次输赢都是等可能的. 求他最后赢钱的 概率. 问这个策略好不好?

16. 从数 $1, 2, \cdots, n$ 中等可能地任取 k 个, 求其中没有两个数相邻的概率.

17. 另一个配对问题, 考虑 n 对夫妇随机围坐于圆桌, 且任何人的两边都是异性, 求没有一对夫妇坐在一起的概率.

18. 一个盒子中有 m 个白球和 n 个黑球, 不放回地每次取一个一直到第 r 个黑球 取出. 求这时取出的总的球个数是 k 的概率.

19. (a) 从 n 双不同的鞋子中任取 $2k$ 只, 求其中恰有 s 双的概率;

    (b) 从 n 双相同的鞋子中任取 $2k$ 只, 求其中恰有 s 双的概率.

20. 掷三次骰子,

    (a) 求所得的点数依次增加的概率;

    (b) 求点数依次不减小的概率.

21. 掷三个骰子,

    (a) 求它们的点数形成连续的三个数的概率;

    (b) 求它们的点数各不相同的概率.

22. 将 n 条同样的绳子的 $2n$ 个头等可能地两两连接, 求恰好连成一个环的概率.

23. 一个袋中有 A 个球, 其中 a 个白球, 其他是黑球, 依次一个一个地不放回取球, 问第 k 次取球时是首次取得白球的概率是多少?

24. 从 n 阶行列式的一般展开式中任取一项, 问这项中包含主对角线元素的概率 是多少?

25. 例 1.3.12

    (a) 求整个唱票过程中甲的票数一直不落后于 (大于等于) 乙的票数的概率.

    (b) 设 $n = m$, 求整个唱票过程中除起点与终点外两人得票数始终不同的概率.

    (c) (*) 证明: 从原点出发的格点轨道会再碰到横轴的概率是 1.

26. 三人 A, B, C 以此顺序连续地掷骰子. 求:

    (a) A 第一个掷出 6 点, B 第二个掷出, C 第三个掷出的概率;

    (b) 求第一个 6 点是 A 掷出的, 第二个 6 点是 B 掷出的, 第三个 6 点是 C 掷出的概率.

27. 设 A, B, C 是事件, 如果三个事件不可能同时发生, 也不可能其中一个事件单独发生, 证明:

$$\mathbb{P}(A \cup B \cup C) = \frac{1}{2}(\mathbb{P}(A) + \mathbb{P}(B) + \mathbb{P}(C)).$$

    (该习题可用于例 1.4.3 中的投三角形问题.)

28. 一个人试图扔一个一元硬币 (直径 3cm) 到 2 米外的一个边长为 4cm 的正方形台面上, 现在他的硬币已经落在台面上, 问硬币完全在台面里的概率是多少?

29. 向一个画着等距离平行线的平面上任意地投一个长为 2 的针, 平行线间的距离为 1, 求针与平行线相交的概率.

第二章　概率空间与随机变量

概率论的公理体系就是概率空间, 理解概率空间是理解公理概率论的第一步和关键一步. 在本章中, 我们将给出概率空间与概率测度的定义, 给出随机变量及其分布函数的定义, 这些概念是概率论的基本语言, 读者应该透彻理解.

2.1　集合

集合和映射已经成为现代数学的通用语言, 概率论的叙述和展开也同样要用这种语言. 这里我们假设读者已经熟悉了集合和映射的基本概念及理论, 在这一小节中, 我们先简单复习一下在此讲义中所用到的集合论语言并将介绍可列与不可列的概念, 它对于理解概率的数学理论是极其重要的. 数学基础好的读者可以忽略本节的内容.

我们通常用大写字母表示集合, 小写字母表示集合的元素. 符号 $a \in A$ 表示 a 是集合 A 中的一个元素, $a \notin A$ 表示 a 不是 A 中的元素. 集合 A 称为是集合 B 的子集, 如果 $a \in A$ 蕴含着 $a \in B$, 或者说 A 的元素都在 B 中, 记为 $A \subset B$. 空集 $\varnothing$ 是不含任何元素的集合, 因此是任何集合的子集. 如果 $A \subset B$ 且 $B \subset A$, 则说 A, B 两个集合重合, 记为 $A = B$. 比如 $\{1,2\} = \{2,1\}$. 集合之间的基本运算有并, 交, 差. 集合 A, B 的并 $A \cup B$ 是属于 A, B 之一的元素全体, 即

$$A \cup B := \{x: \ x \in A \ \text{或者} \ x \in B\}.$$

交 $A \cap B$ 是同时属于两者的元素全体, 即

$$A \cap B := \{x: \ x \in A \ \text{且} \ x \in B\}.$$

差 $A \setminus B$ 是属于 A 但是不属于 B 的元素全体, 即

$$A \setminus B := \{x : \ x \in A \text{ 且 } x \notin B\}.$$

用图来表示这些运算是很形象的方法. 如果我们预先固定一个集合 Ω, 讨论的集合都是它的子集时, 可以定义补运算, 对于 $A \subset \Omega$, A (如果必要的话, 要说明是关于 Ω) 的补 A^c 是 Ω 中不属于 A 的元素全体, 即

$$A^c := \Omega \setminus A.$$

并与交运算都有很好的运算性质, 比如交换律, 结合律成立. 另外分配律也成立:

$$A \cap (B \cup C) = (A \cap B) \cup (A \cap C),$$

$$A \cup (B \cap C) = (A \cup B) \cap (A \cup C).$$

我们可以容易地定义任意多个集合的并与交运算, 设 $\{A_i : i \in I\}$ 是一族集合, 则

$$\bigcup_{i \in I} A_i := \{x : \ \text{存在 } i \in I, \ \text{使得 } x \in A_i\},$$

$$\bigcap_{i \in I} A_i := \{x : \ \text{对任何 } i \in I, \ x \in A_i\}.$$

下面的 De Morgan 公式说明在补运算下, 并与交运算是对偶的, 即

$$\left(\bigcup_{i \in I} A_i \right)^c = \bigcap_{i \in I} A_i^c,$$

$$\left(\bigcap_{i \in I} A_i \right)^c = \bigcup_{i \in I} A_i^c.$$

它们的证明是直接的. 通常记 $\mathbf{R}, \mathbf{Z}, \mathbf{N}, \mathbf{Q}$ 分别为实数集, 整数集, 自然数集和有理数集. 符号 A_+ 表示集合 A 中的非负元素 (如果有意义的话) 的子集.

2.2   概率空间

任何的数学概念都需要有一个确切无误的定义, 下面我们将定义概率与概率空间, 这里读者不妨认为我们是借用生活中概率这个词, 就象几何要借用生活中点与线这些词一样, 与实际生活中大家如何使用这个词关系不大, 它也是概率理论的出发

点. 根据前一章的讨论和例子, 下面关于概率的定义就是自然的了. 首先取一个非空集合 Ω 作为样本空间, 事件的全体称为事件域, 是 Ω 的一些子集的集合 (称为子集类), 对一些常见的运算有封闭性, 概率是赋予事件的一个数, 表示这个事件发生的可能性的大小, 所以概率是定义在事件域上的一个函数. 在一些简单的场合下, 事件的全体当然可取为 Ω 的全体子集, 但为了讨论更一般的情况, 我们只要求事件域是满足某些条件的子集类.

定义 2.2.1 非空集合 Ω 的一个子集类 $\mathscr{F}$ 称为是 Ω 上的一个事件域 (或 σ-代数, σ-域等), 如果

(1) $\varnothing, \Omega \in \mathscr{F}$;

(2) $A \in \mathscr{F}$ 蕴含 $A^c \in \mathscr{F}$;

(3) $A_n \in \mathscr{F}, n \geq 1$ 蕴含 $\bigcup_n A_n \in \mathscr{F}$.

简单地说, $\mathscr{F}$ 是包含平凡子集且对补运算与可列并运算封闭的子集类. 这时 Ω 通常称为样本空间. 最简单的事件域是 Ω 的全体子集组成的集合, 称为幂集, 它是最大的一个事件域, 另外 $\{\varnothing, \Omega\}$ 也是事件域, 它是最小的一个.

引理 2.2.1 设 $\mathscr{F}$ 是一个事件域, 那么

(1) $A, B \in \mathscr{F}$ 蕴含 $A \cap B, A \cup B, A \setminus B \in \mathscr{F}$;

(2) $A_n \in \mathscr{F}, n \in \mathbf{Z}_+$ 蕴含 $\bigcap_n A_n \in \mathscr{F}$.

证明. (1) $A \cup B = A \cup B \cup \varnothing \cup \varnothing \cup \cdots \in \mathscr{F}$, $A \cap B = (A^c \cup B^c)^c$, $A \setminus B = A \cap B^c$, 因此 $\mathscr{F}$ 对这三种运算封闭. (2) $(\bigcap_n A_n)^c = \bigcup_n A_n^c$. $\qquad\square$

因此事件域对通常涉及可列步的运算都是封闭的. σ-域的概念在概率论的理论研究中是极其重要的, 但它常常是初学者感到困难的地方, 它的详细讨论将放在下一章.

例 2.2.1 首先让我们看看最简单的离散事件域. 说事件列 $\{\Omega_n\}$ 是 Ω 的一个划分, 是指它们互不相交 (互斥) 且 $\Omega = \bigcup_n \Omega_n$. 那么

$$\mathscr{A} := \{\bigcup_{i \in I} \Omega_i : I \subset \{1, 2, \cdots\}\}$$

是 $\mathscr{F}$ 的子事件域. 事实上, 首先因为是划分, 故有 $\Omega, \varnothing \in \mathscr{A}$, 另外因为它们互斥, 故如果 $A = \bigcup_{i \in I} \Omega_i$, 那么 $A^c = \bigcup_{i \in I^c} \Omega_i$, 最后, 如果 $A_n = \bigcup_{i \in I_n} \Omega_i$, 那么

$\bigcup_n A_n = \bigcup_{i \in \bigcup_n I_n} \Omega_i$. 因此 $\mathscr{A}$ 是事件域. 我们明确地记这个事件域为 $\sigma(\{\Omega_n\})$, 称为由划分 $\{\Omega_n\}$ 生成的事件域. 一个子事件域称为是离散的, 如果它是由一个划分生成的. 它是包含 $\{\Omega_n\}$ 的事件域中最小的一个, 因为任何一个包含 $\{\Omega_n\}$ 的事件域一定包含 $\sigma(\{\Omega_n\})$. 这种生成事件域的方法可以更一般地成立. ▌

下面我们给出概率的严格数学定义. 某种意义上, 它是古典概率的抽象化.

定义 2.2.2 设 Ω 为样本空间, $\mathscr{F}$ 为 Ω 上的事件域, 那么 $\mathscr{F}$ 上的函数 $\mathbb{P}$ 称为概率测度 (简称概率), 如果它满足

(1) 非负性: 对任何 $A \in \mathscr{F}$, $\mathbb{P}(A) \geq 0$;

(2) 规范性: $\mathbb{P}(\Omega) = 1$;

(3) 可列可加性: 对 $\mathscr{F}$ 中互斥的可列个事件 $\{A_n : n \geq 1\}$, 有

$$\mathbb{P}(\bigcup_{n \geq 1} A_n) = \sum_{n \geq 1} \mathbb{P}(A_n).$$

这时, 称 $\mathbb{P}(A)$ 是事件 A 发生的概率, 且称满足上面两个定义的三要素 $(\Omega, \mathscr{F}, \mathbb{P})$ 是一个概率空间.

概率的定义从数学角度讲是特殊的测度, 那是不是说概率论就是测度论的一个特殊情况呢? 不能完全这么说, 概率论有自己关心的问题, 有自己特有的方法, 有自己特有的现象. 例如独立性就是概率论独有的.

因为古典概率模型的样本空间是有限的, 故不会存在无限个互斥的非空子集, 从而可列可加性也就是有限可加性, 即古典概率模型是一个概率空间.

例 2.2.2 掷三枚均匀硬币, 样本空间为

$$\Omega = \{HHH, HHT, HTH, HTT, THH, THT, TTH, TTT\},$$

每个基本事件是等概率的, 都是 $\frac{1}{8}$. 设 A 是至少出现两次正面的事件, 那么

$$A = \{HHH, HHT, HTH, THH\},$$

因此 $\mathbb{P}(A) = \frac{1}{2}$. ▌

讨论概率总是在一个概率空间的框架下, 虽然有时不需要明确地写出来. 关于事件域, 在古典概率模型中, 我们总是取幂集作为事件域来使用, 但一般情况下, 这常常是不可能的, 例如 Lebesgue 测度不能定义在所有子集上.

从定义容易推出概率有下面的性质, 大多数看上去是自然的, 但我们还是要严格地证明.

引理 2.2.2 设 $(\Omega, \mathscr{F}, \mathbb{P})$ 是概率空间, 则有下面的性质:

(1) $\mathbb{P}(\varnothing) = 0$;

(2) $A, B \in \mathscr{F}$, $A \cap B = \varnothing$, 则 $\mathbb{P}(A \cup B) = \mathbb{P}(A) + \mathbb{P}(B)$;

(3) $A, B \in \mathscr{F}$, $A \subset B$, 则 $\mathbb{P}(B - A) = \mathbb{P}(B) - \mathbb{P}(A)$. **因此** $\mathbb{P}(A) \leq \mathbb{P}(B)$;

(4) $\mathbb{P}(A^c) = 1 - \mathbb{P}(A)$;

(5) **次可列可加性**: 若 $A_n \in \mathscr{F}$, 则 $\mathbb{P}(\bigcup_n A_n) \leq \sum_n \mathbb{P}(A_n)$;

(6) **下连续性**: 若 $A_n \in \mathscr{F}$ 且递增, 则 $\mathbb{P}(\bigcup_n A_n) = \lim_n \mathbb{P}(A_n)$;

(7) **上连续性**: 若 $A_n \in \mathscr{F}$ 且递减, 则 $\mathbb{P}(\bigcap_n A_n) = \lim_n \mathbb{P}(A_n)$;

证明. (1) 因为 $\Omega = \Omega \cup \varnothing \cup \varnothing \cup \cdots$, 由可列可加性,

$$\mathbb{P}(\Omega) = \mathbb{P}(\Omega) + \mathbb{P}(\varnothing) + \cdots + \mathbb{P}(\varnothing) + \cdots,$$

推出 $\mathbb{P}(\varnothing) = 0$.

(2) $A \cup B = A \cup B \cup \varnothing \cup \cdots$, 右边互不相交, 由可列可加性和性质 (1), $\mathbb{P}(A \cup B) = \mathbb{P}(A) + \mathbb{P}(B) + \mathbb{P}(\varnothing) + \cdots = \mathbb{P}(A) + \mathbb{P}(B)$.

(3) 另外如果 $A \subset B$, 那么 $B = A \cup (B - A)$, 由 (2) 得 $P(B) = P(A) + P(B - A)$.

(4) 是 (3) 的直接推论.

(5) 集合的可列并可以写成为不交可列并, 令 $B_1 := A_1$, $B_n := A_n \setminus (A_1 \cup \cdots \cup A_{n-1})$, $n > 1$. 那么 $\bigcup_{i=1}^n B_i = \bigcup_{i=1}^n A_i$, $\{B_n\}$ 互不相交, 且 $B_n \subset A_n$, 因此由可列可加性和性质 (3) 得

$$\mathbb{P}(\bigcup_{n=1}^\infty A_n) = \mathbb{P}(\bigcup_{n=1}^\infty B_n) = \sum_{n=1}^\infty \mathbb{P}(B_n) \leq \sum_{n=1}^\infty \mathbb{P}(A_n).$$

(6) 设 $A_n \uparrow A$, 那么 $A = \bigcup_n A_n = \bigcup_n (A_n \setminus A_{n-1})$, 其中 $A_0 := \varnothing$. 那么由可列可加性 $\mathbb{P}(A) = \sum_n \mathbb{P}(A_n \setminus A_{n-1}) = \sum_n (\mathbb{P}(A_n) - \mathbb{P}(A_{n-1})) = \lim_n \mathbb{P}(A_n)$.

(7) 如果 A_n 递减, 那么 A_n^c 递增, 利用 (4),(6) 和 De Morgan 公式,

$$\mathbb{P}(\bigcap_n A_n) = 1 - \mathbb{P}((\bigcap_n A_n)^c) = 1 - \mathbb{P}(\bigcup_n A_n^c)$$

$$= 1 - \lim_n \mathbb{P}(A_n^c) = \lim_n (1 - \mathbb{P}(A_n^c)) = \lim_n \mathbb{P}(A_n).$$

完成证明.   □

性质 (2) 是有限可加性, 因此定理 1.3.1 中的公式依然成立. 概率空间的定义是简单的, 三条简单的公理给我们一个丰富多彩的概率论, 但简单的定义并不意味着概率空间是简单的. 通常的函数值可以任意地定义, 概率作为事件域上的函数值却不能随意定义, 需要符合可列可加性, 因此概率空间的构造不是件容易的事情, 在本教材中, 我们将避免概率空间的构造问题, 因为这需要太多的细节, 而且对理解概率本身没有紧迫的必要性. 概率空间的构造当样本空间是个有限或可列集合时的情形是简单的, 如下例所示.

例 2.2.3 设 Ω 是离散样本空间, 即有限或可列, $\mathscr{F}$ 通常取为 Ω 的全体子集的集合. 给每个样本点 $\omega \in \Omega$ 赋予一个非负实数 $p(\omega)$. 如果 $\sum_{\omega \in \Omega} p(\omega) = 1$, 那么对任何 $A \subset \Omega$ 定义

$$\mathbb{P}(A) := \sum_{\omega \in A} p(\omega),$$

则不难验证 $(\Omega, \mathscr{F}, \mathbb{P})$ 是概率空间. 显然 $p(\omega)$ 就是样本点 ω 出现的概率, 把概率为零的样本点扔掉后仍然是概率空间, 所以我们不妨设此概率空间的样本点都是正概率的. 如果 Ω 是有限的, 那么我们可以对任何 $\omega \in \Omega$, 定义概率

$$\mathbb{P}(\{\omega\}) := \frac{1}{|\Omega|},$$

这样所有样本点等可能发生. 古典概型的概率空间就是这样的, 即古典概型是可以实现的. 但是若 Ω 是可列集合, 它上面就不会有等可能的概率 (见习题).

有时候, 虽然样本空间有许多结果, 但我们把它们分成两类结果: 成功或者失败. 成功的概率为 p, 自然失败的概率就是 $1 - p$. 在数学上, 这意味着任意样本空间 Ω, 它的某个子集 A 是成功的事件, 它的补集 A^c 是失败. 这样定义了概率空间

$$(\Omega, \{\varnothing, A, A^c, \Omega\}, \mathbb{P}),$$

其中 $\mathbb{P}(\varnothing) = 0, \mathbb{P}(A) = p, \mathbb{P}(A^c) = 1 - p, \mathbb{P}(\Omega) = 1$. 这个概率空间通常称为 Bernoulli 概率空间.

一般地, 我们可以把样本空间 Ω 的结果分类为 $\{\Omega_n\}$, 相当于给出例 2.2.1 所说的划分, 这样我们得到事件域 $\sigma(\{\Omega_n\})$. 用上面所说的和等于 1 的非负数列 $\{p_n\}$ 定

义 $\mathbb{P}(\Omega_n) = p_n$ 或

$$\mathbb{P}(\bigcup_{i \in I} \Omega_i) = \sum_{i \in I} p_i.$$

这样 $(\Omega, \sigma(\{\Omega_n\}), \mathbb{P})$ 也是一个概率空间, 上面的概率空间是这个概率空间的特例, 我们把这样的概率空间称为离散概率空间. ∎

因此在离散样本空间中, 我们可以对每个元素 (基本事件) 赋值 (非负且总和为 1) 而得到一个概率空间. 但对不可列的样本空间, 这一直觉的方法通常是无效的, 例如下面的几何概率模型.

例 2.2.4 (几何概率模型) 几何概率模型几乎和古典概率模型一样直观, 在上一节中我们已经看到过许多的例子, 解决这些问题似乎不需要太复杂的思考, 但实际上几何概率模型在理论上比古典概率模型要复杂得多, 而且这个例子本身也要具备 Lebesgue 测度的知识才能理解. 但即使是对没有接触过测度的读者来说, Lebesgue 测度不难理解, 它就是平常经常用的长度, 面积, 体积. 只是平常说长度, 面积, 体积时, 是对诸如线段, 长方形, 长方体, 圆及球等很规则的集合来说的, 而对更一般的集合 (即 Borel 集) 谈论这些概念时, 就通称为 Lebesgue 测度.

让我们从最简单的开始, 从单位区间 $[0,1]$ 任取一个数. 你是不是会问, 这可以吗? 因为这区间中有无限个数, 你甚至无法把它们排起来. 即使你以你的一生不停地取, 你也只能取出微不足道的数 (测度为零). 但是从理论上讲, 的确有一个概率空间可以描述这个随机试验. 设 $\Omega = [0,1]$, $\mathscr{F}$ 是 $[0,1]$ 上的 Borel 子集全体 $\mathscr{B}([0,1])$, 对 $A \in \mathscr{F}$, $\mathbb{P}(A) = |A|$, 表示 A 的长度 (Lebesgue 测度). 那么 $(\Omega, \mathscr{F}, \mathbb{P})$ 是概率空间. 由此可以知道从 $[0,1]$ 中任取一个数, 它不超过 $1/2$ 的概率是 $1/2$. 事实上, $\mathbb{P}$ 的存在不是平凡的, 它是实分析课程的主要内容.

因此直线段上的几何概率模型是利用长度来定义的. 类似地, 平面上与空间上的几何概率模型可分别由面积与体积来定义. 一般地, 设 Ω 是 n 维 Euclid 空间的一个有界非空区域 (或有限正测度的 Borel 集), $\mathscr{B}(\Omega)$ 是 Ω 的 Borel 子集全体, 它是一个事件域, 定义

$$\mathbb{P}(A) := \frac{|A|}{|\Omega|}, \ A \in \mathscr{B}(\Omega),$$

其中 $|\cdot|$ 表示 Lebesgue 测度. 那么 $(\Omega, \mathscr{B}(\Omega), \mathbb{P})$ 是一个概率空间, 称为 Ω 上的几何概率空间, 它描述了 Ω 上的几何概率模型. ∎

概率实际上就是把 1 这个量怎么分布在样本空间中的结果上. 这引出分布这个直观的概念, 分布是生活中经常使用的词, 比如财富是怎么分布的, 人口是怎么分布

的, 等等. 古典概率其实是把 1 均匀地分布在样本空间上. 注意一般分布的总量不一定是 1, 概率分布的总量是 1. 在本书中, 分布通常是指概率分布.

在概率论中, 随机试验是我们常用的一个概念, 但它不是一个数学概念, 由随机试验得到的概率空间才是数学概念. 一些具有共同特征的典型随机试验也称为概率模型, 例如古典概率模型和几何概率模型. 当然概率模型也不是数学概念.

注释 2.2.1 众所周知, 经典概率的诸多问题远在公理体系提出前就被人们关注并且由此发展了一系列的方法, 直觉在这里是关键的. 建立公理体系是数学为避免矛盾而设立的游戏规则, 由此得到的结论是否与我们的直觉或者经验符合是判断所建立的理论是否合理有意义的一个标准, 或者如 Feller [5](p.198) 所说:[1] 如果概率论对生活是真实的, 一个经验必定对应于一个可以证明的命题.

2.3　随机变量与分布

在引入随机变量之前, 先需要介绍一些符号. 从集合 X 到集合 Y 的一个映射 f 通常记为 $f : X \longrightarrow Y$, 其中 f 是映射的法则, X, Y 分别是定义域与值域.

设 $B \subset Y$, 定义 B 在 f 下的逆像

$$f^{-1}(B) := \{x \in X : f(x) \in B\},$$

即 $x \in f^{-1}(B)$ 当且仅当 $f(x) \in B$. 为了方便, 集合 $\{x \in X : f(x) \in B\}$ 通常简单写为 $\{f \in B\}$. 还是取上面的映射, $f(x) = x^2$. 那么 $f^{-1}(\{1\}) = \{1, -1\}$, $f^{-1}([0,1]) = [-1,1]$, $f^{-1}((0,1]) = \{-1 \leq x \leq 1, x \neq 0\}$. 逆像有很好的运算性质, 下面结果说明逆像作为运算和并, 交, 补三种运算是可以交换的.

定理 2.3.1 设 $f : X \longrightarrow Y$ 是映射. 那么

(1) $f^{-1}(\varnothing) = \varnothing$, $f^{-1}(Y) = X$;

(2) 如果 $B \subset Y$, 则 $f^{-1}(B^c) = (f^{-1}(B))^c$;

(3) 如果 $B_i, i \in I$ 是 Y 的子集族 (族也是集合的意思), 则

$$f^{-1}\left(\bigcap_{i \in I} B_i\right) = \bigcap_{i \in I} f^{-1}(B_i);$$

---

[1]原文: If the theory of probability is true to life, this experience must correspond to a provable statement.

$$f^{-1}\left(\bigcup_{i \in I} B_i\right) = \bigcup_{i \in I} f^{-1}(B_i).$$

按定义直接验证就可以了. 比如验证 (2), $x \in f^{-1}(B^c)$ 等价于 $f(x) \in B^c$, 等价于 $f(x) \notin B$, 或 $x \notin f^{-1}(B)$, 因此等价于 $x \in (f^{-1}(B))^c$.

固定一个集合 X, 交并补等是作用在其子集上的运算, 就像加减乘除是作用在数上的运算一样. X 的子集的全体称为是 X 的幂集, 记为 2^X. 幂集的子集称为是 X 的子集类, 就是 X 的某些子集组成的集合, 通常用花体字母表示. 说一个子集类对某种运算封闭是指子集类中的集合经过此运算后得到的集合仍然在此子集类中.

还有一个需要介绍的概念是示性函数, X 的子集 A 的示性函数是 X 上的一个函数, 定义为

$$1_A(x) := \begin{cases} 1, & x \in A, \\ 0, & x \notin A. \end{cases}$$

如果 $B \subset Y$, 那么示性函数与逆像有以下关系

$$1_{f^{-1}(B)} = 1_B \circ f,$$

右边表示两个映射的复合.

有了映射这个概念, 引入随机变量是一件方便的事情, 简单地说, 随机变量是样本空间上的一个 (可测) 函数, 也就是说给每个基本事件赋一个数值, 做一个随机试验后, 随机变量便取定一个值. 随机变量的严格定义如下.

定义 2.3.1 设 $(\Omega, \mathscr{F}, \mathbb{P})$ 是概率空间, $\xi : \Omega \to \mathbf{R}$ 是 Ω 上的函数. 称 ξ 是随机变量, 如果对任何 $x \in \mathbf{R}$,

$$\{\xi \leq x\} := \{\omega \in \Omega : \xi(\omega) \leq x\} \in \mathscr{F}.$$

注释 2.3.1 关于随机变量的定义, 要注意以下几点.

(1) 随机变量的定义与概率 $\mathbb{P}$ 无关, 而与事件域 $\mathscr{F}$ 有关. 如果 $\mathscr{G}$ 是 $\mathscr{F}$ 的一个子事件域, 且对任何 $x \in \mathbf{R}$ 有

$$\{\xi \leq x\} \in \mathscr{G},$$

则我们说 ξ 是关于 $\mathscr{G}$ 可测的随机变量; 可测是个很抽象的概念, 也是很重要的概念, 直观地说, 可测性可以解释为信息 $\mathscr{G}$ 足够去找到 ξ.

(2) 如果 $\xi: \Omega \to \mathbf{R}^d$ 的每个分量是随机变量, 那么 ξ 称为是 d- 维随机变量 (或随机向量). 把 d 维空间中向量 x 小于等于向量 y 理解为 x 的每个分量小于等于 y 的对应分量. 这样, 如果 $x = (x_1, \cdots, x_d) \in \mathbf{R}^d$, 那么

$$\{\xi \leq x\} = \{\xi_1 \leq x_1, \cdots, \xi_d \leq x_d\} = \bigcap_{i=1}^{d} \{\xi_i \leq x_i\}.$$

故 ξ 是随机向量当且仅当对任何 $x \in \mathbf{R}^d$, $\{\xi \leq x\} \in \mathscr{F}$. 后面许多对于随机变量叙述和证明的定义和定理实际上对 d- 维随机变量也是对的, 需要的时候我们将直接使用, 不再重复说明.

(3) 因为 $\{\xi \leq x\}^c = \{\xi > x\}$, 故随机变量的定义等价于对任何 $x \in \mathbf{R}$, $\{\xi > x\} \in \mathscr{F}$. 又因为

$$\{\xi < x\} = \bigcup_n \{\xi \leq x - \frac{1}{n}\},$$
$$\{\xi \leq x\} = \bigcap_n \{\xi < x + \frac{1}{n}\},$$

由于 $\mathscr{F}$ 对可列并与可列交封闭, 故而 ξ 是随机变量等价于对任何 $x \in \mathbf{R}$, $\{\xi < x\} \in \mathscr{F}$ (或 $\{\xi \geq x\} \in \mathscr{F}$).

(4) 对于一个随机变量 ξ, 如果对任何 $\omega \in \Omega$, $\xi(\omega) \in A$, 我们说 ξ 取值于 A. 如果 $\mathbb{P}(\xi \in A) = 1$, 我们说 ξ 分布在 A 上. 在古典概型中, 两者没有什么不同, 但在一般概率空间上, 两者是不同的, 尽管从概率角度看, 没有本质区别.

(5) 随机变量要求取有限值, 但为了方便, 通常要求它分布在 $\mathbf{R}$ 上就可以了, 即 $\mathbb{P}(\xi \in \mathbf{R}) = 1$. 这时我们说 ξ 几乎处处或者说几乎肯定是有限的. 一般地, 一个概率为 1 的事件称为几乎必然的事件, 一个在几乎必然的事件上成立的性质称为是几乎处处或者几乎肯定成立.

随机变量对于通常的运算是封闭的, 这在第三章中会给予严格证明. 这里让我们证明随机变量的集合是线性空间.

定理 2.3.2 $\mathscr{F}$ 可测的随机变量全体是线性空间.

证明. 随机变量的常数倍是随机变量的证明简单, 请读者自己做. 现在证明两个随机变量的和仍然是随机变量. 由有理数的稠密性, 对 $a, b, x \in \mathbf{R}$, $a + b < x$ 当且仅当存

在有理数 r 使得 $a < r$ 且 $b < x - r$. 设 ξ, η 是两个随机变量, 则对任何 $x \in \mathbf{R}$, 有

$$\{\xi + \eta < x\} = \bigcup_{r \in \mathbf{Q}} (\{\xi < r\} \cap \{\eta < x - r\}),$$

而有理数是可列多的, 故右边是可列多个 $\mathscr{F}$ 中事件的并, 因此仍然在 $\mathscr{F}$ 中. 由上面的注 (3), 这证明了 $\xi + \eta$ 仍然是随机变量. 因此随机变量的集合是一个线性空间. $\qquad\qquad\square$

另外, 如果 $\{\xi_n\}$ 是随机序列 (随机变量列), 那么对任何 $x \in \mathbf{R}$,

$$\{\sup_n \xi_n \leq x\} = \bigcap_n \{\xi_n \leq x\},$$

故 $\sup_n \xi_n$ 只要有限, 也是随机变量. 因此随机变量全体对列运算通常也是封闭的.

例 2.3.1 集合 $B \subset \Omega$ 的示性函数为 1_B, 显然

$$\{1_B \leq x\} = \begin{cases} \Omega, & x \geq 1, \\ B^c, & 0 \leq x < 1, \\ \varnothing, & x < 0. \end{cases}$$

因此 1_B 是随机变量当且仅当 B 是事件. $\qquad\qquad\blacksquare$

上一节中已经有很多随机变量的例子, 我们再来举一些随机变量的例子. 想一想它们的样本空间是什么.

1. n 个球随意地放入 N 个盒子中, 记 ξ 是空盒的个数, 是一个随机变量;

2. 掷两个骰子, 骰子点数之和 ξ 与点数小者 η 都是随机变量;

3. 掷 n 个骰子, 点数为 6 的骰子个数 ξ 是个随机变量;

4. 重复地掷一个硬币, 正面首次出现时所掷的次数 ξ 与正面第 r 次出现时所掷的次数 ξ_r 都是随机变量.

在这章里, 我们主要关注的是分布在一个有限或可列集 (至多可列集) 上的随机变量, 这样的随机变量称为离散随机变量. 为了简单, 我们不妨认为离散随机变量的取值于一个至多可数集, 用 $R(\xi)$ 表示, 称为值域. 用 $\mathbf{D}$ 表示一个给定概率空间 $(\Omega, \mathscr{F}, \mathbb{P})$ 离散随机变量全体, 是个线性空间. 特别地, 当值域是有限集时, 称为是简

单随机变量, 用 **S** 表示简单随机变量全体, 是 **D** 的线性子空间. 上面所列举的都是离散随机变量. 形式上, 离散随机变量可以表示为

$$\xi = \sum_{x \in R(\xi)} x 1_{\{\xi = x\}}.$$

引理 2.3.1 如果映射 $\xi : \Omega \mapsto \mathbf{R}$ 的值域 $R(\xi)$ 是至多可列集, 那么 ξ 是随机变量当且仅当对任何 $x \in R(\xi)$, 有 $\{\xi = x\} \in \mathscr{F}$.

证明. 因为 $\xi = x$ 当且仅当 $\xi \leq x$ 且对任何 $n \geq 1$, $\xi > x - 1/n$, 故 $\{\xi = x\} = \bigcap_{n \geq 1} (\{\xi \leq x\} \setminus \{\xi \leq x - 1/n\})$, 由事件域的性质知 $\{\xi = x\} \in \mathscr{F}$. 反之, 对任何 $x \in \mathbf{R}$, 有

$$\{\xi \leq x\} = \bigcup_{y \in R(\xi), y \leq x} \{\xi = y\} \in \mathscr{F},$$

因为右边是可列并. □

　　由此推出, 如果 f 是 **R** 上的函数, ξ 是离散随机变量, 那么 $f \circ \xi$ 也是离散随机变量. 这样, 离散随机变量在通常的运算下仍然是离散的随机变量.

定义 2.3.2 设 ξ 是个随机变量, 对任何 $x \in \mathbf{R}$, 定义

$$F_\xi(x) := \mathbb{P}(\xi \leq x).$$

F_ξ 是 **R** 上的函数, 称为是 ξ 的分布函数.

定理 2.3.3 随机变量的 ξ 的分布函数 F_ξ 满足下列性质:

(1) F_ξ 是递增的;

(2) F_ξ 是右连续的;

(3) $\lim_{x \to -\infty} F_\xi(x) = 0$, $\lim_{x \to +\infty} F_\xi(x) = 1$.

一般地, R 上满足上面性质的函数称为是一个分布函数, 简称分布.

证明. (1) 设 $y > x$, 则由概率性质得 $F_\xi(y) - F_\xi(x) = \mathbb{P}(\xi \leq y) - \mathbb{P}(\xi \leq x) = \mathbb{P}(x < \xi \leq y) \geq 0$. (2) 设 $x_n \downarrow x$, 则 $F_\xi(x_n) - F_\xi(x) = \mathbb{P}(x < \xi \leq x_n) \downarrow 0$, 这里的理由是 $\{x < \xi \leq x_n\} \downarrow \varnothing$ 及概率的连续性. (3) 与 (2) 类似. 因为 $\{\xi \leq -n\} \downarrow \varnothing$, $\{\xi \leq n\} \uparrow \Omega$. □

如果 ξ 是离散的, 则分布函数

$$F_\xi(x) = \mathbb{P}(\xi \le x) = \sum_{y \in R(\xi), y \le x} \mathbb{P}(\xi = y),$$

即取值不超过 x 的概率的和. 集 $\{(x, \mathbb{P}(\xi = x)) : x \in R(\xi)\}$ 唯一地决定了分布函数, 称为是 ξ 的分布律. 例如值域为 $\{x_0, x_1, \cdots\}$, 那么它的分布律的形式通常写为

$$\begin{pmatrix} x_0 & x_1 & x_2 & \cdots \\ \mathbb{P}(\xi = x_0) & \mathbb{P}(\xi = x_1) & \mathbb{P}(\xi = x_2) & \cdots \end{pmatrix}.$$

扔掉概率为零的点, $\mathbb{P}(\xi = x_n) > 0, \sum_n \mathbb{P}(\xi = x_n) = 1$. 非离散的随机变量的分布函数将在下一章里详细讨论. 顾名思义, 随机变量的分布只是说明它按照概率在实直线上的分布情况, 不同的随机变量可以有相同的分布. 比如, 两个骰子掷出的点数不一定一样, 但它们的分布是完全相同的.

例 2.3.2 掷三枚硬币, 设 X 是出现正面的硬币数, 那么 X 的分布律为

$$\begin{pmatrix} 0 & 1 & 2 & 3 \\ 1/8 & 3/8 & 3/8 & 1/8 \end{pmatrix}.$$

掷两个骰子, 记点数小者为 X, 那么 X 的分布律为

$$\begin{pmatrix} 1 & 2 & 3 & 4 & 5 & 6 \\ 11/36 & 9/36 & 7/36 & 5/36 & 3/36 & 1/36 \end{pmatrix}.$$

概率可以通过数符合要求的样本点数得到.   ▊

例 2.3.3 (Bernoulli 分布) 一个仅有两个结果 (成功或不成功) 的随机试验通常称为 Bernoulli 试验, 如掷一枚不均匀的硬币. 成功的概率为 p, 不成功的概率为 $q := 1 - p$, 成功的指标 ξ 是个随机变量, 分布为 $\begin{pmatrix} 0 & 1 \\ q & p \end{pmatrix}$, 称为 Bernoulli 分布. 一个事件 A 的指标 1_A 是 Bernoulli 分布的, 反过来, 任何 Bernoulli 分布的随机变量一定是某个事件的指标.   ▊

例 2.3.4 (Poisson 分布) 我们说随机变量 X 服从参数为 $\lambda > 0$ 的 Poisson 分布, 如果其分布律为

$$\mathbb{P}(X = k) = \frac{e^{-\lambda} \lambda^k}{k!}, \ k = 0, 1, 2, \cdots.$$

只需验证右边是一个分布律就可以了. Poisson 分布常用来描述某段时间内某随机发生的事件发生的次数. 注意这里我们没有说什么样的随机试验产生 Poisson 分布, 因此你是否会认为 Poisson 不那么自然. 也许初看起来的确如此, 但实际上 Poisson 分布是许多分布的近似.

看例 1.3.8 中的配对问题. 用 ξ 表示 n 个标号的球放入 n 个标号的盒子里 (假设每个盒子放一个球) 形成的配对数, 那么 ξ 的分布

$$\mathbb{P}(\xi = k) = \frac{1}{k!} \sum_{j=0}^{n-k} (-1)^j \frac{1}{j!}, \ 0 \le k \le n.$$

当 n 很大时, 有

$$\mathbb{P}(\xi = k) \simeq \frac{\mathrm{e}^{-1}}{k!},$$

也就是说 ξ 差不多服从参数为 1 的 Poisson 分布.

例 2.3.5 (超几何分布) 参考例 1.3.11. 用 ξ 表示取出的白球个数. 那么在不返回取样时, ξ 的分布为

$$\mathbb{P}(\xi = l) = \frac{\dbinom{m}{l}\dbinom{n-m}{k-l}}{\dbinom{n}{k}}.$$

当 l 使得上面的组合数没有意义时, 定义为零. 这个分布称为超几何分布.

虽然我们不打算在这一节中展开对非离散的随机变量的讨论, 但均匀分布是古典概型的自然推广, 让我们在此给予介绍.

例 2.3.6 (均匀分布) 让我们再回到几何概率模型. 从区间 $[a,b]$ 随机地取一个点是一个直观上有意义的随机试验. 记取出的点的坐标为 ξ, 这时我们通常认为 ξ 在 $[a,b]$ 上是均匀地分布的, 意味着 ξ 落在其中的子区间 I 上的概率与 I 的长度成比例, 即 $\mathbb{P}(\xi \in I) = c|I|$, 取 $I = [a,b]$ 得 $c = \dfrac{1}{b-a}$. 因此 ξ 的分布函数

$$F_\xi(x) = \mathbb{P}(\xi \le x) = \mathbb{P}(\xi \in [a,b], \xi \le x) = \begin{cases} 0, & x < a, \\ \dfrac{x-a}{b-a}, & x \in [a,b], \\ 1, & x > b. \end{cases}$$

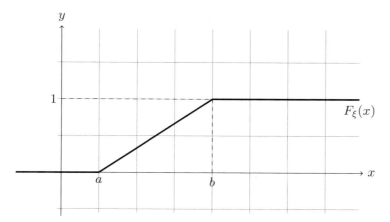

这个函数称为 $[a,b]$ 上均匀分布函数, 并且说 ξ 在 $[a,b]$ 上均匀分布 (见图 2.1). 和离散随机变量不同, 均匀分布随机变量取任意给定值的概率为零, 因为

$$\mathbb{P}(\xi = x) = \lim \mathbb{P}(\xi \in (x - n^{-1}, x + n^{-1})) = 0,$$

也就是说给定 x, ξ 恰等于 x 的概率是 0, 但它不是不可能事件, 是零概率事件或称为几乎不可能事件, 而 $\{\xi \neq x\}$ 是几乎必然事件.

均匀分布的随机变量是否存在呢? 答案是肯定的. 取 $(\Omega, \mathscr{F}, \mathbb{P})$ 是 $[0,1]$ 上几何概率空间. 令 $\xi(\omega) = a + (b-a)\omega$, 那么对 $x \in [a,b]$, 有

$$\mathbb{P}(\xi \leq x) = \mathbb{P}\left(\left\{\omega \in [0,1] : \omega \leq \frac{x-a}{b-a}\right\}\right) = \frac{x-a}{b-a},$$

即 ξ 在 $[a,b]$ 上均匀分布.

一个概率空间上通常要考虑多个随机变量 $\xi = (\xi_1, \cdots, \xi_d)$, 同样称它是离散的, 如果它的值域是 $\mathbf{R}^d$ 上的一个有限或可列点集. 这时正概率

$$\mathbb{P}(\xi_1 = x_1, \cdots, \xi_d = x_d)$$

的全体就是 ξ 的联合分布, 每个 ξ_i 也是离散的, 其分布律也称为是边缘分布. 联合分布决定边缘分布, 例如,

$$\mathbb{P}(\xi_1 = x_1) = \sum_{x_2, \cdots, x_d} \mathbb{P}(\xi_1 = x_1, \xi_2 = x_2, \cdots, \xi_d = x_d).$$

但是即使知道每个分量的分布, 也不能决定联合分布.

例 2.3.7 一个离散 d- 维随机变量称为均匀分布的, 如果它取任何值的概率都是相等的. 这时, 由可列可加性, 这样的随机变量一定是简单的. 反过来, 如果 D 是 $\mathbf{R}^d$ 的一个有限点集, 那么一定存在概率空间 $(\Omega, \mathscr{F}, \mathbb{P})$ 和随机变量 $\xi: \Omega \longrightarrow \mathbf{R}^d$ 使得 ξ 均匀分布在 D 上.

在 1,2,3,4,5 中选个数记为 ξ, 不重复地再选一个数, 记为 η. 那么对任何 $i \neq j$, $1 \leq i, j \leq 5$, $\mathbb{P}(\xi = i, \eta = j) = 1/20$. 也就是说 (ξ, η) 是均匀分布在 $\{(i,j) : i \neq j, 1 \leq i, j \leq 5\}$ 上的, 显然两边缘分布也都是均匀的. 记 $X = \xi \wedge \eta$, $Y = \xi \vee \eta$, 那么对任何的 $1 \leq i < j \leq 5$,

$$\mathbb{P}(X = i, Y = j) = \mathbb{P}(\xi = i, \eta = j) + \mathbb{P}(\xi = j, \eta = i) = \frac{1}{10},$$

即 (X, Y) 是均匀分布在三角形 $\{(i,j) : 1 \leq i < j \leq 5\}$ 的. 但这里边缘分布不是均匀的, 因为

$$\mathbb{P}(X = i) = \frac{5 - i}{10}, \ 1 \leq i \leq 4,$$

$$\mathbb{P}(Y = j) = \frac{j - 1}{10}, \ 5 \geq j \geq 2.$$

类似地, 设 D 是 $\mathbf{R}^n$ 上的一个有界区域, 如果存在概率空间及其随机变量 ξ 使得对任何子区域 $U \subset D$, 有

$$\mathbb{P}(\xi \in U) = \frac{|U|}{|D|},$$

这里 $|\cdot|$ 表示区域的体积, 那么称 ξ 服从 D 上的均匀分布. 同样, 区域 D 上均匀分布随机变量的存在性等价于 D 上几何概率空间的存在性.

同一个概率空间上的两个随机变量 ξ 和 η 相等, 是指它们作为 Ω 上的函数相等, 即对任何 $\omega \in \Omega$ 有 $\xi(\omega) = \eta(\omega)$. 另一个更重要的概念是同分布.

定义 2.3.3 两个 (可能定义在不同概率空间上的) 随机变量 ξ 和 η 称为同分布, 如果它们的分布函数相等.

同分布和随机变量相等是两个完全不同的概念, 在概率论中, 前者是一个更重要的概念, 是理解概率论的关键. 两个人各掷 n 个硬币, 他们的正面数可能不同, 但正面数的分布是一样的.

习　　题

1. 证明 De Morgan 公式与定理 1.1.1.

2. 设 f 是集合 X 到 Y 的映射, $\mathscr{B}$ 是 Y 的一个子集类, 定义 X 的子集类

$$f^{-1}(\mathscr{B}) := \{f^{-1}(B): B \in \mathscr{B}\}.$$

证明: 如果 $\mathscr{B}$ 对补运算 (对应地, 并运算, 交运算) 封闭, 那么 $f^{-1}(\mathscr{B})$ 也对补运算 (对应地, 并运算, 交运算) 封闭.

3. 设 f 是集合 X 到 Y 的映射, $\mathscr{A}$ 是 X 的一个子集类, 定义 Y 的子集类

$$\mathscr{B} := \{B \subset Y: f^{-1}(B) \in \mathscr{A}\}.$$

证明: 如果 $\mathscr{A}$ 对补运算 (对应地, 并运算, 交运算) 封闭, 那么 $\mathscr{B}$ 也对补运算 (对应地, 并运算, 交运算) 封闭.

4. 证明: $1_{A \cup B} = 1_A \vee 1_B$, $1_{A \cap B} = 1_A \wedge 1_B$, $1_{A^c} = 1 - 1_A$, $1_{A \triangle B} = |1_A - 1_B|$.

5. 证明: $1_{A \cup B} = 1_A + 1_B$ 当且仅当 A, B 不相交.

6. 证明: 任意多个事件域的交仍然是事件域.

7. 如果一个事件域的元素个数有限, 证明: 其元素个数一定是 2 的整数幂.

8. 设 $(\Omega, \mathscr{F})$ 是可测空间, $\mathbb{P}$ 是 $\mathscr{F}$ 上非负函数且 $\mathbb{P}(\Omega) = 1$, 证明下列命题等价.

   (a) $\mathbb{P}$ 是可列可加的;

   (b) $\mathbb{P}$ 是有限可加的且是下连续的;

   (c) $\mathbb{P}$ 是有限可加的且次可列可加的.

9. 设 A, B 是概率空间中的两个事件且 $\mathbb{P}(A) = 1$, 证明: $\mathbb{P}(A \cap B) = \mathbb{P}(B)$.

10. 设 $\mathbb{P}$ 是概率, $\mathbb{P}(A) = 3/4$, $\mathbb{P}(B) = 1/3$, 证明: $1/12 \leq \mathbb{P}(A \cap B) \leq 1/3$.

11. 证明:

$$\mathbb{P}(\bigcap_{i=1}^{n} A_i) = \sum_i \mathbb{P}(A_i) + (-1) \sum_{i<j} \mathbb{P}(A_i \cup A_j) + \sum_{i<j<k} \mathbb{P}(A_i \cup A_j \cup A_k)$$
$$+ \cdots + (-1)^{n-1} \mathbb{P}(A_1 \cup \cdots \cup A_n).$$

12. 证明:
$$\mathbb{P}(\bigcup_{i=1}^{n} A_i) \geq \sum_{i=1}^{n} \mathbb{P}(A_i) - \sum_{i<j} \mathbb{P}(A_i \cap A_j).$$

13. 证明:
$$\mathbb{P}(\bigcup_{i=1}^{n} A_i) \leq \min_{k} \left\{ \sum_{i=1}^{n} \mathbb{P}(A_i) - \sum_{i:i\neq k} \mathbb{P}(A_i \cap A_k) \right\}.$$

14. 设有事件 $A_1, \cdots, A_n$, N_k 表示恰有 k 个 A_i 发生的事件. 证明:
$$\mathbb{P}(N_k) = \sum_{i=0}^{n-k} (-1)^i \binom{k+i}{k} S_{k+i},$$
其中 $S_j = \sum_{i_1 < i_2 < \cdots < i_j} \mathbb{P}(A_{i_1} \cap A_{i_2} \cap \cdots \cap A_{i_j}).$

15. 设有事件 $A_1, \cdots, A_n$, 其中至少有一个一定发生, 但不可能有多于两个同时发生, $\mathbb{P}(A_i) = p$, $\mathbb{P}(A_i \cap A_j) = q$, $i \neq j$, 证明: $p \geq 1/n$, $q \leq 2/n$.

16. 设 $\Omega = \{\omega_n : n \geq 1\}$, $\mathscr{F}$ 是其全体子集的集合, $\mathbb{P}$ 是概率.

   (a) 证明: $\mathbb{P}$ 的值域是 $[0,1]$ 的一个闭子集; 提示; 在 $\mathscr{F}$ 上构造一个度量, 使得 $\mathscr{F}$ 紧且 $\mathbb{P}$ 连续.

   (b) 什么时候 $\mathbb{P}$ 的值域是一个完全集?

   (c) 什么时候 $\mathbb{P}$ 的值域是 $[0,1]$?

17. Ω 上的函数 ξ 是随机变量当且仅当对任何 $x \in \mathbf{R}$ 有 $\{\xi < x\} \in \mathscr{F}$.

18. 设 $\{\xi_n\}$ 是随机变量序列, 证明: 如果 $\inf_n \xi_n$ 有限, 那么它也是随机变量.

19. 设 ξ 是随机变量, 分布函数是 F, 证明: 对任何 $x \in \mathbf{R}$, $\mathbb{P}(\xi < x) = F(x-)$, x 处的左极限. 从而证明 F 连续当且仅当对任何 $x \in \mathbf{R}$, $\mathbb{P}(\xi = x) = 0$, 这时也说 ξ 是散布的.

20. 设 ξ 的分布函数 F 连续, 证明: $F(\xi)$ 也是随机变量且是 $[0,1]$ 上均匀分布的.

21. 设 F 是 ξ 的分布函数. 如果 $F(m) = 1/2$, 那么实数 m 称为随机变量 ξ 的中点. 但是这个 m 不一定存在, 所以中点定义为 $\mathbb{P}(\xi < m) \leq \frac{1}{2} \leq \mathbb{P}(\xi \leq m)$ 成立的 m. 证明: 任何随机变量至少有一个中点, 且中点的集合是一个闭区间.

22. 设 ξ 是随机变量, 问是否存在正实数 a, 使得 ξ 与 $\xi + a$ 有相同的分布函数?

23. 设 ξ, η 是两个随机变量, I 是个区间, 证明:

$$|\mathbb{P}(\xi \in I) - \mathbb{P}(\eta \in I)| \le \mathbb{P}(\xi \ne \eta).$$

24. 设 ξ, η 是两个随机变量, 联合分布函数为

$$F(x, y) = \mathbb{P}(\xi \le x, \eta \le y), \ x, y \in \mathbf{R}.$$

证明: (1) $F_\xi(x) = \lim_{y \to +\infty} F(x, y)$; (2) 联合分布函数 F 连续当且仅当 ξ, η 的分布函数都连续.

25. 证明: 一个连续的分布函数是一致连续的.

第三章 条件概率与全概率公式

本章介绍的是古典概率论中的几个计算的技巧怎么提升到一般概率空间上. 第一是事件的独立性, 第二是条件概率, 第三是基于条件概率的全概率公式, 在古典概率中, 这些概念是非常直观的, 对它们的理解也应该首先从古典概率的例子开始. 现在我们将把这些概念抽象出来, 在一般概率空间上定义这些概念, 本教材的第十章还会回到这几个概念, 更为一般和有用.

3.1 独立性

独立是概率的一个非常基本的概念. 比如说掷一个硬币的结果与掷一个骰子的结果是独立的, 也就是说它们的结果互不影响. 所以直观地, 硬币显示正面同时骰子显示六点的概率是两概率的乘积 $\frac{1}{2} \cdot \frac{1}{6} = \frac{1}{12}$. 一般地, 这就是随机试验的独立复合. 设一个随机试验有等可能的样本空间 Ω_1, 另一个随机试验独立于第一个随机试验, 有等可能样本空间 Ω_2. 这里的独立的含义是什么呢? 就是不管第一个试验的结果是什么, 第二个试验的所有结果仍然是等可能出现的. 用 $\Omega = \Omega_1 \times \Omega_2$ 表示两个试验组成的随机试验的样本空间, 样本点 (ω_1, ω_2) 表示第一个试验的结果是 ω_1, 第二个试验的结果是 ω_2. 因为第一个试验是等可能的, 故 ω_1 出现的概率是 $1/|\Omega_1|$, 而 ω_1 出现这个事件等于 $\{(\omega_1, \omega_2) : \omega_2 \in \Omega_2\}$, 由独立性, 其中样本点都是等可能的, 因此

$$\mathbb{P}(\{(\omega_1, \omega_2)\}) = \frac{1}{|\Omega_1| \cdot |\Omega_2|},$$

即两个独立的等可能随机试验组成的随机试验仍然是等可能的. 特别地, 如重复地掷一枚硬币, 重复地掷一个骰子, 摸一个球放回后再摸等等都是独立的随机试验的复合. 如果 A, B 分别是两随机试验中的事件, $A \subset \Omega_1, B \subset \Omega_2$, 那么 $A \times B \subset \Omega$, 且

从上面的公式推出,

$$\mathbb{P}(A \times B) = \mathbb{P}_1(A)\mathbb{P}_2(B),$$

其中 $\mathbb{P}_1, \mathbb{P}_2$ 分别是两个试验对应的概率. 令 $\overline{A} := A \times \Omega_2$, $\overline{B} := \Omega_1 \times B$, 它们是复合后的随机试验的事件, 分别是: 第一次试验中 A 出现 与第二次试验中 B 出现. 那么 $A \times B = \overline{A} \cap \overline{B}$, $\mathbb{P}(\overline{A}) = \mathbb{P}_1(A)$, $\mathbb{P}(\overline{B}) = \mathbb{P}_2(B)$, 因此我们有下面的定理.

定理 3.1.1 如果 A, B 分别是两独立随机试验中的事件, 那么

$$\mathbb{P}(\overline{A} \cap \overline{B}) = \mathbb{P}(\overline{A})\mathbb{P}(\overline{B}).$$

简单地说, 独立事件同时发生的概率是各自概率的乘积. 由此给出下面的定义. 设 $(\Omega, \mathscr{F}, \mathbb{P})$ 是一个概率空间, $\mathscr{F}$ 中的元素称为事件.

定义 3.1.1 称事件 A, B 独立, 如果

$$\mathbb{P}(A \cap B) = \mathbb{P}(A)\mathbb{P}(B).$$

称事件 $A_1, \cdots, A_n, \cdots$ 相互独立, 如果其任何的有限多个 $A_{i_1}, \cdots, A_{i_k}$ 有

$$\mathbb{P}(A_{i_1} \cap \cdots \cap A_{i_k}) = \mathbb{P}(A_{i_1}) \cdots \mathbb{P}(A_{i_k}).$$

随机变量 $\xi_1, \cdots, \xi_n$ 相互独立是指对任何 $x_i \in \mathbf{R}$, $1 \leq i \leq n$, 有

$$\mathbb{P}(\xi_1 \leq x_1, \cdots, \xi_n \leq x_n) = \mathbb{P}(\xi_1 \leq x_1) \cdots \mathbb{P}(\xi_n \leq x_n).$$

一个随机变量的集合称为相互独立是指其中任意有限个是相互独立的.

多个事件或者随机变量的相互独立通常简称为独立, 多个事件中任意两个独立称为是两两独立. 注意事件两两独立不一定是相互独立的, 人为地构造一个等概率样本空间 $\Omega = \{aaa, bbb, ccc, abc\}$, A, B, C 分别表示 a, b, c 出现的事件, 则容易计算 $\mathbb{P}(A) = \mathbb{P}(B) = \mathbb{P}(C) = \frac{1}{2}$, 而任何两个同时发生一定导致第三个也发生, 概率都是 $\frac{1}{4}$, 因此它们是两两独立的, 但不相互独立.

引理 3.1.1 (1) 随机变量 $\xi_1, \cdots, \xi_n$ 独立当且仅当对任何 $x_i \leq y_i$, $1 \leq i \leq n$, 有

$$\mathbb{P}(x_1 < \xi_1 \leq y_1, \cdots, x_n < \xi_n \leq y_n)$$
$$= \mathbb{P}(x_1 < \xi_1 \leq y_1) \cdots \mathbb{P}(x_n < \xi_n \leq y_n).$$

(2) 如果它们是离散的, 那么独立当且仅当

$$\mathbb{P}(\xi_1 = x_1, \cdots, \xi_n = x_n) = \mathbb{P}(\xi_1 = x_1) \cdots \mathbb{P}(\xi_n = x_n).$$

(3) 随机变量 $\xi_1, \cdots, \xi_n$ 独立当且仅当其任何子集是独立的.

证明. 不妨设 $n = 2$,

$$\begin{aligned}
\mathbb{P}(x_1 < \xi_1 \leq y_1, \xi_2 \leq y_2) \\
= \mathbb{P}(\{\xi_1 \leq y_1, \xi_2 \leq y_2\} \setminus \{\xi_1 \leq x_1, \xi_2 \leq y_2\}) \\
= \mathbb{P}(\{\xi_1 \leq y_1, \xi_2 \leq y_2\}) - \mathbb{P}(\{\xi_1 \leq x_1, \xi_2 \leq y_2\}) \\
= (\mathbb{P}(\xi_1 \leq y_1) - \mathbb{P}(\xi_1 \leq x_1))\mathbb{P}(\xi_2 \leq y_2) \\
= \mathbb{P}(x_1 < \xi_1 \leq y_1)\mathbb{P}(\xi_2 \leq y_2),
\end{aligned}$$

类似地一步一步推出 (1). 仿照引理 2.3.1 的证明可证明 (2). 对于 (3), 在定义式里令 $x_n = k$, 再让 $k \longrightarrow \infty$, 那么 $\{\xi_n \leq k\} \uparrow \Omega$, 由概率下连续性推出 $\xi_1, \cdots, \xi_{n-1}$ 独立. 类似推出其任何子集是独立的. □

定理 3.1.1 说明分别在两独立随机试验中表述的两事件总是独立的. 比如掷两个骰子, 一个骰子的点数对另一个骰子的点数是无影响的, 因此它们得到的点数应该是独立的. 下面是重复独立随机试验的例子, 首先让我们说明即使是无限次的独立重复试验也是可以实现的.

例 3.1.1　有意思的是重复地无限次掷硬币这个试验可以实现和均匀分布可以实现是等价的. 假设概率空间 $(\Omega, \mathscr{F}, \mathbb{P})$ 上随机变量 ξ 是 $[0,1]$ 上均匀分布的, 用 ξ_n 表示 ξ 的二进制表示的第 n 位小数, 因为表示方法不唯一的数只有可列多个, 故 ξ 是一个表示法不唯一的数的概率是 0, 可以不必考虑. 那么 ξ_n 是随机变量, 取值 0 或 1, 计算 $(\xi_1, \cdots, \xi_n)$ 的联合分布, 事件 $\{\xi_1 = a_1, \cdots, \xi_n = a_n\}$ 等价于固定二进制的前 n 位小数, 这时 ξ 必定落在一个长度为 $1/2^n$ 的二分区间里, 因此

$$\mathbb{P}(\{\xi_1 = a_1, \cdots, \xi_n = a_n\}) = \frac{1}{2^n},$$

故 $\{\xi_n\}$ 是独立随机变量序列, 且 $\mathbb{P}(\xi_n = 1) = \mathbb{P}(\xi_n = 0) = \frac{1}{2}$. 这个随机序列可以说恰当地描述了重复地无限次掷硬币这个随机试验. 反之, 假设重复地无限次掷硬币

这个试验是可以实现的, 即存在概率空间 $(\Omega, \mathscr{F}, \mathbb{P})$ 和这样一个随机序列 $\{\xi_n\}$. 定义

$$\xi := \sum_{n=1}^{\infty} \frac{\xi_n}{2^n},$$

那么 ξ 是 $[0,1]$ 上均匀分布的随机变量. 为什么呢? 实际上, ξ 是一个二进制小数. $\xi \in [0, 1/2]$ 当且仅当 $\xi_1 = 0$ (或者 $\xi_1 = 1, \xi_n = 0, n \geq 2$, 而这个概率是 0, 不必考虑). 因此 $\mathbb{P}(\xi \in [0, 1/2]) = 1/2$. 类似地

$$\mathbb{P}(\xi \in [0, \frac{1}{2^n}]) = \mathbb{P}(\xi_1 = 0, \cdots, \xi_n = 0) = \frac{1}{2^n},$$

一般地, 对任何 $n \geq 1$, $0 \leq k < 2^n$, $\mathbb{P}(\xi \in [\frac{k}{2^n}, \frac{k+1}{2^n}]) = \frac{1}{2^n}$. 因此推出 ξ 是均匀分布的. ∎

类似地我们认为 (无限次) 独立地重复一个随机试验是可以实现的, 比如说骰子, 存在概率空间及其独立随机变量序列 $\{\xi_n\}$ 使得任何 ξ_n 都是 $\{1,2,3,4,5,6\}$ 上均匀分布的. 确切地说, 如果 ξ 是离散随机变量, 那么存在一个概率空间 $(\Omega, \mathscr{F}, \mathbb{P})$ 和独立的随机变量列 $\{\xi_n\}$ 使得它们与 ξ 有同样的分布 (严格的证明参见 §2.3). 因此下面我们就简单地说独立地重复一个随机试验.

例 3.1.2 (二项分布) 独立地重复 (如果可能) 一个 Bernoulli 试验 n 次, 记 ξ 是成功次数, 那么

$$\mathbb{P}(\xi = k) = \binom{n}{k} p^k q^{n-k}, \ k = 0, 1, 2, \cdots, n.$$

这样的随机变量称为是服从参数为 n, p 的二项分布. 它适用于许多的概率模型. 如例 1.3.5. 让我们证明在一定条件下, 它近似于 Poisson 分布. 写

$$b(k; n, p) := \binom{n}{k} p^k (1-p)^{n-k},$$

固定 $k \geq 0, \lambda > 0$, 则

$$\lim_n b(k; n, \frac{\lambda}{n}) = \mathrm{e}^{-\lambda} \frac{\lambda^k}{k!}.$$

事实上, 因为

$$b(k; n, \frac{\lambda}{n}) = \frac{\lambda^k}{k!} \frac{n(n-1) \cdots (n-k+1)}{n^k} \left(1 - \frac{\lambda}{n}\right)^{n-k},$$

故极限是显然的. 这说明当 n 很大, p 较小时, 二项分布接近 Poisson 分布. ∎

例 3.1.3 (多项分布) 独立地重复有 r 个结果的随机试验 n 次, 在每次试验时, r 个结果出现的概率依次为 $p_1, \cdots, p_r$, 且 $p_1 + \cdots + p_r = 1$. 用 ξ_i 表示第 i 个出现的次数. 那么 $\sum_{i=1}^{r} \xi_i = n$, 且随机变量 $(\xi_1, \cdots, \xi_r)$ 的分布为

$$\mathbb{P}(\xi_1 = n_1, \cdots, \xi_r = n_r) = \binom{n}{n_1, \cdots, n_r} p_1^{n_1} \cdots p_r^{n_r},$$

其中 $n_1 + \cdots + n_r = n$. 这个分布称为多项分布, 是二项分布的推广, 其中的

$$\binom{n}{n_1, \cdots, n_r}$$

是多项式 $(x_1 + \cdots + x_r)^n$ 展开时 $x^{n_1} x_2^{n_2} \cdots x_r^{n_r}$ 的系数. ∎

例 3.1.4 (几何分布与 Pascal 分布) 独立地重复成功概率 $p > 0$ 的 Bernoulli 试验一直到成功 (出现) 为止, 然后用 ξ 表示已做试验的次数. 事件 $\{\xi = k\}$ 说明第 k 次成功而前 $k - 1$ 次是失败的. 那么 ξ 的分布是 $\mathbb{P}(\xi = k) = q^{k-1} p$, $k = 1, 2, \cdots$. 显然 $\sum_k \mathbb{P}(\xi = k) = 1$, 说明 $\mathbb{P}(\xi < \infty) = 1$(即不管成功概率多么小, 只要你不放弃就一定会成功. 注意这是在抽象概率空间中证明的, 你认为它符合现实吗?), 故 ξ 是随机变量, 说它服从参数为 p 的几何分布. 更一般地, 重复 Bernoulli 试验, 对任何 $r \geq 1$, 设 ξ_r 是第 r 次成功时所进行的试验次数, 那么事件 $\{\xi_r = k\}$ 相当于第 k 次试验是成功, 而前 $k - 1$ 次试验中有 $r - 1$ 次成功, 因此

$$\mathbb{P}(\xi_r = k) = \binom{k-1}{r-1} p^r q^{k-r}, \ k \geq r.$$

这个分布称为 Pascal 分布. 这个分布和著名的分赌注问题有关系, 设有甲乙两个棋艺相当的赌徒下棋赌博, 约好先胜三场者赢得奖金, 现在棋下了一局, 甲赢, 而后赌博因故终止, 问应该怎样分奖金才是公平的. 因为甲只要在输三局前再赢两局就赢得奖金, 故我们需要算这个概率. 用 ξ 表示甲赢到两局时总的下棋局数, 那么事件输三局前再赢两局等于 $\{\xi \leq 4\}$, 因此由 Pascal 分布, 所求概率等于

$$\mathbb{P}(\xi \leq 4) = \sum_{k=2}^{4} \mathbb{P}(\xi = k) = \frac{1}{4} + 2 \cdot \frac{1}{8} + 3 \cdot \frac{1}{16} = \frac{11}{16}.$$

这说明如果继续下去, 甲与乙赢得奖金的概率之比为 $11 : 5$, 那么按此比例分奖金是公平的. ∎

例 3.1.5 A, B 两人比赛, A 赢的概率是 p, 输的概率是 $q = 1 - p$.

(1) 如果规则是比赛到某人胜出两场 (多胜两场) 为赢, 求 A 赢的概率.

(2) 如果规则是某人连续赢两场为赢, 求 A 赢的概率.

(3) 问弱者应该选取哪个规则 (有更大的机会赢)?

先考虑规则 (1). 在此规则下, 在 A 最终赢发生时, 比赛一定要进行 $2n + 2$ $(n \geq 0)$ 次, 最后两局一定是 A 连胜, 且对任何 $0 \leq k \leq n - 1$, 第 $2k + 1, 2k + 2$ 局一定是 A, B 各胜一局, 共有 2^n 种不同的可能. 用 p_1^A 表示最终 A 赢的概率. 那么 A 最终赢这个事件包含有可列个不同的基本事件, 因此由可列可加性, 得

$$p_1^A = \sum_{n \geq 0} 2^n (pq)^n p^2 = \frac{p^2}{1 - 2pq}.$$

规则 (2) 更容易一些. 用 p_2^A 表示最终 A 赢得的概率. 很容易列出 A 赢的所有可能性.

AA, ABAA, ABABAA, ABABABAA, $\cdots$,

BAA, BABAA, BABABAA, BABABABAA, $\cdots$,

这样也是由可列可加性, 得

$$p_2^A = \frac{p^2}{1 - pq} + \frac{p^2 q}{1 - pq} = \frac{p^2(1 + q)}{1 - pq}.$$

当然当 $p = \frac{1}{2}$ 时, $p_1^A = p_2^A = \frac{1}{2}$. 而当 $p < q$ 时, $p_2^A > p_1^A$. 所以弱者应选取规则 (2). 直观上讲, 规则 (1) 会使比赛延续更长的时间, 这对弱者不利. ▮

3.2　条件概率

条件概率是一个非常重要的概念, 直观但难以叙述. 什么是条件概率呢? 在一个给定的概率模型中, 假设某个事件发生, 将得到一个新的概率模型. 或者说在给定的条件下, 概率模型的随机性会发生改变. 例如掷两个骰子是一个概率模型, 如果假设两个骰子的和是 4 实际上就是说已知这个事件发生了, 那么这是一个新的概率模型, 样本空间改变了, 是 $\{(1,3), (2,2), (3,1)\}$. 如果我们问至少有一个 1 的概率, 那么在第一个模型下, 答案是 11/36, 在新的模型下, 答案明显变大, 是 2/3. 这样假设某个事件发生所在的模型下得到的概率即条件概率. 条件概率在现实世界中也有体

现, 期权或者期货这样的随机商品的价值会随着时间推移而逐渐清晰, 这实际上就是条件在改变, 使得随机性在变化, 概率在变化.

定义 3.2.1 设 $(\Omega, \mathscr{F}, \mathbb{P})$ 是概率空间, $A, B \in \mathscr{F}$ 且 $\mathbb{P}(A) > 0$. 假设事件 A 发生, 这时事件 B 发生的概率称为事件 B 在事件 A 发生的条件下的概率, 或者事件 B 关于事件 A 的条件概率, 记为 $\mathbb{P}(B|A)$.

实际上, 所有的概率问题都是在一定条件下的概率. 比如例 1.3.8 中的配对问题, 本来是 n 个球放入 n 个盒子中, 有 n^n 种可能方法, 但我们假设每个盒子放一个球, 实际上就是变成了条件概率问题. 还有例 1.3.12 中说甲得 n 票乙得 m 票也是一个条件概率问题. 先看一个基本的例子.

例 3.2.1 在一个装有 a 个白球, b 个黑球的盒子里依次不返回地取球, 用 A_1 表示第一次取得白球, 显然 $\mathbb{P}(A_1) = \frac{a}{a+b}$. 用 A_2 表示第二次取得的球是白球, 这时如果考虑第一次取得的是什么球, 那么所得概率是条件概率, 即假设 A_1 发生了, 那么袋子中剩下 $a-1$ 个白球 b 个黑球, 所以条件概率

$$\mathbb{P}(A_2|A_1) = \frac{a-1}{a-1+b}.$$

再用 A_3 表示第三次取得的球是白球, 在假设第一次取得白球, 第二次取得黑球时, 袋子中剩下 $a-1$ 个白球, $b-1$ 个黑球, 所以条件概率为

$$\mathbb{P}(A_3|A_1 \cap A_2^c) = \frac{a-1}{a-1+b-1}.$$

类似地, 容易计算其它的条件概率, 例如前两次取得的都是白球条件下第三次取得白球的概率.

这个例子很好地解释了条件概率是依照条件来改变概率模型之后得到的概率.

例 3.2.2 让我们考虑这样的问题: 假设生男生女是等概率的, 再假设两个孩子的性别互相是独立的. 已知某个家庭的两个孩子中有一个是女孩, 问另一个也是女孩的概率是多少? 这等同于问掷两枚硬币, 若已知有一枚是正面, 另一枚也是正面的概率是多少? 正确的答案应该是 $\frac{1}{3}$, 因这时样本空间是 $\{HH, HT, TH\}$. 但很多人直觉地认为概率应该是 $\frac{1}{2}$, 理由是一个孩子是否女孩与另一个是否女孩没有关系. 这个理由是对的, 但对问题的理解是错误的, 如果已知大的 (或者小的) 是女孩, 那么另一个是女孩的概率是 $\frac{1}{2}$. 如果问有一天你看到两个孩子的一个是个女孩, 那么两个都是女孩的概率是多少呢?

一个概率问题是否是一个条件概率问题依赖于我们怎么建立概率空间. 如果把其中的某些条件看成是一个更大概率空间中的一个事件, 那么它是一个条件概率问题, 而如果直接按照条件建立概率空间, 那它就是一个普通概率问题. 上面的例子很好地诠释了这一点.

条件概率与原概率有什么关系? 这要从分布的原意说起, 分布粗略地理解为是将某个总量 (不一定是 1) 分布到若干点上. 因为我们只是关心分布的相对性, 所以各点所分布的量除以一个共同常数不改变分布态势. 特别地, 各点分布的量除以总量后得到的分布是概率分布. 如果 $(\Omega, \mathscr{F}, \mathbb{P})$ 是古典概型, 那么条件事件 A 作为样本空间时也是等可能的古典概型, 故由古典概率的性质

$$\mathbb{P}(B|A) = \frac{|A \cap B|}{|A|} = \frac{|A \cap B|/|\Omega|}{|A|/|\Omega|} = \frac{\mathbb{P}(A \cap B)}{\mathbb{P}(A)}.$$

在一般概率空间中, $\mathbb{P}$ 是 Ω 上的分布, 条件概率的假设 '事件 A 发生' 的意思是指考虑 $\mathbb{P}$ 在 A 上的分布, 注意这时总量是 $\mathbb{P}(A)$, 不一定是 1. 因此 A 上的概率分布是原分布除以总量 $\mathbb{P}(A)$, 这说明条件概率 $\mathbb{P}(B|A)$ 实际上是事件 $B \cap A$ 的可能性大小与总量 $\mathbb{P}(A)$ 的比例, 即有下面的公式

$$\mathbb{P}(B|A) = \frac{\mathbb{P}(A \cap B)}{\mathbb{P}(A)},$$

称为条件概率公式, 或者写成乘积形式 $\mathbb{P}(A \cap B) = \mathbb{P}(B|A)\mathbb{P}(A)$, 称为乘法公式. 由此推出事件 A, B 独立当且仅当 $\mathbb{P}(A|B) = \mathbb{P}(A)$, 条件概率等于无条件概率. 更一般地, 设 $A_1, A_2, \cdots, A_n$ 是事件, 那么

$$\mathbb{P}(A_1 \cap A_2 \cap \cdots \cap A_n) = \mathbb{P}(A_n|A_1 \cap \cdots \cap A_{n-1}) \cdots \mathbb{P}(A_2|A_1)\mathbb{P}(A_1).$$

例 3.2.3 在一个有一黑一白两个球的盒子中等可能地取一个球, 记录颜色后放回. 如果是白球, 再加一个白球, 如果是黑球, 就不再加球. 然后再等可能地取一个球记录颜色. 那么记录的样本空间是

$$\Omega = \{ww, wb, bw, bb\},$$

其中两个字母按序分别表示两次取球的颜色. 它们的概率分别是多少呢? 在第一次是白球的假设下, 样本空间为两白一黑, 再取白的概率是一个条件概率, 等于 $\frac{2}{3}$, 因此 $\mathbb{P}(\{ww\}) = \frac{1}{3}$, 类似地 $\mathbb{P}(\{wb\}) = \frac{1}{6}$, $\mathbb{P}(\{bw\}) = \mathbb{P}(\{bb\}) = \frac{1}{4}$. ∎

　　条件概率作为映射 $B \mapsto \mathbb{P}(B|A)$ 是 $(\Omega, \mathscr{F})$ 上的概率, 也是缩小了的空间 $(A, A \cap \mathscr{F})$ 上的概率, 其中 $A \cap \mathscr{F} := \{A \cap B : B \in \mathscr{F}\}$ 是集合 A 上的事件域. 也可以记为 $\mathbb{P}(\cdot|A)$. 条件概率的叙述方式很多, 比如假设事件 A 发生, 事件 B 发生的概率, 要注意它与两个事件同时发生的概率的不同之处.

　　既然 $\mathbb{P}(\cdot|A)$ 是 $(\Omega, \mathscr{F})$ 上的概率, 我们可以再用一个事件 B 做条件概率, 确切地说事件 C 在概率空间 $(\Omega, \mathscr{F}, \mathbb{P}(\cdot|A))$ 中关于事件 B 的条件概率, 记为 $\mathbb{P}'(C)$. 即 $\mathbb{P}' := \mathbb{P}(\cdot|A)$. 条件概率下再求条件概率称为条件复合.

引理 3.2.1　条件复合公式: $\mathbb{P}'(C|B) = \mathbb{P}(C|A \cap B)$.

证明. 由条件概率公式

$$\mathbb{P}'(C|B) = \frac{\mathbb{P}(C \cap B|A)}{\mathbb{P}(B|A)} = \mathbb{P}(C|A \cap B).$$

完成证明.   □

3.3　全概率公式与 Bayes 公式

　　以下是概率论中最重要的公式之一, 称为全概率公式.

定理 3.3.1　设事件 $\{\Omega_n : n \geq 1\} \subset \mathscr{F}$ 是 Ω 的一个划分, 那么对任何 $A \in \mathscr{F}$,

$$\mathbb{P}(A) = \sum_{n \geq 1} \mathbb{P}(A \cap \Omega_n) = \sum_{n \geq 1} \mathbb{P}(A|\Omega_n)\mathbb{P}(\Omega_n).$$

证明. 公式的证明是简单的, $A = A \cap \Omega = \bigcup_{n \geq 1} A \cap \Omega_n$, 而 $\{\Omega_n\}$ 互斥, 由可列可加性,

$$\mathbb{P}(A) = \mathbb{P}\left(\bigcup_{n \geq 1} (A \cap \Omega_n)\right) = \sum_{n \geq 1} \mathbb{P}(A \cap \Omega_n) = \sum_{n \geq 1} \mathbb{P}(A|\Omega_n)\mathbb{P}(\Omega_n).$$

完成证明.   □

**例 3.3.1　**让我们用全概率公式说明抽签与顺序无关. 在一个有 r 个红球, b 个黑球的盒子中, 甲先随机取一个球, 不放回, 记 A 是球是红色的事件, 乙随后再随机地取个球, 记 B 是球是红色的事件. 显然 A 发生后, 盒子中有 $r+b-1$ 个球, 其中 $r-1$ 个红色, 因此 $\mathbb{P}(B|A) = \dfrac{r-1}{r+b-1}$, 同样 $\mathbb{P}(B|A^c) = \dfrac{r}{r+b-1}$, 由全概率公式得

$$\mathbb{P}(B) = \mathbb{P}(B|A)\mathbb{P}(A) + \mathbb{P}(B|A^c)\mathbb{P}(A^c)$$

$$= \frac{r-1}{r+b-1} \cdot \frac{r}{r+b} + \frac{r}{r+b-1} \cdot \frac{b}{r+b} = \frac{r}{r+b} = \mathbb{P}(A),$$

说明了甲乙取得红球的概率是一样的. ∎

例 3.3.2 有两个装有若干红球与黑球的同样盒子, 先随机选一个盒子, 然后从中随机取一个球, 不放回, 再如此随机地取一个球, 用 A, B 分别表示第一, 第二个球是红球的事件, 设盒子 1 中有两个红球, 盒子 2 中有一个红球一个黑球, 计算 $\mathbb{P}(B|A)$. 用 A_1 与 A_2 表示第一个球取自盒子 1 与 2 的事件. 由全概率公式 $\mathbb{P}(A) = \frac{3}{4}$, 由全概率公式及乘法公式

$$\mathbb{P}(B \cap A) = \mathbb{P}(B \cap A \cap A_1) + \mathbb{P}(B \cap A \cap A_2)$$
$$= \mathbb{P}(B|A \cap A_1)\mathbb{P}(A|A_1)\mathbb{P}(A_1) + \mathbb{P}(B|A \cap A_2)\mathbb{P}(A|A_2)\mathbb{P}(A_2).$$

在 $A \cap A_1$ 发生的条件下, 盒子 1 剩下一个红球, 盒子 2 不变, 应用全概率公式 $\mathbb{P}(B|A \cap A_1) = \frac{3}{4}$, 同样 $\mathbb{P}(B|A \cap A_2) = \frac{1}{2}$. 因此 $\mathbb{P}(B \cap A) = \frac{3}{4}\frac{1}{2} + \frac{1}{2}\frac{1}{2}\frac{1}{2} = \frac{1}{2}$. 然后 $\mathbb{P}(B|A) = \mathbb{P}(B \cap A)/\mathbb{P}(A) = 2/3$. ∎

例 3.3.3 设某个机器收到的信号数 ξ 服从参数为 λ 的 Poisson 分布, 信号或正或负, 正的概率是 p. 设每个信号互相独立, 且与信号数独立. 记收到的正信号数是 η. 求 η 的分布律. η 的可能范围也是非负整数. 对任何 $k \geq 0$, 由全概率公式得

$$\mathbb{P}(\eta = k) = \sum_{n \geq k} \mathbb{P}(\xi = n)\mathbb{P}(\eta = k|\xi = n)$$
$$= \sum_{n \geq k} \frac{\lambda^n}{n!}\mathrm{e}^{-\lambda}\binom{n}{k}p^k q^{n-k}$$
$$= \frac{\lambda^k \mathrm{e}^{-\lambda} p^k}{k!} \sum_{n \geq k} \frac{1}{(n-k)!} q^{n-k}\lambda^{n-k} = \frac{(\lambda p)^k}{k!}\mathrm{e}^{-\lambda p},$$

即 η 服从参数为 λp 的 Poisson 分布. 其实这里第二个等号基于一个观察: 已知信号数为 n 时, 正信号数服从二项分布. 让我们给予证明. 如果设 η_i 是第 i 个信号是正信号的指标, 那么 $\eta = \sum_{i=1}^{\xi} \eta_i$, 因此 $\mathbb{P}(\eta = k|\xi = n) = \mathbb{P}(\sum_{i=1}^{n} \eta_i = k|\xi = n) = \mathbb{P}(\sum_{i=1}^{n} \eta_i = k) = \binom{n}{k}p^k q^{n-k}$, 因为 η_i 独立于 ξ 且 $\sum_{i=1}^{n} \eta_i$ 是二项分布的. ∎

例 3.3.4 让我们来考虑例 3.1.5. 在规则 (1) 下, 用 W 表示 A 最终赢的事件. 先看开头两局比赛, 有四种结果: AA,AB,BA,BB. 按照规则, 在 AA 发生时, A 赢了. 在 AB,BA 发生时, 两人打了平手, 从头来过. 在 BB 发生时, A 输了. 因此由全概率公

式得

$$\mathbb{P}(W) = \mathbb{P}(W|AA)\mathbb{P}(AA) + \mathbb{P}(W|AB)\mathbb{P}(AB)$$
$$+ \mathbb{P}(W|BA)\mathbb{P}(BA) + \mathbb{P}(W|BB)\mathbb{P}(BB)$$
$$= p^2 + 2pq \cdot \mathbb{P}(W),$$

推出 $\mathbb{P}(W) = \dfrac{p^2}{1 - 2pq}$.

再考虑规则 (2). 一样用全概率公式得

$$\mathbb{P}(W) = \mathbb{P}(W|AA)\mathbb{P}(AA) + \mathbb{P}(W|AB)\mathbb{P}(AB)$$
$$+ \mathbb{P}(W|BA)\mathbb{P}(BA) + \mathbb{P}(W|BB)\mathbb{P}(BB).$$

按照现在的规则, $\mathbb{P}(W|AA) = 1$, $\mathbb{P}(W|BB) = 0$, 但

$$\mathbb{P}(W|AB) = \mathbb{P}(W|B), \quad \mathbb{P}(W|BA) = \mathbb{P}(W|A),$$

这是因为在 AB 或者 BA 发生的情况下, 最终的输赢只与第二局结果有关. 这还无法得到答案, 需要继续观察下一局, 应用条件复合公式得

$$\mathbb{P}(W|B) = \mathbb{P}(W|BA)p + \mathbb{P}(W|BB)q = \mathbb{P}(W|A)p,$$
$$\mathbb{P}(W|A) = \mathbb{P}(W|AA)p + \mathbb{P}(W|AB)q = p + \mathbb{P}(W|B)q.$$

现在三个方程三个未知数, 可以容易地解得 $\mathbb{P}(W)$.

再考虑例 1.3.14. 让我们计算 C 最终赢的概率, 其他类似, 用 W_c 表示 C 最终赢的事件. 看头两局比赛, 用全概率公式

$$\mathbb{P}(W_c) = \frac{1}{4}\mathbb{P}(W_c|AC) + \frac{1}{4}\mathbb{P}(W_c|BC) = \frac{1}{2}\mathbb{P}(W_c|AC).$$

对条件概率 $\mathbb{P}(W_c|AC)$ 再用全概率公式和引理 3.2.1

$$\mathbb{P}(W_c|AC) = \frac{1}{2} + \frac{1}{2^3}\mathbb{P}(W_c|ACBAC) = \frac{1}{2} + \frac{1}{8}\mathbb{P}(W_c|AC),$$

因此 $\mathbb{P}(W_c|AC) = 4/7$ 且 $\mathbb{P}(W_c) = 4/14$.   ∎

在前两章算概率时, 一般需要构建完整的概率空间, 当样本空间很大的时候, 计算概率会变得很麻烦, 但全概率公式是一个通过条件概率来计算概率的途径. 计算条件概率通常只需要局部的概率空间就足够了, 这大大地简化了概率计算. 我们可以通过例子和练习体会到这些好处.

例 3.3.5 让我们考虑著名的赌徒输光问题, 是个经典的问题. A, B 两人各携带赌资数 a, b 进行简单的赌博: 独立地重复某种比赛, 每人每次押一元钱, 每场比赛中 A, B 赢的概率分别是 p, q, 当然 $p + q = 1$, 赌博一直到其中一人输光为止, 算最终 A 输光的概率. 在整个过程中, 总的赌资不变, 是 $a + b$. 用 r_x 表示 A 手中剩 x 元赌资时最终 A 输光的概率, 那么显然 $r_0 = 1$, $r_{a+b} = 0$, 且对 $0 < x < a + b$, 看下一场结果, 如果 A 赢, A 便有 $x + 1$ 元钱, 如果 A 输, A 有 $x - 1$ 元钱, 赌博继续, 因此由全概率公式, $r_x = pr_{x+1} + qr_{x-1}$. 我们得到有边界条件的差分方程:

$$\begin{cases} r_x = pr_{x+1} + qr_{x-1}, & 0 < x < a + b, \\ r_0 = 1, \ r_{a+b} = 0. \end{cases}$$

变形方程得 $p(r_{x+1} - r_x) = q(r_x - r_{x-1})$. 假设 $p = 1/2$, 这样

$$r_a - r_0 = a(r_1 - r_0), \quad -1 = r_{a+b} - r_0 = (a + b)(r_1 - r_0).$$

推出

$$r_x = 1 - \frac{a}{a + b} = \frac{1}{a/b + 1},$$

说明 $a : b$ 越小, 输光的概率越大. ∎

反之, 如果已知事件 A 发生了, 我们也可以算每个分类 Ω_n 的概率, 即

$$\mathbb{P}(\Omega_n | A) = \frac{\mathbb{P}(A|\Omega_n)\mathbb{P}(\Omega_n)}{\mathbb{P}(A)},$$

其中 $\mathbb{P}(A)$ 按全概率公式计算. 一般地, 条件概率 $\mathbb{P}(A|B)$ 和条件概率 $\mathbb{P}(B|A)$ 有以下关系

$$\mathbb{P}(B|A) = \frac{\mathbb{P}(A|B)\mathbb{P}(B)}{\mathbb{P}(A)},$$

这个数学上看起来很平凡的公式称为 Bayes 公式. 如果说全概率公式的作用是以局部认识整体, 那么 Bayes 公式的作用就是以经验来修正认知. Bayes 最初提出该公式的初心是从哲学上定量地阐述归纳推理怎么发挥认识世界的作用.

例 3.3.6 有一种成本低廉的医学检测方法不完全正确, 让我们考虑其有效性问题. 对有某种疾病的人检测时, 90% 有阳性反应. 没有这种疾病的人检测时, 也有 5% 的人有阳性反应. 已知某市有 10% 的人患有此疾病, 求这种检测方法的效率. 检测方法的效率是指当一个人检测有阳性反应时, 他的确有这种疾病的概率的大小. 用 A 表示一个人患有此疾病的事件, A 的概率是患病率, B 表示他的检测有阳性反应

的事件. 那么我们要计算条件概率 $\mathbb{P}(A|B)$. 由条件, $\mathbb{P}(A) = 0.1$, $\mathbb{P}(B|A) = 0.9$, $\mathbb{P}(B|A^c) = 0.05$, 由 Bayes 公式,

$$\mathbb{P}(A|B) = \frac{\mathbb{P}(B|A)\mathbb{P}(A)}{\mathbb{P}(B)} = \frac{0.09}{0.09 + 0.045} = \frac{2}{3}.$$

比较 $\mathbb{P}(B|A)$, 这个概率不是一个很高的数字. 其实这个概率与患病率有很大关系. 如果 $\mathbb{P}(A) = 0.05$, 那么 $\mathbb{P}(A|B) = 18/37$, 接近 50%. ∎

例 3.3.7 一个袋子里有模样相同的两个球, 每个球等可能地涂成白或红. 现在摸一个球, 放回再摸一张. 用 A_i, $i = 1, 2$, 表示事件 '第 i 次看到的是白色'. 由对称性 $\mathbb{P}(A_1) = \mathbb{P}(A_2) = 1/2$. 用 C 表示两球都是白色的, $\mathbb{P}(C) = 1/4$. 由 Bayes 公式

$$\mathbb{P}(C|A_1) = \frac{\mathbb{P}(A_1|C)\mathbb{P}(C)}{\mathbb{P}(A_1)} = \frac{1}{2}.$$

在算 $\mathbb{P}(C|A_1 \cap A_2)$ 时, 直观地可能会认为 A_1, A_2 独立. 如果 A_1, A_2 独立, 那么由 Bayes 公式得

$$\mathbb{P}(C|A_1 \cap A_2) = \frac{\mathbb{P}(C \cap A_1 \cap A_2)}{\mathbb{P}(A_1 \cap A_2)} = \frac{\mathbb{P}(A_1 \cap A_2|C)\mathbb{P}(C)}{\mathbb{P}(A_1 \cap A_2)} = 1.$$

这表示两次都看到白色的条件下就能肯定袋子里两个球都是白色的, 这显然是不对的, 这说明 A_1, A_2 两个事件不独立. 这个例子说明直觉并不总是可靠的. 实际上, 当袋子里球颜色确定时, A_1, A_2 是独立的. 因此, 当白球数量分别是 0,1,2 时, 两次看到的都是白球的概率是 0, 1/4, 1. 然后用全概率公式得

$$\mathbb{P}(A_1 \cap A_2) = 0 + 1/4 \cdot 1/2 + 1/4 = 3/8.$$

从而用 Bayes 公式得 $\mathbb{P}(C|A_1 \cap A_2) = 2/3$. ∎

这个例子很好地诠释了 Bayes 公式的意义, 这个袋子里东西是随机的, 我们通过摸球来认识它. 一开始我们没有任何信息, 所以 '先验地' 认为袋子里两球都是白色的概率是 1/4. 如果摸出一个球是白色, 那么袋子里两个球是白色的概率变大, 是 1/2; 如果连续摸出两球都是白色, 那么袋子里两球都是白色的概率变得更大, 是 2/3. 在本章最后, 我们用一个例子来说明概率问题的各种思考方式以及公式的使用.

例 3.3.8 Monty Hall 的问题是美国有一个名为 ask Marilyn 的专栏提出的: Monty 主持一个电视秀, 让参与人 Voila 在三个完全一样的大门 A, B, C 中任选一个, 三门后分别有两只羊与一部汽车, Monty 知道门后是什么. 当 Voila 选定后, Monty 打开一个放有羊的门, 然后告诉 Voila 可以再选择. 那么 Voila 是选择换还是选择不换?

Marilyn 的答案是换, 理由是换比不换得车的概率更大. 但答案在当时引起了很大的争议. 因为很多人认为在 Monty 打开门之后, 剩下的两个门有汽车的概率是一样的, 所以换不换没有区别. 还有许多人编了电脑程序来模拟.

对于这个问题, 最直接的方法是写出完整的概率空间, 按照规则, 车在的门与 Voila 选的门是等可能且独立的, 然后如果这两个门一样, 那么 Monty 等可能地开其它两个门之一, 否则 Monty 只能开剩下的门. 三个门依次列出, $\Omega = \{$AAB, AAC, BBA, BBC, CCA, CCB, ABC, ACB, BAC, BCA, CAB, CBA$\}$, 其中头两个字母一样的结果概率为 1/18, 三个字母都不同的结果概率为 1/9. 计算出换而得车的概率是 2/3, 不换得车的概率 1/3.

现在, 让我们更一般地考虑 n 个门的情况, Voila 做了选择且 Monty 打开了一个羊门, 计算事件 $H=$'换 (一个关闭的门) 而得车' 的概率. 这时列出样本空间的方法不可取. 用 $1, \cdots, n$ 依次表示 n 个门, (i,j) 表示事件 '车在门 i' 与 'Voila 选择门 j'. 那么当 $i=j$ 时, $\mathbb{P}(H|(i,j))=0$, 当 $i \neq j$ 时, $\mathbb{P}(H|(i,j))=1/(n-2)$. 因此

$$\mathbb{P}(H) = \sum_{i,j} \mathbb{P}(H|(i,j))\mathbb{P}((i,j)) = n(n-1) \cdot \frac{1}{(n-2)} \cdot \frac{1}{n^2} = \frac{n-1}{n(n-2)}.$$

推出不换而得车的概率是 $1/n$, 小于换而得车的概率.

下面我们尝试用其它方法. 由对称性, 可以假设 Voila 选择了门 1, 即按这个假设建立概率空间. 用 A_j 表示车在门 j 这个事件, 那么 $\mathbb{P}(H|A_j)=1/(n-2)$, 用全概率公式得

$$\mathbb{P}(H) = \sum_{j=1}^{n} \mathbb{P}(H|A_j)\mathbb{P}(A_j) = \frac{n-1}{n(n-2)}.$$

在 Voila 看来, 主持人在可以选择开哪个门的时候总是等可能地选择的, 那么由对称性, 所求概率与 Voila 选择门 1, Monty 打开门 2 的条件下, 换而得车的概率相同. 还是假设 Voila 选门 1, 建立概率空间. 用 M_2 表示事件'Monty 打开门 2', 计算 $\mathbb{P}(H|M_2)$. 由 Bayes 公式得

$$\mathbb{P}(H|M_2) = \frac{\mathbb{P}(M_2|H)\mathbb{P}(H)}{\mathbb{P}(M_2)} = \frac{n-1}{n(n-2)},$$

其中 $\mathbb{P}(H)=1/n$, $\mathbb{P}(M_2|H)=1/(n-2)$, 以及

$$\mathbb{P}(M_2) = \sum_{j} \mathbb{P}(M_2|A_j)\mathbb{P}(A_j) = \frac{1}{n-1}.$$

还有一个简单思考[1]. 对于 Voila 开始的选择, 两个结果: G='选到车', 概率是 $1/3$; G^c='没选到车', 概率是 $2/3$. Monty 打开一个羊门, 如果 Voila 选择换, 那么结果 '选到车' 导致 '没选到车', 而 '没选到车' 导致 '选到车', 因此 Voila 换而得车的概率是 $2/3$. 一般情况下, 在 Voila 做出选择且 Monty 按规则打开一个门之后, 我们建立一个概率空间. 显然 $\mathbb{P}(H|G) = 0$, $\mathbb{P}(H|G^c) = 1/(n-2)$, 因此

$$\mathbb{P}(H) = \mathbb{P}(H|G)\mathbb{P}(G) + \mathbb{P}(H|G^c)\mathbb{P}(G^c) = \frac{n-1}{n(n-2)}.$$

严格地说, 需要说明 $\mathbb{P}(G^c) = (n-1)/n$.   ∎

古典概率的研究早于公理体系 300 年, 独立性与条件概率这些概念在计算古典概率中的经典概率问题时是自然出现的, 也就是说, 在讨论古典概率模型时, 我们通常基于直觉来思考等可能性独立性与条件概率等. 在概率论的前面三章中, 数学不难, 但具有很强的直观背景, 而且它的直观所引起的先入为主有时对学习概率论是一个障碍. 那么我们是否应该抛弃其直观背景而从公理出发来学习概率论呢? 这对于有相当数学基础的读者来说或许是一个选择, 但不是一个好的选择, 因为没有背景的理论是苍白和形式的. 而且如 Feller 所言, 抛开背景来学习概率论的选择很难使我们能够真正欣赏整个理论.

习　题

1. 掷一个骰子 n 次, A_{ij} 表示第 i 次与 j 次得到同样点数的事件, 证明: $\{A_{i,j} : 1 \leq i < j \leq n\}$ 两两独立, 但不是相互独立的.

2. 设 p 是素数, 从 $\Omega = \{1, 2, \cdots, p\}$ 中随机取个数, $A, B \subset \Omega$, 事件 A, B 表示所取数分别落在 A, B 集内. 若 A, B 独立, 那么 A, B 中至少有一个是 $\varnothing$ 或者 Ω.

3. 掷两个骰子, 证明: 和为 7 的事件与第一个骰子的点数是独立的.

4. 证明: (1) 事件 A 与自己独立当且仅当 $\mathbb{P}(A)$ 是 0 或者 1. (2) 随机变量 ξ 与自己独立当且仅当它是常数.

5. 设 ξ, η 是独立同分布随机变量, 取值 x 的概率是 2^{-x}, $x = 1, 2, \cdots$. 求:

---

[1]中山大学任佳刚教授提供

(a) $\mathbb{P}(\min(\xi, \eta) \le x)$;

(b) $\mathbb{P}(\eta > \xi)$;

(c) $\mathbb{P}(\xi = \eta)$;

(d) $\mathbb{P}(\xi \ge k\eta)$, 其中 k 是正整数;

(e) $\mathbb{P}(\xi$ 整除 $\eta)$;

(f) $\mathbb{P}(\xi = r\eta)$, 其中 r 是实数.

6. 设 X_1, X_2, X_3 是独立随机变量, $\mathbb{P}(X_i = x) = (1 - p_i)p_i^{x-1}$, $x = 1, 2, \cdots$, $i = 1, 2, 3$. (1) 求 $\mathbb{P}(X_1 < X_2 < X_3)$; (2) 求 $\mathbb{P}(X_1 \le X_2 \le X_3)$.

7. 如果 X 是参数为 n, p 的二项分布, Y 是 m, p 的二项分布, 且 X, Y 独立, 计算 $X + Y$ 的分布.

8. 设 X 是非负整数值随机变量, 对整数 $k \ge 0$ 定义

$$h(k) := \mathbb{P}(X = k | X \ge k),$$

如果 $\{U_i : i \ge 0\}$ 是一个服从 $[0, 1]$ 上均匀分布的独立随机序列, 证明: $Z := \min\{n : U_n \le h(n)\}$ 与 X 同分布.

9. 证明: 事件 $A_1, \cdots, A_n$ 独立当且仅当指标 $1_{A_1}, \cdots, 1_{A_n}$ 独立.

10. 重复 Bernoulli 试验, 求第 n 次成功发生在第 m 次失败前的概率.

11. 掷 6 个骰子, 用 ξ 表示其中最多的相同点骰子的个数, 求其分布律.

12. 证明:

(a) ξ 是几何分布的当且仅当存在 $q \in (0, 1)$ 使得对任何 $n \ge 0$, $\mathbb{P}(\xi > n) = q^n$;

(b) 几何分布有遗忘性: 对任何 $m, n \in \mathbf{Z}_+$, 有

$$\mathbb{P}(\xi > m + n | \xi > m) = \mathbb{P}(\xi > n);$$

(c) 有遗忘性的 $\mathbf{Z}_+$ 值随机变量的分布一定是几何分布.

13. 如果随机变量 ξ, η 是独立的且都服从几何分布, 那么 $\xi \wedge \eta$ 也服从几何分布.

14. 设 A, B 是一随机试验的两个互斥事件, 重复这个试验, 问 B 事件比 A 事件先出现的概率是多少?

15. 设 ξ, η 是独立 Bernoulli 分布的, 成功概率为 p, 定义 ζ 为 $\xi + \eta$ 为偶数这个事件的指标, 问何时 ξ 与 ζ 独立?

16. 设 ξ, η 独立且是 $1, -1$ 上等可能分布的, $\zeta := \xi\eta$. 证明: ξ, η, ζ 两两独立但不独立.

17. 有标号为 $1, 2, \cdots, m$ 的 m 张卡片, 随机地一张一张抽取, 已知第 k 张是前 k 张中最大的, 求它是 m 的概率.

18. 一个盒子中 5 个球, 3 黑 2 白, 两人依次取球不放回, 记 A 为第一个人取得黑球的事件, B 为第二个人取得黑球的事件, 求 $\mathbb{P}(A|B)$ 与 $\mathbb{P}(B|A)$.

19. 设 ξ_1, ξ_2 独立且分别服从参数为 λ_1, λ_2 的 Poisson 分布, 对整数 $n \geq k \geq 0$, 求 $\mathbb{P}(\xi_1 = k|\xi_1 + \xi_2 = n)$.

20. 设 $\xi_1, \cdots, \xi_r$ 是独立同分布随机变量, 都服从几何分布, 求在 $\xi_1 + \cdots + \xi_r = n$ 的条件下, $(\xi_1, \cdots, \xi_r)$ 的分布.

21. 在 n 次重复 Bernoulli 试验中, ξ_i 是第 i 次试验中成功的指标 $(0 \leq i \leq n)$. 求在 $\xi_1 + \cdots + \xi_n = r, r \leq n$ 的条件下, ξ_i 的分布律.

22. 设 u_n 是掷 n 次硬币其中没有连续的 4 次正面的概率, 那么对 $n \geq 4$, 有公式

$$u_n = \frac{1}{2}u_{n-1} + \frac{1}{4}u_{n-2} + \frac{1}{8}u_{n-3} + \frac{1}{16}u_{n-4},$$

以此计算 u_8.

23. 设有 A, B 两个盒子, 分别有三个白球和三个黑球, 每次从两盒子中任取一个球交换, 求 n 次后盒子中的球的颜色仍然是相同的概率.

24. 设 A 盒有三个白球, B 盒有三个白球, 一个黑球, 每次从两盒子中任取一个球交换, 求 n 次后黑球仍然在 B 盒的概率.

25. 问赌徒输光问题中 $p \neq 1/2$ 时赌徒输光的概率是多少?

26. 一个袋子中有两个白球和一个黑球, 任取一个球, 放回, 然后以 1/2 的概率加一个同颜色球, 1/3 的概率加两个同颜色球, 1/6 的概率放三个同颜色球, 求再取一个球是白球的概率.

27. 美洲有一种骰子游戏, 赌徒掷两个骰子. 如果掷出的点数之和是 7 或 11, 他就赢了. 如果掷出 2, 3 或 12, 他就输了. 如果掷出其他点数和, 记下这个数, 再掷骰子一直到掷出这个数或者 7 为止, 如果是这个数, 则赢, 如果是 7, 则输, 问赌徒赢的概率是多少?

28. 设随机变量 X, Y, ξ 独立, 且 X, Y 的分布函数分别是 F, G, ξ 服从参数 p 的 Bernoulli 分布, 写出 $\xi X + (1 - \xi)Y$ 的分布函数.

29. 从 $\{1, \cdots, n\}$ 中独立重复地取一个数, ξ_k 是第 k 次取得的数. 令 τ 是首次拿到偶数的时间, 即 $\tau = \inf\{k : \xi_k$ 是个偶数$\}$. 求复合随机变量 ξ_τ 的分布. 注意: ξ_τ 的严格定义 $\xi_\tau := \sum_{k \geq 1} \xi_k \cdot 1_{\{\tau = k\}}$.

30. 如果 $\{A_n : n \geq 1\}$ 独立, 证明:

$$\mathbb{P}\left(\bigcap_{n \geq 1} A_n\right) = \prod_{n \geq 1} \mathbb{P}(A_n).$$

31. 掷一个骰子点数为 X, 然后掷 X 枚硬币, 记硬币正面数为 Y. 求 Y 的分布.

32. 设有标号为 $1, 2, \cdots$ 的无穷个房间, 每来一个人都被独立地以概率 p_n 引入到第 n 个房间, 用 q_n 表示第 n 个人进去的房间是一个空房间的概率, 证明: $\lim_n q_n = 0$.

第四章　数学期望

　　期望是个很朴素的概念, 任何人在等待不确定的结果时都会有期望. 期望的字面意思大概是合理的预期. 比如考试的结果通常是不确定的, 付出得多, 期望就高; 再比如掷 100 个硬币, 正面的个数自然是随机的, 但你会期望正面的个数在 50 个左右; 在历史上, 期望的概念和概率一样自然, Pascal 与 Fermat 通信讨论的分赌注问题也可以认为是期望问题, 它是这样叙述的: 甲乙两个赌徒通过掷硬币三局两胜来分 64 块钱赌注, 正 (反) 面是赌徒甲 (乙) 胜. 在未掷硬币时, 双方对自己能拿到的钱的期望是一样的, 因为他们赢得概率是一样的. 现在掷一次硬币, 假若甲胜, 问如果游戏这时终止, 甲乙应该怎么分钱才合理? 这实际上是问他们各自对于应该获得的份额的期望是多少. 因为甲已经胜一局, 所以他最终赢得机会就大, 对钱的份额期望就会增加, 乙的期望相应就会减少, 那么具体数额呢? Pascal 是这样说的: '假设再掷一次, 如果是甲胜, 那么游戏结束, 甲拿走所有的钱; 如果是乙胜, 那么比分一样, 两人的期望又一样了, 所以无论何种情况, 甲至少获得 64 的一半 32 块, 剩下的一半应该对半分, 最终甲应该得 48, 乙得 16.' 这个比例 3:1 恰好是两个人赢的概率比, 也就是说, 期望与概率成比例.

　　尽管期望这种直观的意思早已被人认识, 但文献中最早使用期望 (expectation) 这个词的大概是荷兰数学家物理学家 C. Huygens, 他得知 Fermat 与 Pascal 的通信之后对机会的问题非常感兴趣, 于 1656 年完成了最早的一本关于概率的著作, 其中有这样一段话: "如果一个人在一个手中放 3 块钱在另一个手中放 7 块钱并让我选择, 那么这个机会或者期望等同于直接给我 5 块钱." 这是因为等概率地选择 7 块与 3 块的平均是 5 块.

　　在本章中, 我们将运用期望的直观思想, 在数学上严格地定义随机变量的数学期望, 并给出其计算方法, 它实际上是随机变量关于概率测度的积分, 类似于函数关于 Lebesgue 测度的积分.

4.1 期望的定义和性质

设 $(\Omega, \mathscr{F}, \mathbb{P})$ 是固定的概率空间, ξ 是一个随机变量, 也就是说, 做一个随机试验, ξ 依规则取一个数值, 当然 ξ 取什么值是不能确切地预测的, 所以我们以可能性的大小来定义一种类似于平均的概念. 我们先考虑最简单的情况. 首先注意到

$$\sum_{x \in R(\xi)} x 1_{\{\xi = x\}}$$

是一个简单随机变量 ξ 的典则表示. 但简单随机变量还有其他表示, 例如

$$1_A + 1_B = 1_{A \triangle B} + 2 \cdot 1_{A \cap B} = 1_{A \cup B} + 1_{A \cap B},$$

其中 $A \triangle B$ 是对称差.

定义 4.1.1 如果 ξ 是简单随机变量, 那么平均就是加权平均, 而权就是 ξ 取此值的概率, 因此定义

$$\mathbb{E}\xi := \sum_{x \in R(\xi)} x \mathbb{P}(\xi = x),$$

称为 ξ 的期望, 数学期望或均值. 是 ξ 的一个数字特征.

定义没有歧义, 因为典则表示唯一. 下面我们证明期望的可加性, 它可以推出期望值与随机变量表示无关. 先考虑特殊情形.

引理 4.1.1 如果 $x_1, \cdots, x_n \in \mathbf{R}$, $A_1, \cdots, A_n$ 是 Ω 的有限划分, 那么

$$\mathbb{E}\left(\sum_{i=1}^n x_i 1_{A_i}\right) = \sum_{i=1}^n x_i \mathbb{P}(A_i).$$

证明. 令 $\xi := \sum_{i=1}^n x_i 1_{A_i}$. 它显然是简单随机变量, 且在 A_i 上 $\xi = x_i$, 由定义,

$$\mathbb{E}\xi = \sum_{y \in R(\xi)} y \mathbb{P}(\{\xi = y\})$$

$$= \sum_{y \in R(\xi)} y \sum_{i=1}^n \mathbb{P}(\xi = y, A_i)$$

$$= \sum_{i=1}^n \sum_{y \in R(\xi)} y \mathbb{P}(\xi = y, A_i)$$

$$= \sum_{i=1}^n x_i \mathbb{P}(\xi = x_i, A_i) = \sum_{i=1}^n x_i \mathbb{P}(A_i).$$

完成证明. □

例 4.1.1 设 ξ 是 n 次独立随机试验中成功的次数, 每次成功的概率为 p, 那么 ξ 服从二项分布 (参见例 2.3.3). ξ 是一个简单随机变量,

$$\mathbb{P}(\xi = k) = \binom{n}{k} p^k (1-p)^{n-k},\ 0 \le k \le n.$$

由定义

$$\mathbb{E}\xi = \sum_{k=0}^{n} k\mathbb{P}(\xi = k) = \sum_{k=1}^{n} \frac{n!}{(n-k)!(k-1)!} p^k (1-p)^{n-k}$$
$$= np \sum_{k=1}^{n} \binom{n-1}{k-1} p^{k-1} (1-p)^{n-k} = np.$$

这个结果与直观是符合的. 掷 10 个硬币, 平均的正面个数是 5. ∎

我们先看期望的基本性质. 回忆符号 **S** 表示简单随机变量全体.

引理 4.1.2 设 $\xi, \eta \in \mathbf{S}$.

(1) 如果 $\xi \ge 0$, 那么 $\mathbb{E}\xi \ge 0$;

(2) 对 $a \in \mathbf{R}$, $\mathbb{E}(a\xi) = a\mathbb{E}\xi$;

(3) 若 $A \in \mathscr{F}$, $\mathbb{E}1_A = \mathbb{P}(A)$;

(4) $\mathbb{E}(\xi + \eta) = \mathbb{E}\xi + \mathbb{E}\eta$;

(5) 如果 $\mathbb{P}(\xi \ne 0) = 0$, 则 $\mathbb{E}\xi = 0$.

证明. 前 3 条都是显然的, 我们来验证 (4). 设 ξ, η 的值域分别为 I, J, 那么

$$\xi + \eta = \sum_{x \in I, y \in J} (x+y) 1_{\{\xi = x, \eta = y\}},$$

因此由引理 4.1.1,

$$\mathbb{E}(\xi + \eta) = \sum_{x \in I, y \in J} (x+y)\mathbb{P}(\xi = x, \eta = y)$$
$$= \sum_{x \in I, y \in J} x\mathbb{P}(\xi = x, \eta = y) + \sum_{x \in I, y \in J} y\mathbb{P}(\xi = x, \eta = y)$$
$$= \sum_{x \in I} x\mathbb{P}(\xi = x) + \sum_{y \in J} y\mathbb{P}(\eta = y)$$

$$= \mathbb{E}\xi + \mathbb{E}\eta.$$

关于 (5), 条件说明如果 $x \neq 0$, 则 $\mathbb{P}(\xi = x) = 0$. 因此 $\mathbb{E}\xi = \sum_{x \in R(\xi)} x\mathbb{P}(\xi = x) = 0$. 完成证明. □

由性质 (2),(3),(4) 得到下面的结果, 注意它和引理 4.1.1 的区别.

推论 4.1.1 任取事件 $\{A_k : 1 \leq k \leq n\}$ 与数 $\{x_k : 1 \leq k \leq n\}$, 那么

$$\mathbb{E}\left(\sum_{k=1}^{n} x_k 1_{A_k}\right) = \sum_{k=1}^{n} x_k \mathbb{P}(A_k).$$

简单随机变量的期望还有下面的重要性质:

引理 4.1.3 单调性: $\xi_1 \leq \xi_2$, 那么 $\mathbb{E}\xi_1 \leq \mathbb{E}\xi_2$. 因此 $|\mathbb{E}\xi| \leq \mathbb{E}|\xi|$. 若 ξ_1, ξ_2 独立, 则 $\mathbb{E}(\xi_1 \cdot \xi_2) = \mathbb{E}\xi_1 \cdot \mathbb{E}\xi_2$.

证明. 由引理 4.1.2 的性质 (1), (2), (4) 得 $\mathbb{E}\xi_2 - \mathbb{E}\xi_1 = \mathbb{E}(\xi_2 - \xi_1) \geq 0$. 为证明另一个结论, 设 ξ_1, ξ_2 的值域分别为 I, J, 那么

$$\mathbb{E}\xi_1\xi_2 = \mathbb{E} \sum_{x \in I, y \in J} xy 1_{\{\xi_1 = x, \xi_2 = y\}}$$

$$= \sum_{x \in I, y \in J} xy\mathbb{P}(\xi_1 = x, \xi_2 = y)$$

$$= \sum_{x \in I, y \in J} x\mathbb{P}(\xi_1 = x)y\mathbb{P}(\xi_2 = y) = \mathbb{E}\xi_1 \cdot \mathbb{E}\xi_2.$$

□

下面我们定义非负随机变量的期望.

定义 4.1.2 设 ξ 是非负随机变量, 定义 ξ 的期望为由它控制的非负简单随机变量的期望的上确界,

$$\mathbb{E}\xi = \sup\{\mathbb{E}\eta : 0 \leq \eta \leq \xi, \eta \in \mathbf{S}\},$$

如果 $\mathbb{E}\xi < \infty$, 称 ξ 可积. 另外, 若 A 是事件, 我们用 $\mathbb{E}(\xi; A)$ 表示 $\xi \cdot 1_A$ 的期望 $\mathbb{E}(\xi \cdot 1_A)$.

非负随机变量即使不可积, 它的期望总是可以被定义的. 下面我们证明期望的单调收敛定理, 它是一个非常重要的结果, 首先它说明递增的随机变量列的期望与极限是可交换的. 下面定理中所说的随机变量序列 $\{\xi_n\}$ 收敛是指对任何 $\omega \in \Omega$,

$\{\xi_n(\omega)\}$ 作为数列收敛. 其实这样的收敛要求可以减弱为在一个概率 1 的事件上收敛.

定理 4.1.1　(Levi 单调收敛定理)

(1) 如果随机变量 $0 \le \eta \le \xi$, 那么 $\mathbb{E}\eta \le \mathbb{E}\xi$;

(2) $\{\xi_n\}$ 是递增收敛于 ξ 的非负随机变量列, 那么 $\lim_n \mathbb{E}\xi_n = \mathbb{E}\xi$;

(3) 非负随机变量总可以表示成递增的非负简单随机变量序列的极限.

证明. (1) 由条件 η 控制的简单随机变量一定被 ξ 控制, 因此由定义推出 $\mathbb{E}\eta \le \mathbb{E}\xi$.
(2) 由 (1), $\mathbb{E}\xi_n$ 是递增的且 $\lim_n \mathbb{E}\xi_n \le \mathbb{E}\xi$. 下面验证反向的不等式. 任取非负简单随机变量 $\eta \le \xi$ 与 $0 < a < 1$, 令 $A_n := \{\xi_n \ge a\eta\}$. 当 $\eta(\omega) > 0$ 且 n 充分大时, 必有 $\xi_n(\omega) > a\eta(\omega)$, 所以有 $A_n \uparrow \Omega$. 而

$$\mathbb{E}\xi_n \ge \mathbb{E}(\xi_n; A_n) \ge a\mathbb{E}(\eta; A_n).$$

由概率的下连续性得 $\lim_n \mathbb{E}\xi_n \ge a\mathbb{E}\eta$, 因 a 是任意的, 推出 $\lim_n \mathbb{E}\xi_n \ge \mathbb{E}\eta$. 然后由定义得 $\lim_n \mathbb{E}\xi_n \ge \mathbb{E}\xi$.

(3) 对任何 $n \ge 1$, 定义 $\mathbf{R}_+$ 上的函数

$$\phi_n := n1_{(n,\infty)} + \sum_{i=1}^{n2^n} \frac{i-1}{2^n} 1_{(\frac{i-1}{2^n}, \frac{i}{2^n}]}.$$

这是简单函数且对任何 $x \ge 0$, $\phi_n(x) \uparrow x$. 设 ξ 是一个非负随机变量, 则 $\phi_n \circ \xi$ 是递增收敛于 ξ 的非负简单随机变量序列. □

　　我们已经对非负随机变量定义了期望. 期望是由概率定义的, 或者说概率决定了期望. 形象地说, 随机变量就象一座房子, 概率是地基的面积, 而期望是房子的体积, 它们本质上是同样的东西, 表示尺度. 期望和概率的关系类似于积分和 Lebesgue 测度的关系, $\mathbf{R}$ 上的 Lebesgue 测度是度量线段或其子集的长度的, 积分是度量函数所覆盖区域的面积的. 期望可以理解为概率的推广, 因为概率是定义在事件上的, 而事件作为示性函数是非负随机变量, 用 $\mathscr{F}_+$ 表示 $(\Omega, \mathscr{F})$ 上的非负随机变量全体, 那么 $\mathbb{E}$ 是 $\mathscr{F}_+$ 上的一个非负函数, 满足:

(1) 对任何 $\{\xi_n\} \subset \mathscr{F}_+$, 有

$$\mathbb{E}\sum_n \xi_n = \sum_n \mathbb{E}\xi_n;$$

(2) 对任何 $A \in \mathscr{F}$, 有 $\mathbb{E}1_A = \mathbb{P}(A)$.

性质 (1) 不妨称为可加性, 由引理 4.1.2(4) 和单调收敛定理推出. 反过来, 如果 $\mathscr{F}_+$ 上的一个非负函数 $\mathbb{E}$ 满足可加性且 $\mathbb{E}1 = 1$, 那么对任何 $A \in \mathscr{F}$, 定义 $\mathbb{P}(A) := \mathbb{E}[1_A]$, 这样的 $\mathbb{P}$ 是 $\mathscr{F}$ 上的概率且它的期望就是 $\mathbb{E}$. 因此, 期望是概率的拓展.

自然地, 期望可对一般随机变量定义. 实际上, 一个随机变量 ξ 可写为正部与负部的差: $\xi = \xi^+ - \xi^-$, 其中 $\xi^+ = \xi \cdot 1_{\{\xi>0\}}$, $\xi^- = -\xi \cdot 1_{\{\xi<0\}}$, 它们都是非负随机变量, 而 $|\xi| = \xi^+ + \xi^-$. 对一般随机变量 ξ, 如果 $\mathbb{E}|\xi| < \infty$, 即当 ξ 的正部负部都可积时, 我们说 ξ 可积. 若 ξ 可积, 则定义 $\mathbb{E}\xi := \mathbb{E}\xi^+ - \mathbb{E}\xi^-$, 称为是 ξ 的期望.

由此可以验证引理 4.1.2 的性质对一般随机变量也成立.

推论 4.1.2 设 ξ, η 是可积随机变量.

(1) **如果 $\xi \geq 0$, 那么 $\mathbb{E}\xi \geq 0$;**

(2) **对 $a \in \mathbf{R}$, $\mathbb{E}[a\xi] = a\mathbb{E}\xi$;**

(3) **$\xi + \eta$ 也可积且 $\mathbb{E}(\xi + \eta) = \mathbb{E}\xi + \mathbb{E}\eta$;**

(4) **设 ξ, η 独立, 如果两者非负, 或两者可积且乘积 $\xi\eta$ 也可积, 则 $\mathbb{E}\xi\eta = \mathbb{E}\xi \cdot \mathbb{E}\eta$.**

证明. (1) 与 (2) 是显然的. 让我们验证 (3). 首先设 ξ, η 非负, 取 ξ_n, η_n 分别是递增收敛于 ξ, η 的非负简单随机变量列. 那么 $\xi_n + \eta_n \uparrow \xi + \eta$, 因此由引理 4.1.2 及单调收敛定理得

$$\mathbb{E}(\xi + \eta) = \lim_n \mathbb{E}(\xi_n + \eta_n) = \lim_n(\mathbb{E}\xi_n + \mathbb{E}\eta_n) = \lim_n \mathbb{E}\xi_n + \lim_n \mathbb{E}\eta_n = \mathbb{E}\xi + \mathbb{E}\eta.$$

现在对一般的可积随机变量 ξ, η, 因 $|\xi + \eta| \leq |\xi| + |\eta|$, 故 $\xi + \eta$ 可积. 因为

$$(\xi + \eta)^+ - (\xi + \eta)^- = \xi^+ - \xi^- + \eta^+ - \eta^-,$$

故

$$(\xi + \eta)^+ + \eta^- + \xi^- = \xi^+ + \eta^+ + (\xi + \eta)^-.$$

由于两边的每项都是非负的, 故

$$\mathbb{E}(\xi + \eta)^+ + \mathbb{E}\eta^- + \mathbb{E}\xi^- = \mathbb{E}\xi^+ + \mathbb{E}\eta^+ + \mathbb{E}(\xi + \eta)^-,$$

等号两边每项都是有限的, 因此

$$\mathbb{E}(\xi + \eta)^+ - \mathbb{E}(\xi + \eta)^- = \mathbb{E}\xi^+ - \mathbb{E}\xi^- + \mathbb{E}\eta^+ - \mathbb{E}\eta^-,$$

再由期望的定义得结论成立. 要证明 (4), 类似于证明 (3) 的思想, 不妨设 ξ, η 是非负的. 取定理 4.1.1 证明中的 ϕ_n, 那么读者不妨验证 $\phi_n(\xi)$, $\phi_n(\eta)$ 是独立的. 由引理 4.1.3 推出 $\mathbb{E}[\phi_n(\xi)\phi_n(\eta)] = \mathbb{E}[\phi_n(\xi)] \cdot \mathbb{E}[\phi_n(\eta)]$, 随后让 $n \to +\infty$ 应用单调收敛定理即可.   □

由上面的性质, 可积的随机变量全体也是一个线性空间. 注意和可积的两随机变量未必可积, 因为不管 ξ 是不是可积, $\xi + (-\xi) = 0$ 总是可积. 如果 $\mathbb{E}\xi\eta = \mathbb{E}\xi \cdot \mathbb{E}\eta$, 称随机变量 ξ, η 不相关. 因此推论的性质 (4) 说明独立蕴含着不相关, 但有例子说明不相关未必独立.

例 4.1.2 设 (ξ, η) 是点 $\{(1,0), (0,1), (-1,0), (0,-1)\}$ 上等可能分布的, 即取每个点的概率都是 $\frac{1}{4}$. 那么 $\mathbb{P}(\xi = 0) = \frac{1}{2}$, $\mathbb{P}(\xi = 1) = \mathbb{P}(\xi = -1) = \frac{1}{4}$, η 和 ξ 分布相同. 由于 ξ, η 必有一个是 0, 故 $\xi\eta \equiv 0$. 显然 $\mathbb{P}(\xi = 0, \eta = 1) = \frac{1}{4} \neq \mathbb{P}(\xi = 0)\mathbb{P}(\eta = 1)$, 故它们不独立, 但是 $\mathbb{E}\xi\eta = 0 = \mathbb{E}\xi\mathbb{E}\eta$, 即它们不相关.   ∎

下面的定理可以说是单调收敛定理的推论, 它们与单调收敛定理一样都是在讨论什么时候极限与期望两种运算可以交换, 这在概率论以及分析中是极其重要的.

定理 4.1.2 设 $\{\xi_n\}$ 是随机变量序列.

(1) (**Fatou 引理**) 设 $\{\xi_n\}$ 是非负的, 那么 $\mathbb{E}[\underline{\lim}_n \xi_n] \leq \underline{\lim}_n \mathbb{E}[\xi_n]$;

(2) (**Lebesgue 控制收敛定理**) 如果 $\lim_n \xi_n = \xi$ 且存在可积的非负随机变量 η 使得对任何 n, $|\xi_n| \leq \eta$, 那么 $\mathbb{E}\xi = \lim_n \mathbb{E}\xi_n$.

证明. Fatou 引理: 令 $\eta_n := \inf_{k \geq n} \xi_k \leq \xi_n$, 那么 η_n 非负递增, 由单调收敛定理,

$$\mathbb{E}\underline{\lim}\xi_n = \mathbb{E}\lim_n \eta_n = \lim_n \mathbb{E}\eta_n = \underline{\lim}\mathbb{E}\eta_n \leq \underline{\lim}\mathbb{E}\xi_n.$$

Lebesgue 控制收敛定理: 现在设 (2) 的条件成立, 那么 $\eta - \xi_n \geq 0$, $\eta + \xi_n \geq 0$, 由 (1) 得

$$\mathbb{E}\eta - \mathbb{E}\xi = \mathbb{E}\underline{\lim}(\eta - \xi_n) \leq \underline{\lim}(\mathbb{E}\eta - \mathbb{E}\xi_n) = \mathbb{E}\eta - \overline{\lim}\mathbb{E}\xi_n,$$

$$\mathbb{E}\eta + \mathbb{E}\xi = \mathbb{E}\underline{\lim}(\eta + \xi_n) \leq \underline{\lim}(\mathbb{E}\eta + \mathbb{E}\xi_n) = \mathbb{E}\eta + \underline{\lim}\mathbb{E}\xi_n,$$

因为 η 可积, 故 $\mathbb{E}\xi \leq \underline{\lim}\mathbb{E}\xi_n \leq \overline{\lim}\mathbb{E}\xi_n \leq \mathbb{E}\xi$. 因此结论成立.   □

说随机序列 $\{\xi_n\}$ 下有界, 如果存在常数 c 使得对所有 n 有 $\xi_n \geq c$ (注意这意味着对任何 $\omega \in \Omega$ 有 $\xi_n(\omega) \geq c$). 同理定义上有界的概念. 显然, 只要随机序列下有界, Fatou 引理就成立. 反过来, 如果随机序列上有界, 则不难验证

$$\overline{\lim}_n \mathbb{E}[\xi_n] \leq \mathbb{E}[\overline{\lim}_n \xi_n].$$

如果上面 (2) 中的 η 是一个常数, 这时 η 可积条件满足, 控制收敛定理也称为有界收敛定理.

在概率论中, 我们通常可以忽略概率等于零的事件. 概率为零的事件称为是几乎不可能事件, 它的补是概率为 1 的事件, 通常称为几乎必然事件. 一个关于样本点的断言如果在一个几乎必然事件上成立, 称这个断言是几乎必然或几乎处处 (简单地, a.s.) 成立. 比如 $\xi = 0$ a.s. 就是指 $\mathbb{P}(\xi \neq 0) = 0$.

定理 4.1.3 设 ξ 是概率空间 $(\Omega, \mathscr{F}, \mathbb{P})$ 上随机变量.

(1) 如果 $\xi = 0$ a.s., 则 ξ 可积且 $\mathbb{E}\xi = 0$;

(2) 如果 $\mathbb{P}(A) = 0$, 则 $\mathbb{E}(\xi; A) = 0$;

(3) 如果 ξ 是可积的, 则 $\xi = 0$ a.s. 当且仅当对任何 $A \in \mathscr{F}$, 有 $\mathbb{E}(\xi; A) = 0$;

(4) 如果 ξ 是非负的, 则 $\mathbb{E}\xi = 0$ 蕴含着 $\xi = 0$ a.s..

证明. (1) $\xi = 0$ a.s. 等价于 $|\xi| = 0$ a.s.. 那么 $|\xi|$ 控制的非负简单随机变量 η 也必然几乎处处为 0, 由引理 4.1.2(5) 推出 $\mathbb{E}\eta = 0$, 因此 $\mathbb{E}|\xi| = 0$. (2) 是 (1) 的直接推论. (3) 必要性由 (1) 推出, 为证充分性, 我们不妨认为 $\xi \geq 0$, 因为 $\mathbb{E}(\xi^+; A) = \mathbb{E}(\xi; A \cap \{\xi \geq 0\}) = 0$. 这时 $0 = \mathbb{E}(\xi; \{\xi > 1/n\}) \geq 1/n \mathbb{P}(\xi > 1/n)$, 因此 $\mathbb{P}(\xi > 1/n) = 0$, 由上连续性 $\mathbb{P}(\xi > 0) = 0$, 因此 $\xi = 0$ a.s. (4) 由 (3) 立刻推出. $\square$

两随机变量 ξ, η 几乎处处相等是指 $\mathbb{P}(\xi \neq \eta) = 0$. 这时, 它们的分布函数, 数学期望 (如果存在) 都是一样的 (证明留作习题). 因此在许多情况下, 几乎处处相等的随机变量可以不必区分它们的差别.

4.2 期望的计算公式

下面的两个定理说明期望怎样通过其分布律或者分布函数来计算, 是计算期望的两个重要公式, 在许多教科书中, 它们是作为定义来使用的. 首先我们讨论离散随机变量.

定理 4.2.1 一个离散随机变量 ξ 可积当且仅当 $\sum_{x \in R(\xi)} |x| \mathbb{P}(\xi = x) < \infty$, 且这时

$$\mathbb{E}\xi = \sum_{x \in R(\xi)} x\mathbb{P}(\xi = x).$$

证明. 先设 $\xi \geq 0$, $R(\xi) = \{x_n : n \geq 1\}$. 那么 $\xi = \lim_n \sum_{k=1}^n x_k 1_{\{\xi = x_k\}}$, 由单调收敛定理得

$$\mathbb{E}\xi = \lim_n \mathbb{E} \sum_{k=1}^n x_k 1_{\{\xi = x_k\}} = \lim_n \sum_{k=1}^n x_k \mathbb{P}(\xi = x_k)$$

$$= \sum_{k=1}^{\infty} x_k \mathbb{P}(\xi = x_k) = \sum_{x \in R(\xi)} x\mathbb{P}(\xi = x).$$

一般地, 容易看出

$$\mathbb{E}|\xi| = \mathbb{E}\xi^+ + \mathbb{E}\xi^- = \sum_{x \in R(\xi)} |x| \mathbb{P}(\xi = x).$$

当 $\mathbb{E}|\xi| < \infty$ 时, 右边的级数绝对收敛, 求和的次序可以任意交换, 因此 $\mathbb{E}\xi = \sum_{x \in R(\xi)} x\mathbb{P}(\xi = x)$. $\qquad\square$

例 4.2.1 如果 ξ 服从参数为 λ 的 Poisson 分布, 那么

$$\mathbb{E}\xi = \sum_{k \geq 0} k \cdot \frac{\lambda^k}{k!} e^{-\lambda} = \lambda.$$

如果 ξ 是服从参数为 p 的几何分布, 那么 $\mathbb{E}\xi = \sum_{k \geq 1} kq^{k-1}p = 1/p$, 注意 ξ 是等待成功的时间, 成功概率越小, 等待时间可能越长. ∎

一般地, 有关期望的结果只需要对非负随机变量情况证明就够了. 下面的结果说明当求随机变量函数的数学期望时, 我们不需要知道其函数的分布, 有其本身的分布就足够了.

推论 4.2.1 设 ξ 是一个离散随机变量, $\phi : \mathbf{R} \longrightarrow \mathbf{R}$. 则 $\phi(\xi)$ 可积当且仅当下面右边级数绝对收敛. 这时有

$$\mathbb{E}\phi(\xi) = \sum_{x \in R(\xi)} \phi(x)\mathbb{P}(\xi = x).$$

证明. 显然 $\phi(\xi)$ 是离散随机变量, 且 $\{\phi^{-1}(\{y\}) : y \in R(\phi(\xi))\}$ 构成了对 $R(\xi)$ 的划分. 对 $y \in R(\phi(\xi))$,

$$\mathbb{P}(\phi(\xi) = y) = \sum_{x : \phi(x) = y} \mathbb{P}(\xi = x).$$

由定理 4.2.1, $\phi(\xi)$ 可积当且仅当 $\sum_{y \in R(\phi(\xi))} |y| \mathbb{P}(\phi(\xi) = y) < \infty$. 而正项级数可以交换次序, 故

$$
\begin{aligned}
\sum_{x \in R(\xi)} |\phi(x)| \mathbb{P}(\xi = x) &= \sum_{y \in R(\phi(\xi))} \sum_{x: \phi(x) = y} |\phi(x)| \mathbb{P}(\xi = x) \\
&= \sum_{y \in R(\phi(\xi))} |y| \sum_{x: \phi(x) = y} \mathbb{P}(\xi = x) \\
&= \sum_{y \in R(\phi(\xi))} |y| \mathbb{P}(\phi(\xi) = y).
\end{aligned}
$$

这样证明了第一个断言. 下面由于绝对收敛性保证求和次序可以交换, 再应用定理 4.2.1 得

$$
\begin{aligned}
\mathbb{E}\phi(\xi) &= \sum_{y \in R(\phi(\xi))} y \mathbb{P}(\phi(\xi) = y) \\
&= \sum_{y \in R(\phi(\xi))} y \mathbb{P}(\xi \in \phi^{-1}(\{y\})) \\
&= \sum_{y \in R(\phi(\xi))} \left(\sum_{x \in \phi^{-1}(\{y\})} y \mathbb{P}(\xi = x) \right) \\
&= \sum_{y \in R(\phi(\xi))} \left(\sum_{x \in \phi^{-1}(\{y\})} \phi(x) \mathbb{P}(\xi = x) \right) \\
&= \sum_{x \in R(\xi)} \phi(x) \mathbb{P}(\xi = x).
\end{aligned}
$$

完成证明. $\qquad\square$

　　检查证明, 我们发现当 ξ 是 d 维随机变量, $\phi: \mathbf{R}^d \longrightarrow \mathbf{R}$ 时, 结论依然成立. 此公式对一般随机变量也是对的, 这时其数学期望可由 Riemann-Stieltjes 意义的积分表示, 关于这种积分的定义, 见附录 4.5.1 的补充内容. 此公式称为变量替换公式.

定理 4.2.2 设 ξ 是随机变量, F 是其分布函数. 如果 ϕ 是非负连续或有界连续函数, 那么

$$
\mathbb{E}\phi(\xi) = \int_{\mathbf{R}} \phi(x) dF(x).
$$

结论对 ξ 是多维随机变量时也成立.

证明. 实际上只需证明 ϕ 是非负的情况就够了. 对任何 $a < b$, 设 $\Delta = \{x_i : 0 \leq i \leq n\}$ 是 $[a, b]$ 的划分, 对 $1 \leq i \leq n$, m_i 是 ϕ 在区间 $(x_{i-1}, x_i]$ 上的最小值, 令 $g^{\Delta} := \sum_{i=1}^{n} m_i 1_{(x_{i-1}, x_i]}$, 当划分变细趋于零时 $|\Delta| \longrightarrow 0$, 因 ϕ 连续, 故 $g^{\Delta} \uparrow \phi 1_{(a,b]}$. 因此 $g^{\Delta}(\xi) \uparrow \phi(\xi) \cdot 1_{(a,b]}(\xi)$, 而 $g^{\Delta}(\xi)$ 是简单随机变量, 故 $\phi(\xi) \cdot 1_{(a,b]}(\xi)$ 是随机变量且由单调收敛定理及 Riemann-Stieltjes 积分的定义,

$$
\begin{aligned}
\mathbb{E}\phi(\xi) \cdot 1_{(a,b]}(\xi) &= \lim_{|\Delta| \to 0} \mathbb{E}g^{\Delta}(\xi) = \lim_{|\Delta| \to 0} \sum_{i=1}^{n} m_i \mathbb{E}1_{(x_{i-1}, x_i]}(\xi) \\
&= \lim_{|\Delta| \to 0} \sum_{i=1}^{n} m_i \mathbb{P}(x_{i-1} < \xi \leq x_i) \\
&= \lim_{|\Delta| \to 0} \sum_{i=1}^{n} m_i (F(x_i) - F(x_{i-1})) = \int_{(a,b]} \phi(x) dF(x).
\end{aligned}
$$

然后当 $n \to \infty$ 时, $\phi(\xi) \cdot 1_{(-n,n]}(\xi) \uparrow \phi(\xi)$, 因此 $\phi(\xi)$ 是随机变量, 再由单调收敛定理推出

$$
\mathbb{E}\phi(\xi) = \lim_n \mathbb{E}\phi(\xi) \cdot 1_{(-n,n]}(\xi) = \lim_n \int_{(-n,n]} \phi(x) dF(x) = \int_{\mathbf{R}} \phi(x) dF(x).
$$

完成证明. $\square$

如果只假设 ϕ 是连续函数, 那么 $\phi(\xi)$ 可积当且仅当 $\displaystyle\int_{\mathbf{R}} |\phi(x)| dF(x) < \infty$. 这时

$$
\mathbb{E}\phi(\xi) = \int_{\mathbf{R}} \phi(x) dF(x).
$$

特别地,

$$
\mathbb{E}\xi = \int_{\mathbf{R}} x dF(x),
$$

这说明随机变量的期望只和其分布有关, 尽管它是在概率空间上定义的. 我们把上式的右端称为是分布函数 F 的均值, 因此说随机变量的期望等于其分布函数的均值. 注意在积分的记号中, 变量 x 是没有实质意义的, 因此积分 $\displaystyle\int_{\mathbf{R}} \phi(x) dF(x)$ 经常简单地记为 $\displaystyle\int \phi dF$. 注意变量替换公式的意义在于公式的左边是概率空间 $(\Omega, \mathscr{F}, \mathbb{P})$ 上随机变量 $\phi(\xi)$ 的积分, 它虽然被定义了, 但除一些简单情况外很难实际地计算, 而公式的右边是 Euclid 空间上连续函数 ϕ 关于一个分布函数的积分, 可以利用以前所学的微积分知识来计算, 这样就把抽象的数学期望化作了 Euclid 空间上具体的积分. 但尽管如此, 一般的 Stieltjes 积分也不是容易算的, 实际上有两种特殊情况下计

算比较容易, 一是当 ξ 离散或者 F 是跳跃型分布函数时, 定理 4.2.2 中的积分化为推论 4.2.1 中的级数; 二是当 F 绝对连续且密度函数 f 为 Riemann 可积时, 定理 4.2.2 中的积分

$$\int \phi dF = \int \phi(x) \cdot f(x) dx$$

化为通常的 Riemann 积分, 我们将在下一章更详细地讨论这种情况.

4.3 方差及其不等式

关于期望, 下面我们介绍几个关于期望的非常著名的不等式.

定理 4.3.1 (1) Chebyshev 不等式: **设 ξ 是一个随机变量, $\alpha > 0$, 则对于任意 $m > 0$有**

$$\mathbb{P}(\{|\xi| \geq m\}) \leq \frac{1}{m^\alpha}\mathbb{E}|\xi|^\alpha;$$

(2) Cauchy-Schwarz 不等式: **设 ξ, η 是随机变量, 那么**

$$|\mathbb{E}\xi\eta|^2 \leq \mathbb{E}\xi^2\mathbb{E}\eta^2.$$

证明. (1) 由定义

$$\mathbb{P}(\{|\xi| \geq m\}) = \mathbb{E}(1; \{|\xi| \geq m\}) \leq \mathbb{E}\Big[\Big(\frac{|\xi|}{m}\Big)^\alpha; \{|\xi| \geq m\}\Big] \leq \frac{1}{m^\alpha}\mathbb{E}|\xi|^\alpha.$$

(2) 任取 $x \in \mathbf{R}$, 显然 $\mathbb{E}\xi^2 - 2x\mathbb{E}\xi\eta + x^2\mathbb{E}\eta^2 = \mathbb{E}(\xi - x\eta)^2 \geq 0$, 因此立刻推出 Cauchy-Schwarz 不等式. $\square$

Chebyshev 不等式也称为 Markov 不等式, 它的一个简单推论: $\mathbb{E}|\xi| < +\infty$ 蕴含着 $|\xi| < +\infty$ a.s.. 另外一个有用的推论: 如果 ξ 可积, 那么

$$\mathbb{P}(|\xi - \mathbb{E}\xi| \geq m) \leq \frac{1}{m^2}\mathbb{E}(\xi - \mathbb{E}\xi)^2.$$

在 Cauchy-Schwarz 不等式里取 $\eta = 1$, $\mathbb{E}|\xi| \leq \sqrt{\mathbb{E}\xi^2}$, 左边的是 ξ 的 L^1- 范数, 记为 $\|\xi\|_1$, 右边是 ξ 的 L^2- 范数, 记为 $\|\xi\|_2$, $\|\xi - \eta\|_2$ 通常称为是 ξ 与 η 的均方距离. 另外

$$\mathbb{E}(\xi + \eta)^2 \leq \mathbb{E}\xi^2 + \mathbb{E}\eta^2 + 2\sqrt{\mathbb{E}\xi^2\mathbb{E}\eta^2} = (\sqrt{\mathbb{E}\xi^2} + \sqrt{\mathbb{E}\eta^2})^2.$$

推出 Minkowski 不等式, 或 L^2- 范数的三角不等式:

$$\|\xi + \eta\|_2 \leq \|\xi\|_2 + \|\eta\|_2,$$

当 $\mathbb{E}\xi^2 < \infty$ 时, ξ 称为平方可积的, 这时 ξ 必是可积的, ξ 的方差定义为 $D\xi :=$ $\mathbb{E}(\xi - \mathbb{E}\xi)^2$. 它描述随机变量对于其期望的期望偏差.

推论 4.3.1 **平方可积随机变量 ξ 的方差有下面的性质:**

(1) $D\xi \geq 0$ 且 $D\xi = 0$ 当且仅当 ξ 几乎肯定是常数;

(2) $D\xi = \mathbb{E}\xi^2 - (\mathbb{E}\xi)^2$;

(3) $D(a\xi) = a^2 D\xi$;

(4) 如果 ξ, η 独立, 那么 $D(\xi + \eta) = D\xi + D\eta$.

以上性质用期望的性质验证是显然的. 性质 (4) 由推论 4.1.2(4) 推出. 一个期望为零, 方差为 1 的平方可积随机变量称为是标准化的, 也说其分布函数是标准化的. 如果 ξ 是平方可积的且 $D\xi > 0$, 那么随机变量

$$\frac{\xi - \mathbb{E}\xi}{\sqrt{D\xi}}$$

的期望为零, 方差为 1, 称为是 ξ 的标准化.

4.4　常见分布的期望

例 4.4.1 我们用简单方法计算例 4.1.1 的期望与方差, 设 X 的分布律为

$$\begin{pmatrix} 0 & 1 \\ 1-p & p \end{pmatrix},$$

那么 $\mathbb{E}X = \mathbb{P}(X = 1) = p$. 如果 $X_1, \cdots, X_n$ 是独立且都和 X 有相同的分布, 那么 $\xi = X_1 + \cdots + X_n$ 服从参数为 n, p 的二项分布, 因此 $\mathbb{E}\xi = n\mathbb{E}X_1 = np$, $D\xi = nDX_1 = np(1-p)$. ∎

通常我们认为期望是随机变量的平均, 什么是方差呢? 方差是随机变量的不确定性的一种度量. 这从二项分布的例子可以有些感觉. 因为 X 是成功次数, 所以平均成功次数应该是 np, 而方差是 $np(1-p)$, 它当 $p = 1/2$ 时最大, 也就是说最不确定, p 接近 1 或者 0 时很小, 不确定性就变小. 即不确定性与方差成比例.

例 4.4.2 n 个球任意放入 n 个盒子中, 用 ξ 表示空盒子的个数. 求 $\mathbb{E}\xi$. 定义 ξ_i 是第 i 个盒子空这个事件的指标, 那么 $\xi_1, \cdots, \xi_n$ 是同分布的, 且分布为

$$\mathbb{P}(\xi_1 = 1) = \frac{(n-1)^n}{n^n},$$

而 $\xi = \xi_1 + \cdots + \xi_n$, 因此

$$\mathbb{E}\xi = \mathbb{E}\xi_1 + \cdots + \mathbb{E}\xi_n = n\mathbb{E}\xi_1 = n \cdot \frac{(n-1)^n}{n^n} = \frac{(n-1)^n}{n^{n-1}}.$$

例 4.4.3 回到例 1.3.8 的配对问题, 设 ξ 是取到自己帽子的人数, 从例子可以看出其分布的计算是较难的. 但我们可以不用其分布而计算其期望. 令 ξ_i 是第 i 个人取得自己帽子这个事件的指标. 显然 ξ_i 是同分布的, $\mathbb{E}\xi_i = \mathbb{P}(\xi_i = 1) = 1/n$, 而 $\xi = \xi_1 + \cdots + \xi_n$, 故 $\mathbb{E}\xi = n\mathbb{E}\xi_1 = 1$, 与 n 无关. 为了计算方差, 只需计算 $\mathbb{E}\xi^2$, 展开,

$$\mathbb{E}\xi^2 = \sum_{i=1}^n \mathbb{E}\xi_i^2 + \sum_{i \neq j} \mathbb{E}\xi_i\xi_j.$$

因为 $\{\xi_i\}$ 同分布, 故 $\mathbb{E}\xi^2 = n\mathbb{E}\xi_1^2 + n(n-1)\mathbb{E}\xi_1\xi_2$. 而 $\mathbb{E}\xi_1^2 = \mathbb{P}(\xi_1 = 1) = 1/n$,

$$\mathbb{E}\xi_1\xi_2 = \mathbb{P}(\xi_1 = 1, \xi_2 = 1) = \mathbb{P}(\xi_2 = 1 | \xi_1 = 1)\mathbb{P}(\xi_1 = 1) = \frac{1}{n(n-1)}.$$

因此 $D\xi = \mathbb{E}\xi^2 - (\mathbb{E}\xi)^2 = 1$. 也与 n 无关.

例 4.4.4 对 $r \geq 1$, 重复例 3.1.4 中的试验一直到 r 次成功为止, 记这时所做的试验次数为 ξ_r, 它是 Pascal 分布的. 用 η_1 表示首次成功的试验次数, η_i 表示从第 $i-1$ 次成功后计到下一次成功所做的试验次数, 那么 $\xi_r = \eta_1 + \cdots + \eta_r$. 因为试验是独立的, 故 $\{\eta_i\}$ 一定是独立同分布的 (请验证), 故 $\mathbb{E}\xi_r = r\mathbb{E}\eta_1$, $D\xi_r = rD\eta_1$. 而 η_1 服从参数 p 的几何分布,

$$\mathbb{E}\eta_1 = \sum_{n \geq 1} nq^{n-1}p = \frac{1}{p},$$

$$\mathbb{E}\eta_1^2 = \sum_{n \geq 1} n^2 q^{n-1}p$$

$$= \sum_{n \geq 1} n(n-1)q^{n-2} \cdot qp + \sum_{n \geq 1} nq^{n-1}p$$

$$= \frac{2}{p^3} \cdot qp + \frac{1}{p} = \frac{1+q}{p^2},$$

$$D\eta_1 = \mathbb{E}\eta_1^2 - (\mathbb{E}\eta_1)^2 = \frac{q}{p^2},$$

因此 $\mathbb{E}\xi_r = r/p$, $D\xi_r = rq/p^2$. ∎

例 4.4.5 从一个有 a 个白球 b 个黑球的袋子中任取 n 个球, $n \le a+b$. 设其中白球数为 ξ. 当然这等同于依次不放回地取 n 个球. 设 ξ_i 是第 i 次取得白球的指标. 那么 $\{\xi_i\}$ 是同分布 (但不独立) 的, $\mathbb{E}\xi_i = \mathbb{P}(\xi_i = 1) = \dfrac{a}{a+b}$, 而 $\xi = \sum_{i=1}^n \xi_i$, 因此 $\mathbb{E}\xi = \dfrac{na}{a+b}$, 再计算方差,

$$
\begin{aligned}
\mathbb{E}\xi^2 &= \sum_{i=1}^n \mathbb{E}\xi_i^2 + \sum_{i \ne j} \mathbb{E}\xi_i\xi_j \\
&= n\mathbb{P}(\xi_1 = 1) + n(n-1)\mathbb{P}(\xi_1 = 1, \xi_2 = 1) \\
&= \frac{na}{a+b} + n(n-1)\frac{a(a-1)}{(a+b)(a+b-1)},
\end{aligned}
$$

方差

$$D\xi = \mathbb{E}\xi^2 - (\mathbb{E}\xi)^2 = \frac{nab(a+b-n)}{(a+b)^2(a+b-1)}.$$

∎

例 4.4.6 设 ξ_1, ξ_2 独立且分别服从参数为 p_1, p_2 的几何分布. 计算 $\mathbb{E}(\xi_1 \vee \xi_2)$. 方法有许多种. 首先是利用推论 4.2.1 的公式, 得

$$
\begin{aligned}
\mathbb{E}(\xi_1 \vee \xi_2) &= \sum_{x,y \ge 1} (x \vee y)\mathbb{P}(\xi_1 = x, \xi_2 = y) \\
&= \sum_{x,y \ge 1} (x \vee y)q_1^{x-1}p_1 q_2^{y-1}p_2 \\
&= \sum_{x>y} xq_1^{x-1}p_1 q_2^{y-1}p_2 + \sum_{x<y} yq_1^{x-1}p_1 q_2^{y-1}p_2 + \sum_{x \ge 1} xp_1 p_2 (q_1 q_2)^{x-1} \\
&= \frac{1}{p_1} + \frac{1}{p_2} - \frac{1}{1 - q_1 q_2}.
\end{aligned}
$$

另一个方法是利用公式 $\mathbb{E}(\xi_1 \vee \xi_2) = \sum_{x \ge 1} \mathbb{P}(\xi_1 \vee \xi_2 \ge x)$ (见习题), 而

$$
\begin{aligned}
\mathbb{P}(\xi_1 \vee \xi_2 \ge x) &= \mathbb{P}(\{\xi_1 \ge x\} \cup \{\xi_2 \ge x\}) \\
&= \mathbb{P}(\xi_1 \ge x) + \mathbb{P}(\xi_2 \ge x) - \mathbb{P}(\xi_1 \ge x, \xi_2 \ge x) \\
&= q_1^{x-1} + q_2^{x-1} - (q_1 q_2)^{x-1},
\end{aligned}
$$

因此

$$\mathbb{E}(\xi_1 \vee \xi_2) = \sum_{x \geq 1}(q_1^{x-1} + q_2^{x-1} - (q_1 q_2)^{x-1}) = \frac{1}{p_1} + \frac{1}{p_2} - \frac{1}{1 - q_1 q_2}.$$

还有一个方法是算 $\xi_1 \vee \xi_2$ 的分布, 这个分布不好算, 但 $\xi_1 \wedge \xi_2$ 分布很容易算, 然后再利用公式 $\xi_1 \vee \xi_2 = \xi_1 + \xi_2 - \xi_1 \wedge \xi_2$. ∎

下面的例子取自 [4], 有很有意思的直观解释.

例 4.4.7 设 $X_0, X_1, \cdots, X_n \cdots$ 是独立同分布随机序列, 定义

$$N := \inf\{n \geq 1 : X_n > X_0\},$$

这是首次大于 X_0 的时间. 那么事件 $\{N > n\}$ 等价于说 X_0 是 $\{X_0, X_1, \cdots, X_n\}$ 中最大的之一. 令 A_i 表示 X_i 是 $\{X_0, X_1, \cdots, X_n\}$ 中最大的之一这个事件, 即 $\{N > n\} = A_0$. 因为 $X_0, \cdots, X_n$ 独立同分布, 故直观地有 A_i 的概率都是相同的 (这需要证明, 实际上是因为它们的对称: 它们的联合分布与它们的排列顺序无关). 而 $\bigcup_{i=0}^{n} A_i = \Omega$, 因此 $\mathbb{P}(N \geq n) = \mathbb{P}(A_0) \geq \frac{1}{n+1}$. 由习题 3 推出

$$\mathbb{E}N = \sum_{n \geq 0}\mathbb{P}(N > n) \geq \sum_n \frac{1}{n+1} = \infty.$$

直观上怎么解释呢? 比如你贴出一个卖房子的广告, $\{X_n\}$ 可以看成为别人给你的开价, 结论就是等待比第一个开价高的价钱的平均等待时间是无穷大. ∎

下面的简单例子说明, 合适地选取概率空间, 概率的方法可以用来解决其他数学领域的问题, 概率用于图论是 Erdös 在解决一个经典图论问题时的灵感, 现在这个研究领域称为是随机图.

例 4.4.8 设 $G = (V, E)$ 是一个有限图, 对顶点的子集 $W \subset V$ 和边 $e \in E$, 定义

$$I_e(W) = \begin{cases} 1, & \text{如果 } e \text{ 连接 } W \text{ 和 } W^c, \\ 0, & \text{否则.} \end{cases}$$

设 $N(W) = \sum_{e \in E} I_e(W)$. 证明: 存在 $W \subset V$ 使得 $N(W) \geq |E|/2$.

事实上, 我们需要证明存在顶点的一个子集 W 使得连接 W 与 W^c 的边数不少于总边数的一半. 让我们建立一个简单的概率空间 $(\Omega, \mathscr{F}, \mathbb{P})$, 其中 Ω 是 V 的幂集,

$\mathbb{P}$ 是 Ω 上等概率测度, 也就是说随机地取 V 的一个子集 W. 那么 $N(W)$ 与 $I_e(W)$ 是随机变量, W 是样本点, $\mathbb{E}N = \sum_{e \in E} \mathbb{E}I_e$. 给定 $e \in E$, 则

$$A(e) := \{W \in \Omega : e \text{ 连接 } W \text{ 和 } W^c\}$$

是个事件, $|\Omega| = 2^{|V|}$, 因为 $W \in A(e)$ 当且仅当 e 的两个端点分别在 W 和 W^c 中, 而 $A(e)$ 的补集就是两端点同在 W 中或在 W^c 中的 W 全体. 把 e 及其两端看作为一个点, 这相当于分顶点数为 $|V|-1$ 的图为两部分的方法数, 因此 $|A(e)^c| = 2^{|V|-1}$, 而 $|A(e)| = 2^{|V|} - 2^{|V|-1} = 2^{|V|-1}$. 这样

$$\mathbb{E}I_e = \mathbb{P}(A(e)) = \frac{|A(e)|}{|\Omega|} = \frac{1}{2},$$

由此推出 $\mathbb{E}N = \frac{1}{2}|E|$, 这蕴含着我们要证明的结论. ∎

4.5　大数定律

下面我们可以讨论频率与概率的关系问题了. 独立地重复一个成功概率为 p 的 Bernoulli 试验, 用 ξ_n 表示前 n 次试验时成功的次数, 那么 $\frac{\xi_n}{n}$ 是前 n 次试验成功的频率, 也是一个随机变量, 下面定理说明这个频率在某种意义下收敛于成功概率 p, 即大数定律, 说明概率在某种意义下是可以检验的. 这是 Bernoulli 早在 1713 年发现的[1].

定理 4.5.1　(Bernoulli) 对任何 $\varepsilon > 0$, 有

$$\lim_n \mathbb{P}\left(\left|\frac{\xi_n}{n} - p\right| > \varepsilon\right) = 0.$$

证明. 因为 $\mathbb{E}\xi_n = np$, $D\xi_n = np(1-p)$, 由 Chebyshev 不等式得

$$\mathbb{P}\left(\left|\frac{\xi_n}{n} - p\right| > \varepsilon\right) \leq \frac{1}{\varepsilon^2}\mathbb{E}\left|\frac{\xi_n - np}{n}\right|^2 = \frac{1}{\varepsilon^2}\frac{p(1-p)}{n} \leq \frac{1}{4\varepsilon^2 n} \longrightarrow 0.$$

完成证明. □

---

[1]Bernoulli 自己命名为 Golden Theorem 但后来称之为大数律的叙述与证明写在他 1713 年即去世后八年出版的著作中, 但是在书中, 他说定理的成型以及证明是在 20 年前, 因此大数律应该是在 1685 年左右被证明的

大数定律有深刻的意义, 统计中说独立同分布随机变量就是抽样, 大数定律说明当样本很大时, 不确定性就消失了. 比如我们说赌博对于个人来说输赢是随机的, 而对于 Las Vegas 的大赌场来说就是确定的; 保险公司做人寿保险时不必关注具体人的健康状态, 因为当保险涉及的人数很大时, 人的个性就消失了, 变成了统计意义下的人. 大数定律还导致了一个著名的算法, 称为 Monte-Carlo 算法. 如果我们要算一个单位方块 Ω 内任意区域 D 的面积, 我们重复地做随机试验: 在 Ω 上任取一个点. 用 ξ_n 表示第 n 取点落在 D 中这个事件的指标, 那么 D 的面积 $|D| = p|\Omega|$, 其中 $p = \mathbb{P}(\xi_n = 1)$, 这里 p 是未知数, 由大数定律, 我们可以用频率来估计它, 这样就可以得到 D 的面积近似值, 这个算法称为 Monte-Carlo 算法. 这个算法的好处是简单且容易实现, 坏处是无法精确估计误差.

期望还可以用来刻画独立性, 我们有下列结果, 它也是推论 4.1.2(4) 的推广.

推论 4.5.1 设 ξ, η 是随机变量, 则 (1) ξ, η 独立当且仅当对任何非负或有界连续函数 f, g, 有

$$\mathbb{E}(f(\xi) \cdot g(\eta)) = \mathbb{E}f(\xi) \cdot \mathbb{E}g(\eta);$$

(2) 如果 ξ, η 独立, 则对任何连续函数 f, g, 随机变量 $f(\xi), g(\eta)$ 也独立.

证明. 让我们先证明 (1). 只需对非负连续函数证明就够了. 首先 **R** 上的区间是指它的连通子集, 阶梯函数是指区间上示性函数的有限线性组合. 而非负连续函数是一个递增阶梯函数列的极限 (参考定理 4.2.2 的证明). 先设 ξ, η 两者独立. 那么对任何区间 I, J, 由引理 3.1.1, $\mathbb{P}(\xi \in I, \eta \in J) = \mathbb{P}(\xi \in I)\mathbb{P}(\eta \in J)$. 那么由期望的性质, $\mathbb{E}f(\xi)g(\eta) = \mathbb{E}f(\xi)\mathbb{E}g(\eta)$ 当 f, g 是阶梯函数时成立. 因此由单调收敛定理推出上式对非负连续函数成立. 反过来, 对任何 $x \in \mathbf{R}$, 令

$$f_n(y) := \begin{cases} 1, & y \leq x, \\ n[(x + \frac{1}{n}) - y], & y \in (x, x + \frac{1}{n}), \\ 0, & y \geq x + \frac{1}{n}. \end{cases}$$

显然 f_n 是有界连续函数且点点收敛于示性函数 $1_{(-\infty, x]}$, 即区间的示性函数可表示为有界连续函数逐点收敛的极限. 由条件, $\mathbb{E}f_n(\xi)g_n(\eta) = \mathbb{E}f_n(\xi)\mathbb{E}g_n(\eta)$, 其中 g_n 是收敛于 $1_{(-\infty, y]}$ 的有界连续函数列, 取极限, 由控制收敛定理得

$$\mathbb{P}(\xi \leq x, \eta \leq y) = \mathbb{P}(\eta \leq y)\mathbb{P}(\xi \leq x)$$

对任何 x, y 成立. 因此 ξ, η 独立.

(2) 任取两个有界连续函数 ϕ, ψ, 那么 $\phi \circ f, \psi \circ g$ 也是有界连续函数, 因此结论由 (1) 推出.   □

全概率公式有一个期望形式, 它有时也非常有用. 固定概率空间 $(\Omega, \mathscr{F}, \mathbb{P})$. 设 ξ 是可积随机变量, 对任何正概率的事件 A, 定义

$$\mathbb{E}(\xi|A) := \frac{\mathbb{E}(\xi; A)}{\mathbb{P}(A)},$$

称为 A 发生的条件下 ξ 的期望. 它是 ξ 在事件 A 上的平均, 表示 ξ 在概率 $\mathbb{P}(\cdot|A)$ 下的期望. 下面定理是全概率公式的推广, 证明类似.

定理 4.5.2 设事件 $\{\Omega_n : n \geq 1\} \subset \mathscr{F}$ 是 Ω 的一个划分, 那么对任何随机变量 ξ,

$$\mathbb{E}\xi = \sum_{n \geq 1} \mathbb{E}(\xi|\Omega_n)\mathbb{P}(\Omega_n).$$

例 4.5.1 不断地掷一枚硬币, 正面记 1, 反面记 0. n 个 0,1 的有序排列称为一个 n-pattern, 例如 (0010) 是一个 4-pattern. 用 N 表示 2-pattern (01) 首次出现的时刻 (如果不出现, $N = \infty$), 我们来计算 N 的期望. 用 ξ 表示首次掷硬币的结果. 看第一次结果, $\mathbb{E}N = \frac{1}{2}(\mathbb{E}(N|0) + \mathbb{E}(N|1))$. 第一次结果是 1 对等待 pattern (01) 出现没有帮助, 因此 $\mathbb{E}(N|1) = 1 + \mathbb{E}N$. 而第一次结果是 0 对等待 pattern (01) 出现是有利的, 但是要再看下一个结果, 显然 $\mathbb{E}(N|00) = 1 + \mathbb{E}(N|0), \mathbb{E}(N|01) = 2$. 因此

$$\mathbb{E}(N|0) = \frac{1}{2}(\mathbb{E}(N|00) + \mathbb{E}(N|01)) = \frac{1}{2}(1 + \mathbb{E}(N|0) + 2),$$

即 $\mathbb{E}(N|0) = 3$, 得 $\mathbb{E}N = 4$. 这个思想适用于求任何 pattern 的期望. 比如求 pattern (101) 首次出现的时刻 N 的期望. 反复利用定理 4.5.2, 得方程

$$\mathbb{E}N = \frac{1}{2}(\mathbb{E}(N|1) + \mathbb{E}(N|0)) = \frac{1}{2}(\mathbb{E}(N|1) + 1 + \mathbb{E}N),$$

$$\mathbb{E}(N|1) = \frac{1}{2}(\mathbb{E}(N|10) + \mathbb{E}(N|11)) = \frac{1}{2}(\mathbb{E}(N|10) + 1 + \mathbb{E}(N|1)),$$

$$\mathbb{E}(N|10) = \frac{1}{2}(\mathbb{E}(N|101) + \mathbb{E}(N|100)) = \frac{1}{2}(3 + 3 + \mathbb{E}N).$$

解方程得 $\mathbb{E}N = 10$.

设 X_n 是连续 n 个 1 的 pattern 首次出现的时刻. 那么同样的思想,

$$\mathbb{E}(X_n | \underbrace{11\cdots1}_{k-1}) = \frac{1}{2}\mathbb{E}(X_n | \underbrace{11\cdots1}_{k-1}1) + \frac{1}{2}\mathbb{E}(X_n | \underbrace{11\cdots1}_{k-1}0)$$

而当 $k \le n$ 时, $\mathbb{E}(X_n | \underbrace{11\cdots1}_{k-1}0) = k + \mathbb{E}X_n$, 因此

$$
\begin{aligned}
\mathbb{E}X_n &= \frac{1}{2}\mathbb{E}(X_n|1) + \frac{1}{2}\mathbb{E}(X_n|0) \\
&= \mathbb{E}(X_n|1)/2 + 1/2 + \mathbb{E}X_n/2 \\
&= 1/2 \cdot (1/2 \cdot \mathbb{E}(X_n|11) + 1/2 \cdot (2 + \mathbb{E}X_n)) + 1/2 + 1/2 \cdot \mathbb{E}X_n \\
&= 2^{-2}\mathbb{E}(X_n|11) + (1/2 + 2^{-2})\mathbb{E}X_n + 1/2 + 2 \cdot 2^{-2} \\
&= \cdots = 2^{-n} \cdot n + \mathbb{E}X_n \sum_{k=1}^{n} 2^{-k} + \sum_{k=1}^{n} k \cdot 2^{-k},
\end{aligned}
$$

由此推出

$$
\mathbb{E}X_n = 2^n \left(n \cdot 2^{-n} + \sum_{k=1}^{n} k2^{-k} \right) = \sum_{k=1}^{n} 2^k.
$$

这是非常直观的一种方法. 注意由对称性, 等待 (01) 与等待 (10) 一样的时间期望 4, 4 的二进制表示是 100, 等待 (101) 的期望时间是 10, 其二进制表示是 1010, 等待 $(\underbrace{11\cdots1}_{n})$ 的期望时间的二进制表示是 $\underbrace{11\cdots1}_{n}0$. 是不是有规律可循呢? ▮

附录 4.5.1 (Riemann-Stieltjes 积分) 设 F 是 $\mathbf{R}$ 上分布函数, ϕ 是 $\mathbf{R}$ 上非负函数. 称 ϕ 关于 F 在区间 $(a, b]$ 上是 Stieltjes 可积的, 如果存在常数 A, 使得对任何 $\varepsilon > 0$, 存在 $\delta > 0$, 对任何 $(a, b]$ 上的分划 $\Delta : a = x_0 < x_1 < \cdots < x_n = b$, 只要分划的长度 $|\Delta| = \max_{1 \le i \le n} |x_i - x_{i-1}| < \delta$, 就有

$$
\left| \sum_{i=1}^{n} \phi(y_i)(F(x_i) - F(x_{i-1})) - A \right| < \varepsilon,
$$

对任何 $y_i \in (x_{i-1}, x_i], 1 \le i \le n$ 成立. 这时, 记 A 为 $\int_{(a,b]} \phi(x)dF(x)$, 称为 ϕ 关于 F 在 $(a, b]$ 上的积分. 取 $a_n \downarrow -\infty, b_n \uparrow +\infty$, 如果对任何 n, ϕ 关于 F 在 $(a_n, b_n]$ 上都可积, 这时 $\int_{(a_n, b_n]} \phi(x)dF(x)$ 关于 n 递增, 其极限与 a_n, b_n 的选取无关, 记为 $\int_{-\infty}^{+\infty} \phi(x)dF(x)$, 若其有限, 那么说 ϕ 关于 F 是 Stieltjes 可积的, 上面的值称为是 ϕ 关于 F 的 Stieltjes 积分. 如果 ϕ 是 $\mathbf{R}$ 上不一定非负的函数, 那么类似地考虑 ϕ 的正部 ϕ^+ 与负部 ϕ^-, 若它们都是 Riemann-Stieltjes 可积的, 那么说 ϕ 关于 F 是

Riemann-Stieltjes 可积的且也记

$$\int \phi dF := \int \phi^+ dF - \int \phi^- dF.$$

这个定义完全类似于经典的 Riemann 积分, 但在无穷远处的处理上又类似于 Lebesgue 积分, 特别注意上面区间的左端是开的, 对 Riemann 积分, 区间端点的开闭是一样的, 而对 Riemann-Stieltjes 积分是不同的, 因为当 $\phi \equiv 1$ 时, 由定义看出积分值为 $F(b) - F(a)$, 而如果 F 是随机变量 ξ 的分布函数, 这恰好是概率 $\mathbb{P}(\xi \in (a,b])$. 因此

$$\int_{\{a\}} dF(x) = F(a) - F(a-) = \mathbb{P}(\{\xi = a\}).$$

下面引理是 Riemann-Stieltjes 积分的基本定理.

引理 4.5.1   (1) ϕ **关于** F **在** $(a,b]$ **上 Stieltjes 可积当且仅当**

$$\lim_{|\Delta| \to 0} \sum_{i=1}^{n} v_i(F(x_i) - F(x_{i-1})) = 0,$$

其中 $v_i := \sup_{x \in (x_{i-1}, x_i]} \phi(x) - \inf_{x \in (x_{i-1}, x_i]} \phi(x)$;

(2) **如果** ϕ **是有界连续函数, 那么** ϕ **关于** F **是 Stieltjes 可积的.**

证明. 命题 (1) 不难验证, 类似于 Riemann 积分, 留作练习. 对于 (2), 利用 ϕ 在任何有限区间上一致连续的性质, 容易由 (1) 推出 ϕ 关于 F 在任何有限区间 $(a,b]$ 上是 Stieltjes 可积的, 只需要验证如果 ϕ 是非负有界连续的, 那么 $\displaystyle\int_{(-n,n]} f(x)dF(x)$ 是有界数列. 而这是显然的, 因为 f 有界, 设 $f \leq C$, 故

$$\int_{(-n,n]} f(x)dF(x) \leq C(F(n) - F(-n)) \leq C.$$

引理得证.   □

这里定义的实际上是有界连续函数关于分布函数在 Riemann 意义下的 Stieltjes 积分, 而 Borel 函数关于分布函数的积分可以按 Lebesgue 意义来定义, 称为 Lebesgue-Stieltjes 积分, 这里不作介绍. 我们对上述积分的使用也仅限于被积函数是有界连续函数的情况, 因为我们希望此教材的理论方面停留在微积分也就是 Riemann 积分的层次, 以让读者更多地关注概率直观的一方面, 尽管 Lebesgue 测度与 Lebesgue 积分在教材中多次呼之欲出, 而且我们定义期望的方式正是 Lebesgue 积分的思想.

注释 4.5.1 期望是否总是值得期待? 直观地, 我们总是把期望理解为是你对随机变量取值的期待, 比如在一个赌局中, 你愿意押的钱数应该相当于你在这个赌局中的预期收益. 但有时候这样的想法会令人疑惑. 例如有一个游戏叫做圣彼得堡悖论: 玩家掷一个硬币, 如果掷第 n 次时正面首次出现, 那么玩家得到 2^n 元钱, 然后游戏结束. 用 ξ 表示所得, 那么

$$\mathbb{E}\xi = \sum_{n \geq 1} 2^n \mathbb{P}(\xi = 2^n) = \sum_{n \geq 1} 2^n \cdot \frac{1}{2^n} = +\infty.$$

也就是说 ξ 的期望是无穷. 但问题是玩家究竟愿意付多少钱参加这样一个至少理论上的期望获益是无穷的游戏呢? 10 元, 100 元还是 10,000 元? 如果你参与这个游戏, 从理论上讲你会愿意付任何 (有限) 代价来参加. 那么你会愿意吗?

习 题

1. 设 ξ 是离散随机变量, A 是事件, 那么 $\mathbb{E}(\xi; A) = \sum_{x \in R(\xi)} x \mathbb{P}(\xi = x, A)$.

2. 平均地讲, 掷一个硬币多少次就可以得到连续的两次正面或连续的两次反面?

3. 设 ξ 为非负整值随机变量, 其数学期望存在, 证明: $\mathbb{E}\xi = \sum_{n=1}^{\infty} \mathbb{P}(\xi \geq n)$.

4. 设 ξ 服从参数为 n, p 的二项分布, 证明:

$$\mathbb{E}\frac{1}{1+\xi} = \frac{1 - (1-p)^{n+1}}{(n+1)p}.$$

5. (Coupon 问题) 推销装有卡通人物的卡片的某种方便面, 一套卡片共 N 张. 在每包方便面中随机地放置一张卡通卡片. 求买了 n 包方便面仍然没有收集到一整套卡通卡片的概率, 与收集到一套卡片时所买方便面的包数的期望.

6. 某人用 n 把外形相似的钥匙去开门, 只有一把能打开. 今逐个任取一把试开, 直至打开门为止. 分别考虑每次试毕 (a) 不放回; (b) 放回两情形. 求试开次数 ξ 的数学期望.

7. 如果 X 服从参数为 λ 的 Poisson 分布, 证明:

$$\mathbb{E}(X(X-1) \cdots (X-k)) = \lambda^{k+1}, \ k = 0, 1, 2 \cdots.$$

求 X 的方差.

8. 从数字 $1, \cdots, n$ 中任取两个不同的数, 求两数之差绝对值与 n 之比的期望当 n 趋于无穷时的极限.

9. 8 男与 7 女随机坐在一排 15 个座位上, ξ 表示其中相邻且异性的对数, 即集合 $\{1 \leq i < 15 : i$ 座与 $i+1$ 座为异性 $\}$ 的元素个数. 求 $\mathbb{E}[\xi]$.

10. 设 ξ, η 是二值 (值域仅有两个元素) 随机变量, 证明: ξ, η 独立当且仅当它们不相关.

11. 在一个球面上 10% 涂上蓝色, 其他红色, 证明: 不管色彩怎么涂, 都可以内接一个正方体, 其所有顶点都是红色的.

12. 掷一个骰子到所有点数都至少出现一次即停止, ξ 表示掷的次数. 求 $\mathbb{E}\xi$.

13. 一个盒子里有标号为 $1, 2, \cdots, n$ 的 n 个球, 不放回地随机取 k 个, 求它们的和的期望与方差.

14. 袋子 A 里有 n 个红球, 袋子 B 里有 n 个蓝球, 每次都从两个袋子里各取一球交换, 证明: 在 k 次交换后 A 袋中红球数的期望为 $\frac{1}{2}n(1 + (1 - \frac{2}{n})^k)$.

15. 连续地掷一个正面概率为 p 的硬币, X_n 是得到 n 次连续正面所掷的次数, 证明: $\mathbb{E}X_n = \sum_{k=1}^{n} p^{-k}$.

16. 设圆周上涂有红与白两种颜色, 如果其任意内接正三角形总有一个顶点是红色, 证明: 涂有红色部分的长度不小于圆周总长的三分之一.

17. n 个球随机放入 m 个盒子, ξ 是空盒的个数, 求 $\mathbb{E}\xi$.

18. 从 $1, 2, \cdots, n$ 中随机地选 ξ 个数, 设 ξ 是 $\{1, 2, \cdots, n\}$ 上均匀分布的, 求选出的数字和的期望.

19. 设 $\xi_1, \cdots, \xi_k$ 是独立同分布的非负整数值随机变量, 证明

$$\mathbb{E}\min(\xi_1, \cdots, \xi_k) = \sum_{n \geq 1} \left(\sum_{m \geq n} p_m \right)^k,$$

其中 $p_m = \mathbb{P}(\xi_1 = m)$.

20. 设 ξ 是随机变量. 证明:

(a) 如果存在 $N > 0$ 使得 $\mathbb{E}(|\xi|; |\xi| > N) < \infty$, 则 $\mathbb{E}|\xi| < \infty$;

(b) 如果 ξ 可积, 则 $\lim_n \mathbb{E}(\xi; |\xi| > n) = 0$;

(c) 设 $\alpha > 0$. 如果 $|\xi|^\alpha$ 可积, 则 $\mathbb{P}(|\xi| > n)$ 是 $n^{-\alpha}$ 的高阶无穷小量. 举例说明逆命题不成立.

21. 设 ξ 是随机变量, 证明:

$$\sum_{n \geq 1} \mathbb{P}(|\xi| \geq n) \leq \mathbb{E}|\xi| \leq 1 + \sum_{n \geq 1} \mathbb{P}(|\xi| \geq n).$$

因此 $\mathbb{E}|\xi| < \infty$ 当且仅当 $\sum_{n \geq 1} \mathbb{P}(|\xi| \geq n) < \infty$.

22. 设 $\{A_n\}$ 是一个事件列, 证明:

$$\underline{\lim}_n \mathbb{P}(A_n) \geq \mathbb{P}(\underline{\lim}_n A_n);$$
$$\overline{\lim}_n \mathbb{P}(A_n) \leq \mathbb{P}(\overline{\lim}_n A_n).$$

23. 利用 Bernoulli 的大数定律证明 Weierstrass 定理: 设 f 是 $[0,1]$ 上连续函数, 定义 Bernstein 多项式

$$f_n(x) = \sum_{k=0}^n \binom{n}{k} f\left(\frac{k}{n}\right) x^k (1-x)^{n-k}, \ x \in [0,1],$$

则 f_n 在 $[0,1]$ 上一致收敛于 f.

24. 设随机变量 ξ 的分布函数连续, 期望为 μ, 中点为 m, 方差为 σ^2, 证明:

$$(\mu - m)^2 \leq \sigma^2.$$

25. 设 g 是 $\mathbf{R}$ 上非负递增连续函数, ξ 是随机变量. 证明: 对于 $x > 0$, 若 $g(x) > 0$, 则有

$$\mathbb{P}(\xi > x) \leq \frac{\mathbb{E}g(\xi)}{g(x)}.$$

26. 设随机变量 ξ 是标准化的, 证明: 对 $x > 0$,

$$\mathbb{P}(\xi \geq x) \leq \frac{1}{1+x^2}.$$

此不等式不能再改进, 证明: 对任何 $x > 0$, 存在某概率空间上的标准化随机变量 ξ 使得

$$\mathbb{P}(\xi \geq x) = \frac{1}{1 + x^2}.$$

(提示: 先利用 Chebyshev 的方法找适当的函数证明

$$\mathbb{P}(\xi > x) \leq \frac{1 + a^2}{(x + a)^2}$$

对任何 $a > 0$ 成立, 然后取适当的 a.)

27. 一个连续函数 f 称为有紧支撑, 如果 $\{x \in \mathbf{R} : f(x) \neq 0\}$ 是有界集. 证明: 随机变量 ξ, η 有相同分布函数当且仅当对任何有紧支撑的非负连续函数 f 有 $\mathbb{E}f(\xi) = \mathbb{E}f(\eta)$.

28. 设 $\{\xi_n : n \geq 0\}$ 是成功概率为 p 的独立 Bernoulli 随机序列, 定义

$$X = \inf\{n \geq 1 : \xi_n > \xi_{n-1}\},$$

也就是说 X 是首次从失败到成功的转折, 求 $\mathbb{E}X$.

29. 求在一个掷硬币游戏里, 分别求 3-pattern (101), (111) 和 (110) 首次出现时刻的期望.

30. 设 N 是取非负整数值的随机变量, $\{\xi_i\}_{i \geq 1}$ 是独立同分布可积随机变量列且与 N 独立. 证明: $\mathbb{E}\sum_{i=1}^{N} \xi_i = \mathbb{E}N \cdot \mathbb{E}\xi_1$.

31. 设 N 服从参数为 λ 的 Poisson 分布, $\{\xi_n : n \geq 0\}$ 是独立同分布非负整数值随机变量也独立于 N, $S := \sum_{k=1}^{N} \xi_k$, 证明: $\mathbb{E}Sg(S) = \lambda\mathbb{E}(g(S + \xi_0)\xi_0)$.

32. 设随机变量 ξ 与 η 几乎处处相等, 证明:

   (a) 它们的分布函数相等;

   (b) 如果 ξ 可积, 那么 η 也可积且 $\mathbb{E}\xi = \mathbb{E}\eta$.

第五章 连续型随机变量

我们已经建立了概率的严格数学理论, 但那里主要讨论的是离散的随机变量, 或者说随机变量的值域是可数集, 在这章中我们将主要讨论连续的随机变量, 或者说随机变量的值域是实数的区间, 是不可数的集合, 不再能够表示为单点的可列并. 两者在方法上有很大差别, 对离散的情况, 主要的方法是级数, 而对连续的情况, 则主要用积分的方法.

但是第一章中关于随机变量的主要理论对离散连续两种情况都是成立的, 所以在这章中我们主要讲方法与例子. 也许读者已经体会到, 表面上看来连续比离散更复杂, 但实际上由于有微积分的工具, 处理连续的问题通常要比处理离散的问题要简单.

5.1 可测性

这节与下一节我们将再深入地讨论随机变量及其分布的理论, 但是我们发现即使是简单的问题也不容易严格地证明, 比如给定概率空间, 设 ξ 是随机变量, f 是 $\mathbf{R}$ 上的函数, 两者的复合 $f(\xi)$ 也是样本空间上的函数, 问题是它还是不是随机变量呢? 要严格地说清楚这些概念和结论, 我们需要更深入地讨论 σ-域的性质, 它是现代概率论也是实变函数论最基本的平台. 对此感觉困难的同学可以跳过, 从定理 5.1.2 后的注开始阅读. 对于离散样本空间, σ-域总是简单地取所有子集的集合, 而在非离散的情况下, 这通常是不合适的. 理由就是我们不能对 $\mathbf{R}$ 的所有子集定义长度, 这样被证明会产生矛盾. 因此从这个角度看, 连续的场合的确要复杂些. 让我们先仔细地讨论 $\mathbf{R}$ 上的 σ-域. 实际上, 除了最大最小两个平凡 σ-域外, 非空集合 Ω 上的 σ-域很少可以直接定义, 这里让我们介绍一个生成 σ-域的方法.

引理 5.1.1 (1) 非空集合 Ω 上任意多个 σ-域的交仍然是一个 σ-域; (2) 设 $\mathscr{A}$ 是 Ω 的子集的一个集合, 则所有包含 $\mathscr{A}$ 的 σ-域 (幂集至少是其中一个) 的交是 σ-域, 记为 $\sigma(\mathscr{A})$. 它是包含 $\mathscr{A}$ 的最小 σ-域, 即如果 $\mathscr{F}$ 是包含 $\mathscr{A}$ 的 σ-域, 那么 $\mathscr{F} \supset \sigma(\mathscr{A})$.

这个引理的证明很简单 (见习题 1.3.3), 由定义直接验证. 包含 $\mathscr{A}$ 的最小 σ-域 $\sigma(\mathscr{A})$ 也称为是由 $\mathscr{A}$ 生成的 σ-域. 这样做的好处是我们知道包含所需子集合的 σ-域总是存在的, 而不必确切地知道它究竟含有哪些集合. 实际上, 在有些情况下是可以写出所有集合的. 例 2.2.1 说明, 如果 $\{\Omega_n : n \geq 1\}$ 是 Ω 的划分, 那么

$$\sigma(\{\Omega_n : n \geq 1\}) = \Big\{ \bigcup_{i \in I} \Omega_i : I \subset \mathbf{N} \Big\}.$$

但更多情况下是不可能的.

现在 $\mathbf{R}$ 上的开区间全体生成的 σ-域是一个很有用的 σ-域, 称为是 $\mathbf{R}$ 上的 Borel 域, 记为 $\mathscr{B}$ 或者 $\mathscr{B}(\mathbf{R})$, 其中的集合称为 Borel 集. $\mathscr{B}$ 包含了通常我们知道的集合, 开集与闭集, 单点集, 半开半闭区间等. 开集在 $\mathscr{B}$ 中是因为它是开区间的可列并, 闭集是开集的余集, 单点集是开区间的可列交:

$$\{a\} = \bigcap_{n=1}^{\infty} \left(a - \frac{1}{n}, a + \frac{1}{n} \right),$$

而半开半闭区间是开区间与单点集的并. 反过来, 不难验证 Borel 域可以由下面这样更简单的集类产生:

$$\begin{aligned}
\mathscr{B} &= \sigma(\{(-\infty, x] : x \in \mathbf{R}\}) \\
&= \sigma(\{(-\infty, x) : x \in \mathbf{R}\}) \\
&= \sigma(\{(-\infty, x] : x \in \mathbb{Q}\}).
\end{aligned}$$

实际上, $\mathscr{B}$ 也是由所有闭区间或者所有左开右闭区间生成的, 但不能由所有单点生成 (问问自己所有单点集生成的 σ-域是什么?). 注意 Borel 域虽然包含常见的集合, 但不是 $\mathbf{R}$ 的子集全体. 类似地, n 维空间上由区间生成的 σ-域称为是 n 维 Borel 域, 记为 $\mathscr{B}^n$ 或者 $\mathscr{B}(\mathbf{R}^n)$. 下面的一些定理虽然是对一维情况证明的, 但显然证明可以稍加修改用于多维情况. 为了叙述的方便, 设有 Ω 到 $\mathbf{R}^n$ 的映射 ξ, 对 $B \subset \mathbf{R}^n$, $\xi^{-1}(B)$ 是 B 的逆像, 是 Ω 的子集, 对 $\mathbf{R}^n$ 的任何子集族 $\mathscr{B}_0$, 定义

$$\xi^{-1}(\mathscr{B}_0) := \{\xi^{-1}(B) : B \in \mathscr{B}_0\},$$

它是 $\mathscr{B}_0$ 中集合逆像全体, 是 Ω 的子集族. 如果 $\mathscr{B}_0$ 是 $\mathbf{R}^n$ 上的 σ-域, 那么不难验证 $\xi^{-1}(\mathscr{B}_0)$ 是 Ω 上的 σ-域.

定理 5.1.1 **设 $(\Omega, \mathscr{F}, \mathbb{P})$ 是概率空间, 则 Ω 上的函数 ξ 是随机变量当且仅当**

$$\xi^{-1}(\mathscr{B}) \subset \mathscr{F}.$$

证明. 只需证明必要性. 设 ξ 是随机变量, 要证明对任何 $B \in \mathscr{B}$ 有 $\xi^{-1}(B) \in \mathscr{F}$. 用 $\mathscr{B}'$ 表示满足 $\{\xi \in B\} \in \mathscr{F}$ 的子集 $B \subset \mathbf{R}$ 的全体. 由随机变量的定义知道 $\{(-\infty, x] : x \in \mathbf{R}\} \subset \mathscr{B}'$. 假如验证了 $\mathscr{B}'$ 是一个 σ-域, 那么 $\mathscr{B}'$ 包含 $\{(-\infty, x] : x \in \mathbf{R}\}$ 生成的 σ-域, 就是包含了 $\mathscr{B}$.

剩下的工作就是验证 $\mathscr{B}'$ 是 σ-域. 按照定义与定理 2.3.1 中所言的映射逆像的性质. (1) $\xi^{-1}(\mathbf{R}) = \Omega \in \mathscr{F}$; (2) 设 $A \in \mathscr{B}'$, 那么 $\xi^{-1}(A) \in \mathscr{F}$, 而 $\xi^{-1}(A^c) = [\xi^{-1}(A)]^c \in \mathscr{F}$; (3) 设 $A_n \in \mathscr{B}'$, 那么 $\xi^{-1}(A_n) \in \mathscr{F}$, 从而

$$\xi^{-1}\Big(\bigcup_n A_n\Big) = \bigcup_n \xi^{-1}(A_n) \in \mathscr{F}.$$

这证明了 $\mathscr{B}'$ 是 σ-域. □

从定理的证明可以看出 ξ 是一个随机变量当且仅当对任何生成 Borel 域的集类 $\mathscr{A}$ 有 $\xi^{-1}(\mathscr{A}) \subset \mathscr{F}$. 设 ξ 是 Ω 上函数, 说它是随机变量总是指关于某个指定 σ-域 而言的. 如果它关于 σ-域 $\mathscr{F}$ 是随机变量, 那么关于比 $\mathscr{F}$ 更大的 σ-域也是, 而且它 一定关于 Ω 上的某个 σ-域是随机变量 (比如最大的那个). 这样 Ω 上有使得 ξ 是随 机变量的最小的 σ-域, 记为 $\sigma(\xi)$. 这意味着它满足 (1) ξ 是关于 $\sigma(\xi)$ 的随机变量; (2) 如果 ξ 是关于 σ-域 $\mathscr{F}$ 的随机变量, 那么 $\sigma(\xi) \subset \mathscr{F}$. 这样的一个 σ-域是唯一的, 容易验证 $\xi^{-1}(\mathscr{B})$ 满足这两个条件, 由此推出 $\sigma(\xi) = \xi^{-1}(\mathscr{B})$. 一个 $\mathbf{R}$ 上的函数 f 称为是 Borel 可测函数, 如果对任何 $x \in \mathbf{R}$ 有 $\{f \leq x\} := \{y : f(y) \leq x\} \in \mathscr{B}$. 这 等价于对任何 $B \in \mathscr{B}$ 有 $f^{-1}(B) = \{f \in B\} \in \mathscr{B}$.

定理 5.1.2 **(1) $\mathbf{R}$ 上的连续函数是 Borel 可测函数; (2) 设 ξ 是随机变量, f 是 Borel 可测函数, 那么 $f(\xi)$ 也是随机变量.**

证明. (1) 设 f 是连续函数. 对任何 $x \in \mathbf{R}$, 要证明 $\{f \leq x\}$ 是 Borel 集. 只要证明它 是闭集就足够了, 因闭集是 Borel 集. 设 $y_n \in \{f \leq x\}$ 且 $y_n \longrightarrow y$, 那么 $f(y_n) \leq x$, 取极限, 因为 f 连续, 故 $f(y) \leq x$, 即 $y \in \{f \leq x\}$.

(2) 让我们利用定理 5.1.1. 首先对任何集合 $B \subset \mathbf{R}$, 容易验证 $\{f(\xi) \in B\} = \{\xi \in f^{-1}(B)\}$. 由 Borel 可测函数的定义, 如果 B 是 Borel 集, 则逆像 $f^{-1}(B)$ 也是 Borel 集. 再由定理 5.1.1, $\{\xi \in f^{-1}(B)\} \in \mathscr{F}$, 推出 $\{f(\xi) \in B\} \in \mathscr{F}$, 即 $f(\xi)$ 是随机变量.   □

5.2　分布函数的实现

类似方法可以证明这个定理当 ξ 是 n- 维随机向量, f 是 $\mathbf{R}^n$ 上 Borel 可测函数时也是对的. 因为有限次四则运算就是多维空间上的一个连续函数 (在定义域内), 因此多个随机变量的有限次四则运算后仍然是随机变量. 有了 Borel 域和相关的工具, 我们可以严格地讨论一般的随机变量了. 首先设某个固定概率空间 $(\Omega, \mathscr{F}, \mathbb{P})$ 上的随机变量 ξ 的分布函数是 F, 即对任何 $x \in \mathbf{R}$, $\mathbb{P}(\xi \le x) = F(x)$. 那么它满足定理 2.3.3 所述的性质且还有下面的性质:

(1) 对任何 $a < b$, $\mathbb{P}(\xi \in (a, b]) = F(b) - F(a)$;

(2) 对任何 x, $\mathbb{P}(\xi = x) = F(x) - F(x-)$;

(3) 对任何 x, $\mathbb{P}(\xi > x) = 1 - F(x)$;

(4) 两个分布函数相等当且仅当它们在一个稠密子集上相等.

容易验证这些简单性质. 比如 (2), 因为 $\{\xi = x\} = \bigcap\limits_{n=1}^{\infty} \{\xi \in (x - \frac{1}{n}, x]\}$, 由概率的连续性推出

$$\mathbb{P}(\xi = x) = \lim_n \mathbb{P}(\xi \in (x - \frac{1}{n}, x]) = \lim_n (F(x) - F(x - \frac{1}{n})) = F(x) - F(x-).$$

性质 (4) 成立是因为分布函数是递增右连续的.

第一个性质直观解释了分布的意义, ξ 落在区间 $(a, b]$ 上的概率是 $F(b) - F(a)$. 这个数大说明 ξ 在这个区间上分布得较稠密, 反之说明 ξ 在这个区间上分布得较稀疏. 从性质 (2) 看出, 分布函数是连续的当且仅当随机变量取任意给定点的概率为 0. 分布函数告诉我们随机变量的取值在直线上是怎么分布的, 反过来我们会问直线上的一定形式的分布是否必是某随机变量的分布呢? 最简单最自然的非离散型分布就是例 2.3.6 中所讨论的均匀分布. 它是一个很自然的分布, 等同于连续地掷硬币, 所以让我们承认均匀分布的随机变量存在性, 然后证明任何方式分布的随机变量都

存在, 也就是说, 存在概率空间及其上的随机变量, 它在 **R** 上以预先知道的方式分布着. 什么是 **R** 上以预先知道的方式分布着呢? 先回忆分布函数的定义, **R** 上的函数 F 称为是分布函数, 如果它满足定理 2.3.3 中的三个性质. 因此 **R** 上以预先知道的方式分布着意味着预先给定一个分布函数 F. 存在随机变量以 F 的方式分布在 **R** 上意味着存在概率空间 $(\Omega, \mathscr{F}, \mathbb{P})$ 及其上的随机变量 ξ 使得 ξ 的分布函数是 F, 即对任何 $x \in \mathbf{R}$, $F(x) = \mathbb{P}(\xi \leq x)$. 这时简单地说 F 可以实现.

分布函数是递增右连续的, 未必有逆函数, 但我们可以定义所谓的广义逆:

$$F^{-1}(x) := \inf\{y: \ F(y) \geq x\}, \ x \in (0, 1).$$

广义逆实际上是 $y = F(x)$ 关于直线 $y = x$ 的反射, 但在 F 跳跃的地方 F^{-1} 是常数, 在 F 等于常数的地方 F^{-1} 跳跃.

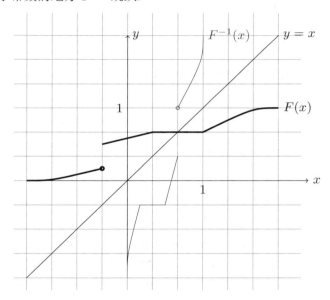

引理 5.2.1 广义逆有下列性质:

(1) $F(F^{-1}(y)) \geq y$. 因此有 $F(x) \geq y$ 当且仅当 $x \geq F^{-1}(y)$.

(2) F^{-1} 在 $(0, 1)$ 上取有限实数值, 且递增左连续.

(3) 如果 F 在 x 处跳跃, 那么 F^{-1} 在区间 $(F(x-), F(x)]$ 上恒等于 x.

(4) 如果 F 在区间 (a, b) 上等于常数 y, 那么 F^{-1} 在 y 点跳跃.

(5) 如果 F^{-1} 在 y 点连续, 那么 $F^{-1}(y) < x$ 蕴含着 $y < F(x)$.

证明. 其中 (3)(4) 直接从定义推得.

(1) 由下确界定义, 可取 $x_n \downarrow F^{-1}(y)$, 那么 $F(x_n) \geq y$, 而且 $F(x_n) \downarrow F(F^{-1}(y))$, 因此 $F(F^{-1}(y)) \geq y$.

(2) 只需验证左连续性. 设有 $y_n \uparrow y$, 则 $F^{-1}(y_n)$ 递增, 其极限记为 x, 那么 $x \leq F^{-1}(y)$. 假设 $x < F^{-1}(y)$, 则性质 (1) 说明 $F(x) < y$, 再由 (1) 得 $y_n \leq F(F^{-1}(y_n)) \leq F(x) < y$, 矛盾, 故 $x = F^{-1}(y)$.

(5) 事实上, 当 $F^{-1}(y) < x$ 时, $y \leq F(x)$ 是显然的. 如果 $y = F(x)$, 那么由 (1) 推出 $F(x) \geq F(F^{-1}(y)) \geq y = F(x)$ 及 $F(F^{-1}(y)) = F(x)$, 故 F 在 $[F^{-1}(y), x]$ 上等于常数 y, 因此 F^{-1} 在 y 点不连续, 矛盾.

完成证明.   □

定理 5.2.1　直线 R 上的任意分布函数 F 可以实现.

证明. 因为单位区间上均匀分布可以实现, 则存在概率空间及其上的随机变量 η 使得对任何 $x \in [0,1]$, $\mathbb{P}(\eta \leq x) = x$. 现在令 $\xi = F^{-1}(\eta)$. 那么由引理 5.2.1的性质 (1), $\{\xi \leq x\} = \{F^{-1}(\eta) \leq x\} = \{\eta \leq F(x)\}$, 因此 ξ 是个随机变量, 且因为 η 是均匀分布的, 故而 ξ 的分布函数为 $\mathbb{P}(\xi \leq x) = \mathbb{P}(\eta \leq F(x)) = F(x)$.   □

　　这个证明应用了广义逆的技巧, 不能用于多维分布函数. 上面的定理不仅说分布函数可以实现, 而且具体地告诉我们怎么去实现. 精确地说就是 R 上的任何分布都是均匀分布随机变量的函数的分布, 而且具体给出了函数表达式. 这个定理也说明当我们给定一个分布函数的时候, 实现它的概率空间和随机变量总是存在的. 另外要注意的是实现的方法通常不是唯一的. 电脑中有一个重要的函数, 称为伪随机数. 它是用来模拟 $[0,1]$ 上均匀分布的, 通过它可以容易地模拟任何其他需要的随机数. 例如, 设 ξ 是伪随机数, 令

$$\eta = \begin{cases} 1, & \xi \in (0, p), \\ 0, & \xi \in [p, 1), \end{cases}$$

那么 η 就可以模拟一枚或许不公平的硬币. 怎么样模拟随机数在电脑编程中是很重要的.

5.3 密度函数

下面我们介绍连续型分布函数, 它是比较容易处理和常见的. 一个分布函数 F 称为是连续型的, 如果存在一个非负 Riemann 可积函数 (或者简单点, 逐段连续函数) f 使得对任何 $x \in \mathbf{R}$,

$$F(x) = \int_{-\infty}^{x} f(t)dt.$$

(如果读者熟悉 Lebesgue 积分, 那就把 f 理解为 Lebesgue 可积的, 积分也理解为 Lebesgue 积分, 下面也是一样.) 这时候, F 是绝对连续的, f 称为是 F 的一个密度函数, 如果随机变量的分布函数是连续型的, 也说该随机变量是连续型的, 密度函数是 f. 注意容易看出, 连续型的分布函数一定是连续的, 而反之未必, 例如著名的 Cantor 函数. 当然密度函数是不唯一的, 因为改变某点的值是不会改变积分的值的. 另外如果 ξ 是连续型的, 密度函数是 f, 那么对任何 $a < b$,

$$\mathbb{P}(\xi \in [a,b]) = \mathbb{P}(\xi \in (a,b]) = \mathbb{P}(\xi \in (a,b)) = \int_{a}^{b} f(t)dt,$$

也就是说 ξ 落在区间 (a,b) 上的概率是区间 (a,b) 上函数 f 图像与水平轴所围的面积.

从定义看, 如果密度函数存在, 形式上有 $f(x) = F'(x)$. 但要注意 F 并不是在所有点上都可微的, 但在几乎所有点上都是对的. 因此也可以说 F 是连续型的当且仅当下式成立, 且这时 F' 就是密度函数:

$$F(x) = \int_{-\infty}^{x} F'(t)dt.$$

如何计算连续型随机变量的数学期望呢? 由定理 4.2.2 直接推出, 若 ξ 是密度函数 f 的连续型随机变量, ϕ 是一个非负连续函数, 那么

$$\mathbb{E}\phi(\xi) = \int_{-\infty}^{+\infty} \phi(x)f(x)dx,$$

积分理解为通常的 Riemann 积分. 上式对 $\int |\phi(x)|f(x)dx < \infty$ 的连续函数 ϕ 同样成立.

实际上, 上面的期望公式对逐段连续函数也成立. 特别地,

$$\mathbb{E}\xi = \int_{-\infty}^{+\infty} xf(x)dx.$$

也就是说连续型随机变量的数学期望由大家熟悉的 Riemann 积分方法计算. 先让我们计算均匀分布的期望, 在计算前, 大家可以直观地想想一个均匀分布的平均值是多少.

例 5.3.1　(均匀分布) 设 F 是 $[a,b]$ 上均匀分布函数, 那么

$$
F'(x) = \begin{cases} \dfrac{1}{b-a}, & x \in (a,b), \\ 0, & x \notin (a,b), \end{cases}
$$

容易验证上面积分式成立, 即 F' 是密度函数, 因此均匀分布是连续型的. 设 ξ 是服从 $[a,b]$ 上均匀分布的随机变量. 那么它的期望为

$$
\mathbb{E}\xi = \int_a^b \frac{x}{b-a} dx = \frac{1}{b-a} \cdot \frac{b^2 - a^2}{2} = \frac{a+b}{2}.
$$

也就是区间中点, 这个答案和你心里想的一样吗? 然后我们再来看方差.

$$
\mathrm{D}\xi = \mathbb{E}\xi^2 - (\mathbb{E}\xi)^2 = \frac{1}{b-a} \int_a^b x^2 dx - (\frac{a+b}{2})^2 = \frac{(b-a)^2}{12}.
$$

它和区间长度的平方成正比. 因为方差是对期望的偏差, 当然区间越大, 偏差也就越大, 随机性也越大.

下面我们介绍概率中另外一个重要的分布: 正态分布. 它的重要性在这里还看不出来, 后面的中心极限定理将告诉我们它是许多分布的极限分布. 这个分布是直接用分布函数来定义的.

例 5.3.2　(正态分布) 首先看一个函数,

$$
\phi(x) = \frac{1}{\sqrt{2\pi}} \mathrm{e}^{-\frac{1}{2}x^2}, \; -\infty < x < +\infty.
$$

让我们来证明这是一个密度函数. 只需验证 $\int_{-\infty}^{+\infty} \phi(x)dx = 1$ 就可以了. 这个积分不能直接用 Newton-Leibniz 公式来算, 因为其原函数不是一个通常的初等函数. 这里用到一个源于 Poisson 的漂亮技巧, 就是计算这个积分的平方, 将累次积分化为二重积分然后用极坐标计算. 这是耦合方法的基本思想, 把一维问题化为二维问题来做. 记积分值为 I, 那么

$$
I^2 = \frac{1}{2\pi} \int_{-\infty}^{+\infty} \int_{-\infty}^{+\infty} \mathrm{e}^{-\frac{x^2+y^2}{2}} dxdy = \frac{1}{2\pi} \int_0^{2\pi} d\theta \int_0^{\infty} \mathrm{e}^{-\frac{1}{2}r^2} r dr = 1.
$$

记

$$\Phi(x) := \int_{-\infty}^{x} \frac{1}{\sqrt{2\pi}} e^{-\frac{1}{2}t^2} dt,$$

那么 Φ 是一个连续型的分布函数, 称为标准 (Guass) 正态分布函数. 它不是一个初等函数, 其值通常由近似计算得到, 而 ϕ 称为标准正态密度函数, 它是一个严格正的光滑偶函数, 在正半轴上严格递减, 且以平方的指数速度递减, 见图 2.1. 让我们列举 Φ 的一些性质:

(1) $\Phi(0) = \frac{1}{2}$;

(2) 对任何 $x \in \mathbf{R}$, 有 $\Phi(-x) = 1 - \Phi(x)$;

(3) Φ 是严格递增的, 因此有反函数 Φ^{-1}.

正态分布的值通常可查正态分布表, 正态分布表只列举正半轴上的值, 负半轴上的值由 (2) 计算. 由于 (3), 正态分布表也可以查反函数, 对任何 $y \in (0,1)$, 查 $\Phi^{-1}(y)$. 所以我们认为 Φ 与 Φ^{-1} 都是由正态分布表给出的. 对任何 $\alpha \in (0,1)$, 存在唯一的 z_α 使得 $\mathbb{P}(\xi > z_\alpha) = \alpha$, 称为 α- 分位点. 显然 $z_\alpha = \Phi^{-1}(1-\alpha)$. 正态分布是 1733 年由法国人 DeMoivre 作为对于二项分布的近似引入的, 这个结果后来被认为是概率论中最重要的结果之一, 称为中心极限定理, 这个分布也是生活中应用最广泛的, 但是他的论文直到 1924 年才被发现, 而这个分布由于在此之前 Gauss 的工作被称为 Gauss 分布.

一般地, 利用标准正态密度, 对实数 μ 和正实数 σ, 定义

$$\phi(x; \mu, \sigma^2) := \frac{1}{\sigma} \phi(\frac{x-\mu}{\sigma}) = \frac{1}{\sqrt{2\pi}\sigma} e^{-\frac{(x-\mu)^2}{2\sigma^2}}.$$

容易验证, 它也是一个密度函数, 即它与水平轴所夹的面积也是 1. 这个函数称为是参数为 μ, σ^2 的正态密度函数, 显然 $\phi(\cdot; 0, 1) = \phi(\cdot)$, 正态密度函数不过是标准正态密度函数的一个平移和线性收缩, 它们的形状是一样的. 参数 μ 是函数图像的中心, 图像关于直线 $x = \mu$ 对称, σ^2 大小决定了图像的集中程度, 函数的最大值是 $\frac{1}{\sqrt{2\pi}\sigma}$, σ^2 越大, 图像越是平坦, 反之 σ^2 越小, 图像越是向中心集中. 它的图像看起来像钟的形状, 有时也称为钟形分布, 见两个附图.

如果随机变量 ξ 的密度函数是 $\phi(\cdot; \mu, \sigma^2)$, 即对任何 x,

$$\mathbb{P}(\xi \le x) = \int_{-\infty}^{x} \frac{1}{\sqrt{2\pi}\sigma} e^{-\frac{(t-\mu)^2}{2\sigma^2}} dt,$$

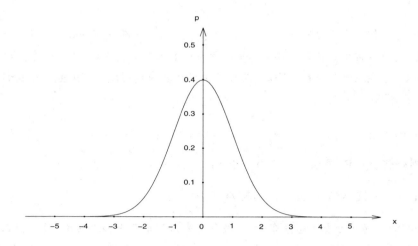

图 5.1: 标准正态分布密度函数

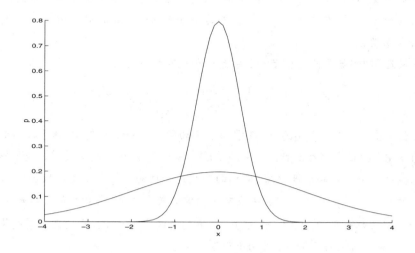

图 5.2: $N(0,4)$ 和 $N(0,\frac{1}{4})$ 密度的图象

那么我们说 ξ 服从参数为 μ, σ^2 的正态 (或 Gauss) 分布, 简单记为 $\xi \sim N(\mu, \sigma^2)$. 按这个记号, $N(0,1)$ 就是标准正态分布. 很多现象被认为是服从正态分布的, 如人的身高、考试成绩、测量的误差, 等等.

如果 $\xi \sim N(\mu, \sigma^2)$, 那么 $\dfrac{\xi - \mu}{\sigma} \sim N(0,1)$. 事实上, 作个积分变量替换:

$$\mathbb{P}(\frac{\xi - \mu}{\sigma} \le x) = \mathbb{P}(\xi \le \sigma x + \mu)$$
$$= \int_{-\infty}^{\sigma x + \mu} \frac{1}{\sqrt{2\pi}\sigma} e^{-\frac{(t-\mu)^2}{2\sigma^2}} dt$$
$$= \int_{-\infty}^{x} \frac{1}{\sqrt{2\pi}} e^{-\frac{1}{2}t^2} dt.$$

因此我们可以用标准正态分布来表示 ξ 的分布函数 F 如下:

$$F(x) = \mathbb{P}(\xi \le x) = \mathbb{P}(\frac{\xi - \mu}{\sigma} \le \frac{x - \mu}{\sigma}) = \Phi(\frac{x - \mu}{\sigma}).$$

也可以查正态分布表来得到其近似数值.

关于正态分布的计算: 设 $\xi \sim N(\mu, \sigma^2)$, 则

$$\mathbb{P}(a < \xi < b) = \Phi(\frac{b - \mu}{\sigma}) - \Phi(\frac{a - \mu}{\sigma}).$$

如果 $\alpha \in (0,1)$, $\mathbb{P}(\xi < c) = \alpha$, 怎么算 c? 同样的道理, $\Phi(\dfrac{c - \mu}{\sigma}) = \alpha$, 因此 $c = \sigma \cdot \Phi^{-1}(\alpha) + \mu$.

最后让我们来计算正态分布的随机变量 ξ 的期望和方差. 让我们先设 ξ 是标准正态分布的, 标准正态密度函数 ϕ 是偶函数, 因此

$$\mathbb{E}\xi = \int_{-\infty}^{+\infty} x\phi(x)dx = 0,$$

而方差的计算也简单, 用分部积分公式, 有

$$D\xi = \mathbb{E}\xi^2 = \int_{-\infty}^{+\infty} \frac{1}{\sqrt{2\pi}} x^2 e^{-\frac{1}{2}x^2} dx = -\int_{-\infty}^{+\infty} \frac{1}{2\pi} x d e^{-\frac{1}{2}x^2}$$
$$= \frac{1}{2\pi} \int_{-\infty}^{+\infty} e^{-\frac{1}{2}x^2} dx = 1.$$

期望是 0 而方差是 1. 一般地, 设 $\xi \sim N(\mu, \sigma^2)$, 那么 $\dfrac{\xi - \mu}{\sigma}$ 是标准正态分布的, 因此

$$\mathbb{E}\frac{\xi - \mu}{\sigma} = 0, \ D\frac{\xi - \mu}{\sigma} = 1,$$

由期望和方差的性质推出 $\mathbb{E}\xi = \mu$ 和 $D\xi = \sigma^2$. 也就是说两个参数恰好是期望与方差, 这也符合我们上面对于图像的描述.

　　另一个重要的分布是下面的指数分布, 指数分布也是直接用密度函数来定义的, 它经常近似地描述各种寿命的分布.

例 5.3.3　(指数分布) 设 $\alpha > 0$, 那么函数

$$f(x) = \begin{cases} \alpha e^{-\alpha x}, & x > 0, \\ 0, & x \leq 0 \end{cases}$$

也是一个密度函数, 它对应的分布函数为

$$F(x) = \begin{cases} 1 - e^{-\alpha x}, & x > 0, \\ 0, & x \leq 0, \end{cases}$$

称为参数为 α 的指数分布. 分布函数是参数为 α 的指数分布的随机变量称为服从参数为 α 的指数分布. 指数分布通常用来描述寿命, 如某个产品的寿命, 或者药品的残留量等. 因为对任何 $x \in \mathbf{R}$, $\mathbb{P}(\xi > x) = e^{-\alpha x}$, 故指数分布的随机变量 ξ 具有下面的遗忘性: 对任何 $x, y > 0$, 有

$$\mathbb{P}(\xi > x + y | \xi > x) = \mathbb{P}(\xi > y).$$

证明很简单, 因为 $\mathbb{P}(\xi > x) = e^{-\alpha x}$ 是个指数函数.

　　也容易计算指数分布随机变量的数学期望和方差.

$$\mathbb{E}\xi = \int_0^\infty x\alpha e^{-\alpha x}dx = -\int_0^\infty xde^{-\alpha x} = \int_0^\infty e^{-\alpha x}dx = \frac{1}{\alpha}.$$

类似地, 有

$$\mathbb{E}\xi^2 = \int_0^\infty x^2\alpha e^{-\alpha x}dx = \frac{2}{\alpha^2},$$

因此方差 $D\xi = \mathbb{E}\xi^2 - (\mathbb{E}\xi)^2 = \frac{1}{\alpha^2}$.

　　还有许多其他有用的分布.

例 5.3.4　(Γ 分布) 对任何 $r > 0$, $\alpha > 0$, 函数

$$y = \begin{cases} x^{r-1}e^{-\alpha x}, & x > 0, \\ 0, & x \leq 0 \end{cases}$$

是一个可积函数. 利用 Γ 函数的记号记

$$\Gamma(r) := \int_0^\infty x^{r-1} \mathrm{e}^{-x} dx.$$

那么

$$\int_0^\infty x^{r-1} \mathrm{e}^{-\alpha x} dx = \alpha^{-r} \Gamma(r),$$

且由分部积分法容易推出 $\Gamma(r+1) = r\Gamma(r)$, $\Gamma(1) = 1$. 因此

$$y = \begin{cases} \dfrac{\alpha^r}{\Gamma(r)} x^{r-1} \mathrm{e}^{-\alpha x}, & x > 0, \\ 0, & x \le 0 \end{cases}$$

是一个密度函数, 对应的分布称为参数为 r, α 的 Γ 分布, 或者写 $\Gamma(r, \alpha)$. 参数为 α 的指数分布就是 $\Gamma(1, \alpha)$ 分布.

现在设 ξ 是 $\Gamma(r, \alpha)$ 分布的. 那么

$$\mathbb{E}\xi = \int_0^\infty x \frac{\alpha^r}{\Gamma(r)} x^{r-1} \mathrm{e}^{-\alpha x} dx = \frac{\alpha^r \Gamma(r+1)}{\alpha^{r+1} \Gamma(r)} = \frac{r}{\alpha},$$

$$\mathbb{E}\xi^2 = \int_0^\infty x^2 \frac{\alpha^r}{\Gamma(r)} x^{r-1} \mathrm{e}^{-\alpha x} dx = \frac{\alpha^r}{\Gamma(r)} \cdot \frac{\Gamma(r+2)}{\alpha^{r+2}} = \frac{r(r+1)}{\alpha^2},$$

$$D\xi = \mathbb{E}\xi^2 - (\mathbb{E}\xi)^2 = \frac{r}{\alpha^2}.$$

下面我们会看到 Γ 分布的用处. ∎

由定理 5.1.2, 如果 f 是连续函数或 Borel 可测函数, ξ 是随机变量, 那么 $f(\xi)$ 仍然是一个随机变量. 也就是说随机变量的函数通常是随机变量, 由这种方法可以导出许多新的随机变量, 那么怎么来算随机变量函数的分布或者密度呢? 实际上, 这涉及概率 $\mathbb{P}(f(\xi) \le x) = \mathbb{P}(\xi \in f^{-1}((-\infty, x]))$ 的计算, 在函数 f 具体给出时, 这个概率不难计算, 然后将右边作为 x 的函数求导得到密度函数.

例 5.3.5 设 ξ 服从标准正态分布, 求 ξ^2 的分布. 显然 ξ^2 取非负值, 因此分布函数在负轴上为 0, 而对任何 $x > 0$, 分布函数

$$\mathbb{P}(\xi^2 \le x) = \mathbb{P}(\xi \in [-\sqrt{x}, \sqrt{x}]) = 2 \int_0^{\sqrt{x}} \frac{1}{\sqrt{2\pi}} \mathrm{e}^{-\frac{1}{2}t^2} dt.$$

对 x 求导, 得 ξ^2 的密度函数在正轴上为

$$2 \frac{1}{\sqrt{2\pi}} \mathrm{e}^{-\frac{x}{2}} \frac{1}{2\sqrt{x}} = \frac{1}{\sqrt{2\pi x}} \mathrm{e}^{-\frac{x}{2}}.$$

这是 $\Gamma(\frac{1}{2}, \frac{1}{2})$ 分布. 这里也说明 $\Gamma(\frac{1}{2}) = \sqrt{\pi}$. ∎

例 5.3.6 再回到 Bertrand 奇论, 例 1.4.2. 按 (1) 的做法, 取定 A 点, 然后随机地取点 B, 令 ξ 是 OA 依逆时针到 OB 的夹角, 那么随机性说明 ξ 服从 $[0, 2\pi)$ 上的均匀分布. 弦 AB 到 O 点的距离是 $\eta = |\sin\dfrac{\pi - \xi}{2}| = |\cos\dfrac{\xi}{2}|$, 它是一个随机变量. 我们来算它的分布函数和密度函数. 因为 $\eta \in [0, 1]$, 故取 $x \in [0, 1]$,

$$
\begin{aligned}
F_\eta(x) &= \mathbb{P}(\eta \le x) = \mathbb{P}(-x \le \cos\frac{\xi}{2} \le x) \\
&= \mathbb{P}(2\arccos x \le \xi \le 2\arccos(-x)) \\
&= \frac{1}{\pi}(\arccos(-x) - \arccos x) = \frac{1}{\pi}(\pi - 2\arccos x).
\end{aligned}
$$

其密度函数是

$$
f_\eta(x) = \begin{cases} \dfrac{2}{\pi}\dfrac{1}{\sqrt{1 - x^2}}, & x \in [0, 1], \\ 0, & x \notin [0, 1]. \end{cases}
$$

显然 η 不是均匀分布的. 读者应该再读读 §1.1 中的有关连续型概率的例子, 相信会理解得更加透彻. ∎

例 5.3.7 考虑 $\mathbf{R}^2$. 取过点 $P(0, a)$, $a > 0$ 的非水平的直线 l, 设它与垂直轴的有向夹角为 θ, 与水平轴交点的 x 坐标为 ξ, 那么 $\theta \in (-\dfrac{\pi}{2}, \dfrac{\pi}{2})$, $\xi \in \mathbf{R}$. 若 θ 是均匀分布的, 求 ξ 的分布. 可以把 l 看成是固定在 P 点的手电筒所射出的光线照射在地面上.

两者的关系是 $\xi = a\tan\theta$. 因此

$$
\mathbb{P}(\xi \le x) = \mathbb{P}(\theta \le \arctan\frac{x}{a}) = \frac{1}{\pi}(\arctan\frac{x}{a} + \frac{\pi}{2}),
$$

求导得到 ξ 的密度函数是

$$
f_\xi(x) = \frac{1}{\pi} \cdot \frac{a}{x^2 + a^2}, \quad x \in \mathbf{R}.
$$

这个分布称为是参数为 a 的 Cauchy 分布, $a = 1$ 时就称为 Cauchy 分布, 它的形状与正态分布类似. 注意 Cauchy 分布的密度函数虽然是偶函数, 但是服从 Cauchy 分布的随机变量的期望不存在, 因为 $\displaystyle\int_{\mathbf{R}} \frac{|x|}{x^2 + a^2}dx = \infty$. 当然方差也不存在. ∎

例 5.3.8 设 ξ 服从标准正态分布, $a \in \mathbf{R}$, 计算期望 $\mathbb{E}e^{a\xi}$. 由期望公式直接计算,

$$
\begin{aligned}
\mathbb{E}e^{a\xi} &= \int_{\mathbf{R}} e^{ax} \cdot \frac{1}{\sqrt{2\pi}} e^{-\frac{1}{2}x^2} dx \\
&= \frac{1}{\sqrt{2\pi}} \int_{\mathbf{R}} e^{-\frac{1}{2}(x^2 - 2ax)} dx
\end{aligned}
$$

$$= \frac{1}{\sqrt{2\pi}} \int_{\mathbf{R}} e^{-\frac{1}{2}(x-a)^2} e^{\frac{1}{2}a^2} dx$$
$$= e^{\frac{1}{2}a^2}.$$

由 Taylor 展开, 得

$$\mathbb{E} \sum_{n \geq 0} \frac{(a\xi)^n}{n!} = \sum_{n \geq 0} \frac{a^{2n}}{2^n n!},$$

比较两边 a^{2n} 的系数, 得 $\mathbb{E}\xi^{2n} = \frac{(2n)!}{2^n n!} = (2n-1)!!.$

设 $i = \sqrt{-1}$, 那么

$$\mathbb{E}[e^{ia\xi}] = \mathbb{E}\left[\sum_{n \geq 0} \frac{(ia\xi)^n}{n!}\right]$$
$$= \sum_{n \geq 0} \frac{(-1)^n a^{2n} \mathbb{E}\xi^{2n}}{(2n)!}$$
$$= \sum_{n \geq 0} \frac{(-1)^n a^{2n}}{2^n n!} = e^{-\frac{a^2}{2}},$$

或者说

$$\int_{\mathbf{R}} e^{iax} \frac{1}{\sqrt{2\pi}} e^{-\frac{1}{2}x^2} dx = e^{-\frac{1}{2}a^2}.$$

熟悉 Fourier 分析的同学可以看出这说明标准正态分布的密度函数是 Fourier 变换的不动点. 这也许可以部分地说明为什么中心极限定理的极限是标准正态分布. ∎

附录 5.3.1 (分布函数的结构) 如果读者已经学过实分析, 那么一个显然的事实是分布函数 F 的不连续点至多是可数的. 设其不连续点集为 A, 如果 A 不空, 定义

$$F_d := \sum_{a \in A} [F(a) - F(a-)] 1_{[a,\infty)}.$$

F_d 是一个离散的递增右连续函数, 其不连续点与 F 的一致, 在不连续点的跳度也与 F 的跳度一致, 因此容易验证 $F_c := F - F_d$ 是连续递增的. 递增函数几乎处处可导, 显然 $F_d' = 0$ a.e., 定义 $\phi := F'$. 那么 $F_c' = \phi$ a.e.. 定义 $F_a(x) := \int_{-\infty}^{x} \phi(t)dt$, $F_s := F_c - F_a$. 那么 F_a 是绝对连续的递增函数, F_s 是递增奇异函数, 即连续但导数几乎处处是 0. 因此有下面的分解, 而且是唯一的:

$$F = F_a + F_s + F_d,$$

被称为 Lebesgue 分解. 由此可以看到除离散型与连续型外还有奇异的分布函数, 典型的例子就是经典的 Cantor 函数.

<h1 style="text-align:center">习　题</h1>

1. 证明: $\mathscr{B} = \sigma(\{(-\infty, x]: x \in \mathbb{Q}\})$.

2. 设 ξ 是 Ω 上的函数, $\mathscr{A}$ 是 $\mathbf{R}$ 的子集类, 证明: $\xi^{-1}(\sigma(\mathscr{A})) = \sigma(\xi^{-1}(\mathscr{A}))$.

3. 设 $A_1, A_2, \cdots, A_n, \cdots$ 是独立事件序列, $A := \overline{\lim} A_n$, 证明:

    (a) 对任何 n, $A, A_1, \cdots, A_n$ 独立;

    (b) A 与自己独立.

4. 设 $(\Omega, \mathscr{F}, \mathbb{P})$ 是概率空间, ξ 是随机变量, 对任何 $B \in \mathscr{B}(\mathbf{R})$, 定义 $\mu(B) := \mathbb{P}(\xi \in B)$, 证明: $(\mathbf{R}, \mathscr{B}(\mathbf{R}), \mu)$ 也是概率空间. 它称为是 ξ 的像概率空间. 概率 μ 与 ξ 的分布函数是什么关系?

5. 设 ξ, η 是 Ω 上函数, 如果 η 是关于 $\sigma(\xi)$ 可测的随机变量, 那么存在 $\mathbf{R}$ 上 Borel 可测函数 f 使得 $\eta = f(\xi)$.

6. 设 $(\Omega, \mathscr{F}, \mathbb{P})$ 是概率空间, 用 $\mathscr{N}$ 表示 $\mathscr{F}$ 的零概率集的子集全体, 即 $N \in \mathscr{N}$ 当且仅当存在 $N_0 \in \mathscr{F}$, 满足 $N \subset N_0$ 且 $\mathbb{P}(N_0) = 0$. 证明: $\{A \cup N : A \in \mathscr{F}, N \in \mathscr{N}\}$ 是 σ-域.

7. 设 ξ 是密度为 f 的连续性随机变量, ϕ 是可导函数, 且 ϕ' 严格正 (或负). 那么 $\phi(\xi)$ 也是连续型随机变量, 密度函数是

$$x \mapsto f(\phi^{-1}(x)) \cdot \frac{d\phi^{-1}(x)}{dx}.$$

举例说明如果 ϕ 仅是递增且可导的, 那么 $\phi(\xi)$ 未必是连续型的. 问如果 ϕ 是严格递增且可导的, 结论将是怎么样的?

8. 设 ξ 的密度函数是

$$f(x) = \begin{cases} a + bx^2, & x \in [0, 1], \\ 0, & x \notin [0, 1]. \end{cases}$$

如果 $\mathbb{E}\xi = \dfrac{3}{5}$, 求 a, b.

9. 证明: 如果随机变量 ξ 可积, 则

   (a) $\lim_{y \to +\infty} y\mathbb{P}(\xi > y) = 0$;

   (b)
   $$\mathbb{E}\xi = \int_0^\infty \mathbb{P}(\xi > y)dy - \int_0^\infty \mathbb{P}(\xi < -y)dy.$$

10. 证明: 如果 ξ 是非负随机变量, 那么
    $$\mathbb{E}\xi^n = \int_0^\infty nx^{n-1}\mathbb{P}(\xi > x)dx.$$

11. 设 ξ 是标准正态分布的, 对 $\alpha \in (0,1)$, z_α 是标准正态分布的 α- 分位点. 证明:
    $$\inf\{y - x:\ \mathbb{P}(x < \xi < y) = 1 - \alpha\} = 2z_{\frac{\alpha}{2}}.$$

12. 设 Φ 是标准正态分布函数. 证明:
    $$(\frac{1}{x} - \frac{1}{x^3})\mathrm{e}^{-\frac{1}{2}x^2} < \sqrt{2\pi}(1 - \Phi(x)) < \frac{1}{x}\mathrm{e}^{-\frac{1}{2}x^2},\ x > 0.$$

13. 设 X 服从标准正态分布, $a > 0$. 证明:
    $$\lim_{x \to +\infty} \mathbb{P}(X > x + \frac{a}{x}|X > x) = \mathrm{e}^{-a}.$$

14. 设 U 服从 $[0,1]$ 上均匀分布.

    (a) 求 $X = [nU] + 1$ 的分布;

    (b) 求 $X = [\frac{\log U}{\log q}] + 1$ 的分布, 其中 $0 < q < 1$.

15. 如果 X 服从参数为 λ 的 Poisson 分布, $Y \sim \Gamma(r,1)$, 那么对 $r = 1, 2, \cdots$, 有 $\mathbb{P}(X \geq r) = \mathbb{P}(Y \leq \lambda)$.

16. 在单位圆周上固定点 A, 然后在圆周上任取点 B,

    (a) 求弦 AB 长度的分布与期望;

    (b) 求弦 AB 与 A 点切线间夹角的分布.

17. 设 X 是 Cauchy 分布, 证明: $1/X$ 也是 Cauchy 分布的.

18. 设随机变量 ξ 的分布函数 F 连续, 期望存在为 μ. 证明:

$$\int_{-\infty}^{a} F(x)dx = \int_{a}^{+\infty} (1 - F(x))dx$$

当且仅当 $a = \mu$.

19. 设 ξ 服从参数为 $\alpha > 0$ 的指数分布, 求 $\eta = [\xi]$ 的分布 (其中 $[x]$ 表示 x 的整数部分).

20. 设 F 是分布函数. 证明: $\lim\limits_{x \to +\infty} x \int_{x}^{+\infty} \dfrac{1}{y} dF(y) = 0$.

21. 设 F 是分布函数, $a > 0$. 证明:

$$\int_{-\infty}^{+\infty} (F(x+a) - F(x))dx = a.$$

22. 设 ξ 服从参数为 α 的指数分布, 计算期望 $\mathbb{E}\sin\xi$.

23. 设 ξ 可积, 分布函数连续. 证明: 函数 $x \mapsto \mathbb{E}|\xi - x|$ 达到最小值且若它在 $x = m$ 处达到最小值, 那么 $\mathbb{P}(\xi \le m) = 1/2$.

第六章　随机向量

本章的内容和上一章的内容类似, 只有维数的区别. 上一章说的是一个随机变量的情况, 本章将介绍定义在同一个概率空间上的有限多个随机变量所组成的随机向量, 随机向量除了关注单个随机变量外还关注随机变量之间的关系. 无限多个随机变量的领域就是随机过程.

6.1　随机向量及联合分布

这节主要介绍随机向量的一些概念和方法, 用到多元函数微积分的知识. 随机向量与随机变量没有本质的区别, 它是取值在 $\mathbf{R}^n$ 上的随机变量, 或者说定义在同一个概率空间上的多个随机变量的有序组 $X = (\xi_1, \cdots, \xi_n)$, 也称为 n- 维随机变量. 从理论上讲, 随机向量与随机变量没有什么不同, 因此这节内容主要是由一些具体的例子组成, 读者应该从这些例子中体会所用的方法. 随机向量的联合分布函数是 $\mathbf{R}^n$ 上的函数

$$F_X(x_1, \cdots, x_n) = \mathbb{P}(\xi_1 \le x_1, \cdots, \xi_n \le x_n).$$

和一维情况一样可以推出它的一些性质, 如单调性等, 但我们不想在这里详细讨论. 如果 ϕ 是 $\mathbf{R}^n$ 上连续函数且 $\phi(X)$ 可积, 那么和定理 4.2.2 类似, 有

$$\mathbb{E}\phi(X) = \int_{\mathbf{R}^n} \phi(x_1, \cdots, x_n) d_n F(x_1, \cdots, x_n), \tag{6.1.1}$$

其中符号 d_n 表示 n- 维的 Riemann-Stieltjes 积分. 从联合分布函数很容易得到各随机变量的分布函数, 即 ξ_i 的分布函数 F_{ξ_i} 称为是 X 的一个边缘分布:

$$F_{\xi_i}(x) = F_X(\infty, \cdots, x, \cdots, \infty),$$

上式右端表示将 x_i 用 x 代替, 让其他变量趋于 ∞. 但一般地, 边缘分布不能决定联合分布, 除非在这些随机变量独立的情况下, 这时对任何 $(x_1, \cdots, x_n) \in \mathbf{R}^n$,

$$F_X(x_1, \cdots, x_n) = F_{\xi_1}(x_1) \cdots F_{\xi_n}(x_n),$$

也就是说, 联合分布由边缘分布决定.

如果一个概率空间上有多个随机变量, 我们自然要研究它们之间的关系. 第一个描述关系的量是协方差. 如果 ξ, η 是两个随机变量, 那么它们之间的协方差定义为

$$\mathrm{cov}(\xi, \eta) := \mathbb{E}[(\xi - \mathbb{E}\xi)(\eta - \mathbb{E}\eta)] = \mathbb{E}\xi\eta - \mathbb{E}\xi \cdot \mathbb{E}\eta.$$

显然, $\mathrm{cov}(\xi, \eta) = 0$ 当且仅当两者不相关. 由定义容易推出:

(1) $\mathrm{cov}(\xi, \xi) = D\xi \geq 0$;

(2) $\mathrm{cov}(\xi, \eta) = \mathrm{cov}(\eta, \xi)$;

(3) $\mathrm{cov}(c_1\xi_1 + c_2\xi_2, \eta) = c_1\mathrm{cov}(\xi_1, \eta) + c_2\mathrm{cov}(\xi_2, \eta)$.

第二个描述关系的量是标准化后的协方差, 也就是相关系数. 定义

$$\rho(\xi, \eta) := \frac{\mathrm{cov}(\xi, \eta)}{\sqrt{D\xi \cdot D\eta}},$$

称为是两者的相关系数. 习惯地, 当分母为零时, 此值定义为 1. 由 Cauchy-Schwarz 不等式, $|\rho(\xi, \eta)| \leq 1$. 相关系数体现随机变量之间的线性关系, 我们说随机变量 ξ, η 是线性相关的, 如果存在常数 c 与不全为零的常数 a, b, 使得

$$\mathbb{P}(a\xi + b\eta = c) = 1.$$

实际上, $|\rho(\xi, \eta)| = 1$ 当且仅当 ξ 与 η 是线性相关的 (见习题).

第三个描述关系的量是协方差矩阵. 对于随机向量 $X = (\xi_1, \cdots, \xi_n)$, 协方差 $\mathrm{cov}(\xi_i, \xi_j)$ 作为第 i 行 j 列的元素组成的 n 阶方阵称为是 X 的协方差矩阵, 即

$$\mathbb{E}[X^{\mathsf{T}}X] - (\mathbb{E}X)^{\mathsf{T}}(\mathbb{E}X),$$

其中期望 $\mathbb{E}$ 理解为对每个元素求期望所得到的矩阵.

引理 6.1.1 协方差矩阵是对称非负定矩阵.

事实上, 只要验证对任何 $(x_1, \cdots, x_n) \in \mathbf{R}^n$,

$$\sum_{i,j} x_i \mathrm{cov}(\xi_i, \xi_j) x_j \geq 0$$

就足够了. 而由协方差的性质,

$$\sum_{i,j} x_i \mathrm{cov}(\xi_i, \xi_j) x_j = D\left(\sum_i x_i \xi_i\right) \geq 0.$$

当 $n = 2$ 时, 协方差矩阵退化当且仅当相关系数 $|\rho| = 1$, 即等价于随机变量线性相关. 更一般地 (见习题), 协方差矩阵退化当且仅当线性相关, 即存在非零 (行) 向量 $a \in \mathbf{R}^n$ 与常数 b 使得

$$\mathbb{P}(aX^{\mathsf{T}} = b) = 1.$$

在本节中, 我们不准备具体讨论一般的多维分布函数的定义及其性质, 而集中讨论具有密度函数的情况. 类似于连续型随机变量的定义, 我们引入连续型随机向量. 设有随机向量 $X = (\xi_1, \cdots, \xi_n)$, 如果存在 $\mathbf{R}^n$ 上的非负可积函数 f, 使得对任何 $x_1, \cdots, x_n$, 则

$$\begin{aligned} F_X(x_1, \cdots, x_n) &= \mathbb{P}(\xi_1 \leq x_1, \cdots, \xi_n \leq x_n) \\ &= \int_{-\infty}^{x_1} \cdots \int_{-\infty}^{x_n} f(t_1, \cdots, t_n) dt_1 \cdots dt_n, \end{aligned}$$

那么 X 和对应的分布函数称为是连续型的, f 称为是它们的联合密度函数. 反之, 也容易看出, 一个函数是 (某个随机向量的) 联合密度函数当且仅当它非负且积分等于 1. 上式等价于对任何区域 (连通开集) $D \subset \mathbf{R}^n$, 有

$$\mathbb{P}(X \in D) = \int \cdots \int_{(x_1, \cdots, x_n) \in D} f(x_1, \cdots, x_n) dx_1 \cdots dx_n. \tag{6.1.2}$$

这里的等价性有一个直观证明, 就是证明任何一个区域或开集可以表示为可列个互不相交 (左开右闭) 矩形的并. 另外, 分布函数求偏导数就是密度函数 (几乎处处的意义):

$$f(x_1, \cdots, x_n) = \frac{\partial^n F_X}{\partial x_1 \cdots \partial x_n}.$$

我们类似可以证明下面的期望计算公式: 设 ϕ 是 $\mathbf{R}^n$ 上连续函数, 那么

$$\mathbb{E}[\phi(X)] = \int_{-\infty}^{+\infty} \cdots \int_{-\infty}^{+\infty} \phi(x_1, \cdots, x_n) f(x_1, \cdots, x_n) dx_1 \cdots dx_n,$$

这个公式同样对分块连续函数也成立. 这节没有许多理论要介绍, 中心点就是讲述怎样使用上面这些公式来解决问题, 而且要注意的是我们是通过许多典型例子来讲述的, 读者也要通过例子来体会.

显然, n 个随机变量 $\xi_1, \cdots, \xi_n$ 之间有两种平凡的关系, 一种是独立. 它们独立当且仅当它们的联合分布函数是个体分布函数的乘积:

$$F(x_1, x_2, \cdots, x_n) = F_{\xi_1}(x_1) F_{\xi_2}(x_2) \cdots F_{\xi_n}(x_n).$$

如果个体的随机变量都有密度函数, 那么这相当于联合密度

$$f(x_1, \cdots, x_n) = f_{\xi_1}(x_1) \cdots f_{\xi_n}(x_n), \quad (x_1, \cdots, x_n) \in \mathbf{R}^n.$$

另外一种关系是它们都相等, $\xi_1 = \cdots = \xi_n$, 这时 $X = (\xi_1, \cdots, \xi_n)$ 的联合分布函数是

$$F_{\mathbf{X}}(x_1, x_2, \cdots, x_n) = F(x_1 \wedge x_2 \wedge \cdots \wedge x_n),$$

其中 F 是 ξ_1 的分布函数.

例 6.1.1　先算一个简单的概率, 设 X_1, X_2, X_3 独立且服从参数 1 的指数分布, 求 X_3 是三个数中最大的概率, 即 $\mathbb{P}(X_3 > X_2, X_3 > X_1)$. 首先要注意因为随机变量是连续型并且独立, 故其中任何两个相等的概率一定是零. 由公式 (6.1.2), 有

$$
\begin{aligned}
\mathbb{P}(X_3 > X_2, X_3 > X_1) &= \int_{x_3 > x_2, x_3 > x_1} \mathrm{e}^{-x_1 - x_2 - x_3} dx_1 dx_2 dx_3 \\
&= \int_0^\infty \mathrm{e}^{-x_3} (1 - \mathrm{e}^{-x_3})^2 dx_3 \\
&= \int_0^\infty (\mathrm{e}^{-x} - 2\mathrm{e}^{-2x} + \mathrm{e}^{-3x}) dx = \frac{1}{3}.
\end{aligned}
$$

但利用对称性可以不必计算就得到答案. 因为三个随机变量是独立同分布的, 所以任何一个是最大的概率应该是一样的. 又因为它们不会互相相等 (相等的概率是零), 故 $\{X_i$ 是三个数中最大$\}, 1 \le i \le 3$ 这三个事件互不相交, 因此上面所求的概率是 $\frac{1}{3}$, 而且这和它们服从什么样的分布没有关系, 但它们是连续型这个条件是关键的, 它保证随机变量不会相等 (见习题 1). 比如说如果它们分别是掷三次硬币的正面数, 那么 $\mathbb{P}(X_3 > X_2 \vee X_1) = \frac{1}{8}$. 注意在解题时利用对称性经常能够使计算变得简单很多.

6.2 均匀分布与正态分布

先介绍多维均匀分布和正态分布, 它们容易理解并且也很有用. 均匀分布是最基本最常见的多维分布, 取值在某个有界区域 Ω 上的随机向量落在其子区域中的概率与该子区域的体积成比例.

例 6.2.1 设 D 是 $\mathbf{R}^n$ 的一个有界区域, 用 $|D|$ 表示区域的体积. 如果随机向量 X 满足

$$\mathbb{P}(X \in A) = \frac{|A \cap D|}{|D|},$$

即落在其中区域 A 的概率与其大小成正比. 我们说它均匀分布在区域 D 上. 它的密度函数是

$$f = \frac{1}{|D|} 1_D.$$

容易证明分量独立当且仅当 D 是一个标准的矩形区域, 即存在 $a_1 < b_1, \cdots, a_n < b_n$, 使得

$$D = (a_1, b_1) \times \cdots \times (a_n, b_n).$$

这时 ξ_i 是 (a_i, b_i) 上的均匀分布. ∎

接着我们考察指数函数

$$f(x) = \exp\left\{ -\frac{1}{2} x A^{-1} x^{\mathsf{T}} \right\},$$

其中 $x \in \mathbf{R}^n$, A 是对称矩阵, 显然 f 是严格正的, 而且 f 可积的充要条件是 A 是正定矩阵. 这时 f 的某个常数倍是一个密度函数.

设 A 是 n 阶对称正定矩阵, 让我们来计算

$$\int_{x \in \mathbf{R}^n} \exp\left\{ -\frac{1}{2} x A^{-1} x^{\mathsf{T}} \right\} dx,$$

这里向量或者矩阵右上角的 T 表示转置. 因为 A 对称正定当且仅当 A^{-1} 对称正定, 所以在上面密度函数中使用 A^{-1} 没有特别的用意, 目的只是为了在 $n = 1$ 时与原来的记号和谐 (即 $A = \sigma^2$). 存在对称正定矩阵 $B = (b_{i,j})$ 使得 $B^2 = A$, 那么 $A^{-1} = (B^{-1})^2$. 作变量替换 $y = xB^{-1}$, 那么 $dx = |B| dy$,

$$\int_{x \in \mathbf{R}^n} \exp\left(-\frac{1}{2} x A^{-1} x^{\mathsf{T}} \right) dx$$
$$= \int_{y \in \mathbf{R}^n} \exp\left(-\frac{1}{2} y y^{\mathsf{T}} \right) |B| dy$$

$$= \sqrt{|A|} \int_{-\infty}^{+\infty} \cdots \int_{-\infty}^{+\infty} \exp\left(-\frac{1}{2}\sum_{i=1}^{n} y_i^2 \, dy_1 \cdots dy_n\right)$$

$$= \sqrt{|A|}(\sqrt{2\pi})^n.$$

因此推出函数

$$\frac{1}{\sqrt{|A|}(\sqrt{2\pi})^n} \exp\left(-\frac{1}{2}xA^{-1}x^{\mathrm{T}}\right), \; x \in \mathbf{R}^n$$

是一个密度函数.

定义 6.2.1 如果 $a \in \mathbf{R}^n$, A 对称正定, 那么函数

$$\frac{1}{\sqrt{|A|}(\sqrt{2\pi})^n} \exp\left(-\frac{1}{2}(x-a)A^{-1}(x^{\mathrm{T}}-a^{\mathrm{T}})\right), \; x \in \mathbf{R}^n,$$

称为是 (参数为 a, A 的) n 维正态密度函数. 密度为如上正态密度函数的随机向量 X 被称为服从参数为 a, A 的正态分布, 记为 $X \sim N(a, A)$.

注意, 其中的参数矩阵 A 在密度中以逆矩阵 A^{-1} 出现, 好处是这样写导致其协方差矩阵恰好是 A, 另外也提醒读者这里的 A 必须是可逆的. 不难验证, 一个随机向量是正态分布的当且仅当其密度函数为 $C \cdot \exp(-\phi(x))$, 其中 C 是常数, ϕ 是具有唯一最小值的二次函数. 当 $a = 0$ 时, 该分布称为中心化正态分布. 再如果 A 是单位矩阵, 那么该分布称为是标准正态分布. 显然, 若 $X \sim N(a, A)$, 则 $(X-a)B^{-1}$ 是标准正态的. 首先给出正态分布的一个重要性质.

引理 6.2.1 正态分布随机向量的任何多个分量组成的随机向量仍然是正态分布的.

证明简略地说明如下, 细节留给读者自己验证. 设 $X = (\xi_1, \cdots, \xi_n)$ 是如上正态分布的. 密度函数 f_X 如上, 不妨设 $a = 0$. 只要证明 $Y = (\xi_2, \cdots, \xi_n)$ 是正态分布就够了. 实际上, Y 的联合密度函数是 f_X 关于 x_1 积分后得到的函数. 因为二次型 $xA^{-1}x^{\mathrm{T}}$ 可以表示为 $(x_1 - b \cdot y)^2 + yA_0y^{\mathrm{T}}$, 其中 $b \in \mathbf{R}^{n-1}$, A_0 是 $n-1$ 阶的对称正定矩阵, $y = (x_2, \cdots, x_n)$, 所以 f_X 关于 x_1 积分之后得到的函数是 y 的正态密度函数.

现在让我们来计算分量的期望和方差. 如果 X 是中心化的, 那么 $x_i f_X$ 是中心对称的, 故

$$\mathbb{E}\xi_i = \int_{\mathbf{R}^n} x_i f_X(x) dx = 0.$$

如果 $X \sim N(a, A)$, 那么 $X - a$ 是中心化的, 因此 $\mathbb{E}\xi_i = a_i$. 再来算 X 的协方差矩阵. 显然 $X - a$ 和 X 有相同的协方差矩阵. 所以我们可以假设 X 是中心化

的. 显然当 X 是标准正态时, 它的协方差矩阵就是单位矩阵, 因为这时候 $\xi_1, \cdots, \xi_n$ 是独立且标准正态分布的. 一般地, 如上作变量替换, $y = xB^{-1}$, 或者 $x = yB$, $x_i = \sum_{k=1}^n y_k b_{i,k}$, 则

$$
\begin{aligned}
\operatorname{cov}(\xi_i, \xi_j) &= \frac{1}{\sqrt{|A|}(\sqrt{2\pi})^n} \int_{\mathbf{R}^n} x_i x_j \exp\left(-\frac{1}{2} x A^{-1} x^{\mathsf{T}}\right) dx \\
&= \frac{1}{(\sqrt{2\pi})^n} \int_{\mathbf{R}^n} \left(\sum_{k=1}^n \sum_{l=1}^n y_k b_{i,k} y_l b_{j,l}\right) \exp\left(-\frac{1}{2} y y^{\mathsf{T}}\right) dy \\
&= \frac{1}{(\sqrt{2\pi})^n} \sum_{k=1}^n \sum_{l=1}^n b_{i,k} b_{j,l} \int_{\mathbf{R}^n} y_k y_l \exp\left(-\frac{1}{2} y y^{\mathsf{T}}\right) dy \\
&= \sum_{k=1}^n \sum_{l=1}^n b_{i,k} b_{j,l} 1_{\{k=l\}} = \sum_{k=1}^n b_{i,k} b_{j,k} = a_{i,j},
\end{aligned}
$$

恰好是 A 的 i 行, j 列元素, 因此协方差矩阵恰好是矩阵 A. 用矩阵的语言, $Y = XB^{-1}$ 是标准正态分布的, 其协方差矩阵是单位矩阵, 故

$$
\mathbb{E} X^{\mathsf{T}} X = B \cdot \mathbb{E} Y^{\mathsf{T}} Y \cdot B = B^2 = A.
$$

这就是密度函数中使用 A 的逆矩阵的理由. 由此推出服从正态分布的随机向量 $(\xi_1, \cdots, \xi_n)$ 的分量独立当且仅当它们两两不相关, 也就是说其协方差阵是对角矩阵.

让我们看看 2 维正态分布. 设 (ξ_1, ξ_2) 服从正态分布, 那么它们分别服从正态分布, 设 $\xi_i \sim N(\mu_i, \sigma_i^2)$, $i = 1, 2$, 且设它们的相关系数是 ρ, 那么 $\operatorname{cov}(\xi_1, \xi_2) = \rho\sigma_1\sigma_2$ 且协方差矩阵为

$$
A = \begin{pmatrix} \sigma_1^2 & \rho\sigma_1\sigma_2 \\ \rho\sigma_1\sigma_2 & \sigma_2^2 \end{pmatrix}.
$$

因此

$$
\begin{aligned}
A^{-1} &= \frac{1}{(1-\rho^2)\sigma_1^2\sigma_2^2} \begin{pmatrix} \sigma_2^2 & -\rho\sigma_1\sigma_2 \\ -\rho\sigma_1\sigma_2 & \sigma_1^2 \end{pmatrix} \\
&= \frac{1}{(1-\rho^2)} \begin{pmatrix} \frac{1}{\sigma_1^2} & -\frac{\rho}{\sigma_1\sigma_2} \\ -\frac{\rho}{\sigma_1\sigma_2} & \frac{1}{\sigma_2^2} \end{pmatrix},
\end{aligned}
$$

按照定义, 联合密度函数为

$$
f(x_1, x_2) = \frac{1}{2\pi\sqrt{1-\rho^2}\sigma_1\sigma_2} \cdot \exp\left\{-\frac{1}{2(1-\rho^2)}\left(y_1^2 - 2\rho y_1 y_2 + y_2^2\right)\right\},
$$

其中 $y_1 = \dfrac{x_1 - \mu_1}{\sigma_1}, y_2 = \dfrac{x_2 - \mu_2}{\sigma_2}$. 容易验证 ξ_1 的函数和 ξ_2 独立当且仅当相关系数 $\rho = 0$.

上面我们看到正态随机向量的部分仍然是正态分布的随机向量. 更一般地, 我们有下面的两个结论:

(1) 正态随机向量的线性变换仍然是正态分布随机向量, 即如果 X 是 n 维正态随机向量, B 是 $n \times m$ 矩阵, 那么 XB 是 m 维正态随机向量;

(2) 随机向量是正态的当且仅当其分量的任何线性组合是正态随机变量.

这些结论实际上是对广义正态而言的, 我们将在后面给予论述和严格证明.

6.3　随机向量的函数的分布

现在我们再讨论一下关于随机向量函数的分布的计算. 随机变量之间最重要的一个关系是独立, 也就是没有关系. 既然是多维的情况, 自然会涉及积分顺序交换的问题. 两个随机变量 ξ, η 独立是指对任何 $x, y \in \mathbf{R}$ 有

$$\mathbb{P}(\xi \le x, \eta \le y) = \mathbb{P}(\xi \le x)\mathbb{P}(\eta \le y).$$

这是说联合分布函数是边缘分布函数的乘积, 即

$$F_{(\xi,\eta)}(x, y) = F_\xi(x)F_\eta(y).$$

单调类方法 (在单调类方法那一章中将详细说明) 告诉我们这等价于对 $\mathbf{R}$ 上任何有界可测函数 f, g 有

$$\mathbb{E}[f(\xi)g(\eta)] = \mathbb{E}[f(\xi)]\mathbb{E}[g(\eta)],$$

甚至更一般地, 对 $\mathbf{R} \times \mathbf{R}$ 上的 Borel 有界可测函数 h 有

$$\mathbb{E}[h(\xi,\eta)] = \mathbb{E}\{\mathbb{E}[h(x,\eta)]|_{x=\xi}\} = \mathbb{E}\{\mathbb{E}[h(\xi,y)]|_{y=\eta}\},$$

写成积分形式, 这就是积分交换的 Fubini 定理, 即

$$\int_{\mathbf{R}^2} h(x,y)dF_\xi(x)dF_\eta(y) = \int_{\mathbf{R}} dF_\xi(x) \int_{\mathbf{R}} h(x,y)dF_\eta(y)$$
$$= \int_{\mathbf{R}} dF_\eta(y) \int h(x,y)dF_\xi(x).$$

下面多处用到各种形式积分交换的 Fubini 定理, 请读者注意并自行验证, 我们不再一一证明.

先看看两个独立随机变量的和的分布, 它是最常用的一种运算. 设 ξ 与 η 是两个独立随机变量, 分布函数分别是 F 与 G. 那么由 Fubini 定理, 有

$$\mathbb{P}(\xi + \eta \le x) = \int_{\mathbf{R}} \int_{u+v \le x} dF(u) dG(v)$$
$$= \int_{\mathbf{R}} F(x - v) dG(v),$$

称为分布函数 F 与 G 的卷积, 其结果仍然是一个分布函数.

进一步设 ξ 与 η 是连续型的, 且密度函数分段连续分别是 f 与 g, 那么

$$F * G(x) = \int_{\mathbf{R}} \int_{-\infty}^{x-z} f(y) dy \cdot g(z) dz$$
$$= \int_{\mathbf{R}} \int_{-\infty}^{x} f(y - z) g(z) dy dz$$
$$= \int_{-\infty}^{x} \left(\int_{\mathbf{R}} f(y - z) g(z) dz \right) dy,$$

这表明 $\xi + \eta$ 也是连续型的, 密度函数是两个可积函数 f 与 g 的卷积

$$f * g(y) = \int_{\mathbf{R}} f(y - z) g(z) dz,$$

其结果仍然是密度函数. 注意分布函数的卷积与可积函数卷积的不同意义, 分布函数的卷积还是分布函数, 可积函数的卷积还是可积函数.

其实只要有一个是连续型的, 卷积 $F * G$ 也是连续型的, 比如 G 的密度是 g, 则 $F * G$ 的密度函数是

$$x \mapsto \int g(x - y) dF(y).$$

如果 g 连续, 则这个密度函数也连续; 如果 g 光滑, 这个密度函数也光滑. 卷积后函数的性质会跟着好的那个.

例 6.3.1 设 ξ, η 独立且都是 $[0,1]$ 上均匀分布. 那么 $\xi + \eta$ 的密度函数是卷积

$$1_{[0,1]} * 1_{[0,1]}(x) = \int 1_{[0,1]}(s) 1_{[0,1]}(x - s) ds = \int_0^1 1_{[x-1,x]}(s) ds$$
$$= |[0,1] \cap [x-1,x]| = \begin{cases} x, & 0 \le x \le 1, \\ 2 - x, & 2 \ge x > 1. \end{cases}$$

和不再是均匀分布了. 再来算算商 $\frac{\xi}{\eta}$ 的密度. 首先, 因为 η 取 0 的概率是 0, 所以不必担心商的意义. 一样先算分布函数, 这个商总是非负的, 所以只要考虑正半轴上就可以了. 对 $x \geq 0$, 应用公式 (6.1.2),

$$F(x) = \mathbb{P}(\frac{\xi}{\eta} \leq x) = \mathbb{P}(\xi \leq x\eta) = \int\int_{s \leq xt} 1_{[0,1]}(s)1_{[0,1]}(t)dsdt$$

$$= |\{(s,t) : s \leq xt\} \cap \{(s,t) : s,t \in [0,1]\}|$$

$$= \begin{cases} \dfrac{1}{2}x, & x < 1, \\ 1 - \dfrac{1}{2x}, & x \geq 1. \end{cases}$$

密度函数是

$$x \mapsto \begin{cases} 0, & x \leq 0, \\ \dfrac{1}{2}, & 0 < x < 1, \\ \dfrac{1}{2x^2}, & x \geq 1. \end{cases}$$

如果两个相同类型的 (不一定相同) 分布的独立随机变量的和的分布仍然是同一种类型, 那么我们说这种类型的分布有再生性. 显然容易验证:

(1) 正态分布有再生性;

(2) 均匀分布没有再生性;

(3) 当参数 (成功概率) p 一样时, 二项分布有再生性;

(4) Poisson 分布有再生性;

(5) Γ 分布当第二个参数一样时有再生性.

让我们验证最后一个论断. 实际上后面将看到用特征函数的工具来讨论再生性更方便.

例 6.3.2 现在设 ξ, η 是独立的, 分别是 $\Gamma(r_1, \alpha)$ 和 $\Gamma(r_2, \alpha)$ 分布的, 注意后一个参数相同, 我们来算其和 $X := \xi + \eta$ 的密度. 密度函数前的常数不重要, 它总是取为使得密度函数积分等于 1 的那一个, 所以我们总是用 C 表示. 因为在负轴上为 0, 对 $x > 0$, 由卷积公式, 密度函数为

$$f_X(x) = C \int_0^x s^{r_1-1}e^{-\alpha s}(x-s)^{r_2-1}e^{-\alpha(x-s)}ds$$

$$= C\mathrm{e}^{-\alpha x} \int_0^x s^{r_1-1}(x-s)^{r_2-1}ds$$
$$= C\mathrm{e}^{-\alpha x} \int_0^1 (tx)^{r_1-1}(x(1-t))^{r_2-1}xdt$$
$$= C\mathrm{e}^{-\alpha x} x^{r_1+r_2-1},$$

从密度函数看出 $\xi + \eta \sim \Gamma(r_1+r_2, \alpha)$. 因此 Γ 分布在第二个参数相同时有再生性. 例 5.3.5 告诉我们标准正态分布的随机变量的平方是 $\Gamma(\frac{1}{2}, \frac{1}{2})$ 分布的, 由此推出如果 $\xi_1, \cdots, \xi_n$ 是独立的 n 个标准正态分布的随机变量, 那么 $\sum_{i=1}^n \xi_i^2$ 是 $\Gamma(\frac{n}{2}, \frac{1}{2})$ 分布的, 这个分布也称为自由度为 n 的 χ^2 分布, 是统计中常用的一个分布, 也记为 $\chi^2(n)$.

再来看看随机变量 $Y := \dfrac{\xi}{\xi+\eta}$ 的密度函数. 显然 $\mathbb{P}(0 < Y < 1) = 1$, 故而对 $x \in (0,1)$, 应用公式 (6.1.2) 推出分布函数为

$$\mathbb{P}(Y \le x) = \mathbb{P}(\xi \le x(\xi+\eta)) = \mathbb{P}(\xi \le \frac{x}{1-x}\eta)$$
$$= C \int_0^\infty dt \int_0^{\frac{x}{1-x}t} s^{r_1-1}\mathrm{e}^{-\alpha s}t^{r_2-1}\mathrm{e}^{-\alpha t}ds,$$

对 x 求导, 得到 Y 的密度函数为

$$f_Y(x) = C \int_0^\infty t^{r_2-1}\mathrm{e}^{-\alpha t}(\frac{x}{1-x}t)^{r_1-1}\mathrm{e}^{-\alpha \frac{x}{1-x}t}\frac{1}{(1-x)^2}tdt$$
$$= C(\frac{x}{1-x})^{r_1-1}\frac{1}{(1-x)^2} \int_0^\infty t^{r_1+r_2-1}\mathrm{e}^{-\alpha t\frac{1}{1-x}}dt$$
$$= C(\frac{x}{1-x})^{r_1-1}\frac{1}{(1-x)^2}(1-x)^{r_1+r_2-1}(1-x) \int_0^\infty t^{r_1+r_2-1}\mathrm{e}^{-\alpha t}dt$$
$$= Cx^{r_1-1}(1-x)^{r_2-1},$$

由密度函数的性质, 最后一个常数 C 一定是所谓 β 函数

$$\mathrm{B}(r_1, r_2) := \int_0^1 x^{r_1-1}(1-x)^{r_2-1}dx = \frac{\Gamma(r_1)\Gamma(r_2)}{\Gamma(r_1+r_2)}$$

的倒数. 这个分布称为是参数为 r_1, r_2 的 β 分布. β 分布也是个重要的分布, 它的期望

$$\mathbb{E}Y = \frac{1}{\mathrm{B}(r_1, r_2)} \int_0^1 x^{r_1}(1-x)^{r_2-1}dx = \frac{r_1}{r_1+r_2}.$$

同样可以算 (X, Y) 的联合分布或密度. 设 $x > 0, y \in (0,1)$, 那么由公式 (6.1.2) 计算联合分布

$$\mathbb{P}(X \le x, Y \le y) = \int_{s+t \le x, \frac{s}{s+t} \le y} f_{\xi, \eta}(s, t) ds dt,$$

其中 $f_{\xi, \eta}$ 是 ξ, η 的联合密度. 令 $u = s + t, v = \dfrac{s}{s+t}$, 那么 $(s, t) \longrightarrow (u, v)$ 是 $\mathbf{R}_+^2$ 到 $\mathbf{R}_+ \times (0, 1)$ 的一一对应, 反解出 s, t 得 $s = uv, t = u(1 - v)$ 且 $ds dt = u du dv$, 因此

$$\mathbb{P}(X \le x, Y \le y) = \int_{u \le x, v \le y} f_{\xi, \eta}(uv, u(1 - v)) \cdot u du dv.$$

由条件推出

$$f_{\xi, \eta}(uv, u(1 - v)) \cdot u = C \cdot (uv)^{r_1 - 1} \mathrm{e}^{-\alpha uv} ((1 - v)u)^{r_2 - 1} \mathrm{e}^{-\alpha u(1 - v)} u$$
$$= C \cdot u^{r_1 + r_2 - 1} \mathrm{e}^{-\alpha u} \cdot v^{r_1 - 1} (1 - v)^{r_2 - 1}.$$

即得 (X, Y) 的联合密度函数是

$$f_{X,Y}(x, y) = C \cdot x^{r_1 + r_2 - 1} \mathrm{e}^{-\alpha x} \cdot y^{r_1 - 1} (1 - y)^{r_2 - 1}.$$

这不仅容易地看出 X, Y 各自的密度函数, 还说明 X, Y 是独立的.

如果 ξ, η 是独立同分布的, 都服从标准正态分布, 那么 ξ^2 与 η^2 独立服从 $\Gamma(\frac{1}{2}, \frac{1}{2})$, 因此 $\xi^2 + \eta^2$ 与 $\dfrac{\xi^2}{\xi^2 + \eta^2}$ 独立, 且前者服从参数为 $\dfrac{1}{2}$ 的指数分布, 后者服从参数为 $\dfrac{1}{2}, \dfrac{1}{2}$ 的 β 分布, 其密度函数为

$$\frac{1}{\pi \sqrt{(y(1 - y))}}, \ y \in (0, 1),$$

称为反正弦律, 因为其分布函数为

$$F_Y(y) = \begin{cases} 0, & y \le 0, \\ \dfrac{2}{\pi} \arcsin \sqrt{y}, & y \in (0, 1), \\ 1, & y \ge 1. \end{cases}$$

反正弦律之所以得名是因为在 Markov 过程中许多随机现象服从这个分布.

例 6.3.3 设 ξ, η 独立都服从标准正态分布, 我们来算 $\dfrac{\xi}{\eta}$ 的密度函数 f. 容易看出 f 一定是偶函数. 对 $x \in \mathbf{R}$, 应用公式 (6.1.2) 得到分布函数

$$
\begin{aligned}
F(x) &= \mathbb{P}(\frac{\xi}{\eta} \le x) \\
&= \mathbb{P}(\frac{\xi}{\eta} \le x, \eta > 0) + \mathbb{P}(\frac{\xi}{\eta} \le x, \eta < 0) \\
&= \mathbb{P}(\xi \le x\eta, \eta > 0) + \mathbb{P}(\xi \ge x\eta, \eta < 0) \\
&= 2\mathbb{P}(\xi \le x\eta, \eta > 0) \\
&= 2 \int_{t \le xs, s > 0} \frac{1}{2\pi} e^{-\frac{s^2+t^2}{2}} ds dt \\
&= \frac{1}{\pi} \int_0^\infty ds \int_{-\infty}^{xs} e^{-\frac{s^2+t^2}{2}} dt,
\end{aligned}
$$

对 x 求导得

$$
f(x) = \frac{1}{\pi} \int_0^\infty s e^{-\frac{s^2}{2}(1+x^2)} ds = \frac{1}{\pi(1+x^2)},
$$

这是 Cauchy 分布的密度函数. 另外因为标准正态密度函数是偶函数, 故 (ξ, η) 与 $(\xi, -\eta)$, $(-\xi, -\eta)$ 有同样的联合密度函数, 因此 $\dfrac{\xi}{|\eta|}$ 与 $\dfrac{\xi}{\eta}$ 是同分布的.

有其他更本质的方法考虑这个问题, 用 θ 表示平面上 x 轴到向量 (ξ, η) 的幅角, 但原点的幅角是无定义的, 而因为 $\mathbb{P}((\xi, \eta) = (0,0)) = 0$, 这样幅角至少几乎处处有定义了, θ 取值于区间 $[0, 2\pi)$, $\theta \le x$ 等价于 (ξ, η) 在幅角 0 到 x 的扇形 $S(x)$ 内, 因此

$$
\mathbb{P}(\theta \le x) = \int_{S(x)} f(s, t) ds dt,
$$

其中

$$
f(s, t) = \frac{1}{2\pi} e^{-\frac{1}{2}(s^2+t^2)}
$$

是 (ξ, η) 的联合密度. 显然 f 是旋转不变的, 因此上面的积分与角度 x 是成比例的, 即 θ 服从均匀分布, 现在 $\dfrac{\eta}{\xi} = \tan\theta$, 类似例 5.3.7 的方法证明 $[0, 2\pi)$ 的均匀分布的正切服从 Cauchy 分布.

接着我们再来算正态分布与 Γ 分布平方根的商的分布. 设 ξ, η 独立, ξ 服从标准正态分布, $\eta \sim \Gamma(r, \alpha)$, 那么 $\mathbb{E}\eta = \dfrac{r}{\alpha}$, 我们再来算商

$$
\zeta := \frac{\xi}{\sqrt{\dfrac{\eta}{\mathbb{E}\eta}}}
$$

的密度. 一样地, 先看分布函数, 对 $x \in \mathbf{R}$, 还是应用公式 (6.1.2), 得

$$F(x) = \mathbb{P}(\zeta \le x) = \mathbb{P}(\xi \le x\sqrt{\frac{\eta}{\mathbb{E}\eta}}) = \mathbb{P}(\xi \le x\sqrt{\alpha r^{-1}\eta})$$

$$= \int_0^\infty \frac{\alpha^r}{\Gamma(r)} t^{r-1} \mathrm{e}^{-\alpha t} dt \int_{-\infty}^{x\sqrt{\alpha r^{-1}t}} \frac{1}{\sqrt{2\pi}} \mathrm{e}^{-\frac{1}{2}s^2} ds,$$

对 x 求导得密度为

$$f(x) = \int_0^\infty \frac{1}{\sqrt{2\pi}} \frac{\alpha^r}{\Gamma(r)} t^{r-1} \mathrm{e}^{-\alpha t} \mathrm{e}^{-\frac{1}{2}(x\sqrt{\alpha r^{-1}t})^2} \sqrt{\alpha r^{-1}t}\, dt$$

$$= \frac{1}{\sqrt{2\pi}} \frac{\alpha^r}{\Gamma(r)} \int_0^\infty t^{r-\frac{1}{2}} \mathrm{e}^{-(1+\frac{x^2}{2r})\alpha t} \sqrt{\alpha r^{-1}}\, dt$$

$$= \frac{\alpha^{r+\frac{1}{2}}}{\sqrt{2\pi r}\Gamma(r)} \int_0^\infty \left(\frac{1}{\alpha(1+\dfrac{x^2}{2r})} \right)^{r+\frac{1}{2}} t^{r-\frac{1}{2}} \mathrm{e}^{-t}\, dt$$

$$= \frac{\Gamma(r+\dfrac{1}{2})}{\sqrt{2\pi r}\Gamma(r)} \left(1 + \frac{x^2}{2r} \right)^{-r-\frac{1}{2}},$$

此函数与 α 无关, 特别地, 如果 $\eta \sim \chi^2(n)$, 也就是说 $\eta \sim \Gamma(\frac{n}{2}, \frac{1}{2})$, 那么 $r = \dfrac{n}{2}$, 故商 $\zeta = \xi/\sqrt{\eta/n}$ 的密度函数是

$$t_n(x) = \frac{\Gamma(\dfrac{n+1}{2})}{\sqrt{\pi n}\Gamma(\dfrac{n}{2})} \left(1 + \frac{x^2}{n} \right)^{-\frac{n+1}{2}}.$$

我们把这个密度函数称为自由度为 n 的 t 分布的密度函数, 它也是统计中的重要分布. 当 $n = 1$ 时恰好是 Cauchy 分布, 而当 n 趋于无穷时极限是标准正态分布的密度函数. ∎

例 6.3.4　设随机变量 $X_1, X_2, \cdots, X_n$ 独立且服从标准正态分布, 令

$$\overline{X} := \frac{1}{n}(X_1 + \cdots + X_n),$$

$$S^2 := \frac{1}{n-1}[(X_1 - \overline{X})^2 + \cdots + (X_n - \overline{X})^2].$$

我们来证明它们独立且 S^2 服从 Γ 分布. 展开 S^2 得

$$(n-1)S^2 = \sum_{i=1}^n X_i^2 - n\overline{X}^2,$$

向量 $e_1 = \frac{1}{\sqrt{n}}(1, 1, \cdots, 1)$ 是单位向量, 可以扩充为 $\mathbf{R}^n$ 的标准正交基, 也就是说存在 n 阶正交矩阵 Q, 其首列向量是 e_1. 置

$$(Y_1, \cdots, Y_n) = (X_1, \cdots, X_n)Q.$$

那么 $(Y_1, Y_2, \cdots, Y_n)$ 也服从标准正态分布的, 且

$$\overline{X} = \frac{1}{\sqrt{n}}Y_1,$$

$$(n-1)S^2 = Y_2^2 + \cdots + Y_n^2.$$

因此 $\overline{X}$ 与 S^2 独立且 $(n-1)S^2 \sim \Gamma((n-1)/2, 1/2)$. ∎

我们再举例来说明怎样计算随机向量函数的数学期望, 主要是两个方法, 一是利用公式 (6.1.1) 计算重积分, 或者先算函数的分布, 再算期望.

例 6.3.5 设 ξ, η 是独立都服从标准正态分布的, 计算 $\mathbb{E}[\xi \vee \eta]$. 首先 $\xi \vee \eta + \xi \wedge \eta = \xi + \eta$, 因此 $\mathbb{E}[\xi \wedge \eta] = -\mathbb{E}[\xi \vee \eta]$. 算 $\mathbb{E}[\xi \vee \eta]$ 有许多方法, 直接的方法是利用公式 (6.1.1), 因为 (ξ, η) 的联合密度是 $(s, t) \mapsto \frac{1}{2\pi} \exp(-\frac{1}{2}(s^2 + t^2))$, 故由对称性, 有

$$\begin{aligned}
\mathbb{E}[\xi \vee \eta] &= \int_{\mathbf{R}^2} [s \vee t] \frac{1}{2\pi} \exp(-\frac{1}{2}(s^2 + t^2)) ds dt \\
&= 2 \int_{s>t} s \frac{1}{2\pi} \exp(-\frac{1}{2}(s^2 + t^2)) ds dt \\
&= \frac{1}{\pi} \int_{\mathbf{R}} e^{-\frac{1}{2}t^2} \int_t^{\infty} s e^{-\frac{1}{2}s^2} ds \\
&= \frac{1}{\pi} \int_{\mathbf{R}} e^{-\frac{1}{2}t^2} \cdot e^{-\frac{1}{2}t^2} dt \\
&= \frac{1}{\pi} \int_{\mathbf{R}} e^{-t^2} dt = \frac{1}{\sqrt{\pi}}.
\end{aligned}$$

另一个方法是先算 $\zeta := \xi \vee \eta$ 的密度. 和上面例子一样, ζ 的分布函数是 Φ^2, 密度函数就是 $2\Phi\Phi'$, 其中 Φ 是标准正态分布函数. 用分部积分公式,

$$\begin{aligned}
\mathbb{E}(\xi \vee \eta) &= 2 \int_{\mathbf{R}} x\Phi(x)\Phi'(x) dx \\
&= \frac{2}{\sqrt{2\pi}} \int_{\mathbf{R}} x\Phi(x) e^{-\frac{1}{2}x^2} dx \\
&= -\frac{2}{\sqrt{2\pi}} \int_{\mathbf{R}} \Phi(x) de^{-\frac{1}{2}x^2}
\end{aligned}$$

$$= \frac{2}{\sqrt{2\pi}} \int_{\mathbf{R}} e^{-\frac{1}{2}x^2} d\Phi(x)$$

$$= \frac{2}{2\pi} \int_{\mathbf{R}} e^{-x^2} dx = \frac{1}{\sqrt{\pi}}.$$

还有一个方法是利用正态分布的特殊性质, $\xi \vee \eta = \frac{1}{2}(\xi + \eta + |\xi - \eta|)$, 因此

$$\mathbb{E}[\xi \vee \eta] = \frac{1}{2}\mathbb{E}|\xi - \eta| = \frac{\sqrt{2}}{2}\mathbb{E}\left(\frac{1}{\sqrt{2}}|\xi - \eta|\right),$$

而 $\frac{1}{\sqrt{2}}(\xi - \eta) \sim N(0, 1)$, 问题归结于算标准正态分布的随机变量的绝对值的期望. 设 $X \sim N(0, 1)$, 那么

$$\mathbb{E}|X| = \frac{1}{\sqrt{2\pi}} \int_{\mathbf{R}} |x| e^{-\frac{1}{2}x^2} dx = \frac{2}{\sqrt{2\pi}} \int_0^\infty x e^{-\frac{1}{2}x^2} dx = \sqrt{\frac{2}{\pi}}.$$

最后得到 $\mathbb{E}(\xi \vee \eta) = \sqrt{\pi^{-1}}$. ∎

例 6.3.6 设 $\{X_n\}$ 是独立同分布随机序列, 服从参数为 α 的指数分布. 令 $S_0 = 0$,

$$S_n = \sum_{k=1}^n X_k.$$

如果把 X_n 看成是等待时间的话, S_n 可以看成为第 n 个随机信号到达的时间, 自然 S_n 是 Γ 分布的. 对任何 $t \geq 0$, 令

$$N(t) := \sup\{n : S_n \leq t\},$$

那么 $S_n \leq t < S_{n+1}$ 当且仅当 $N(t) = n$. 也就是说 $N(t)$ 是 t 时刻前已到达的信号数量. 我们来算 $N(t)$ 的分布.

$$\mathbb{P}(N(t) = n) = \mathbb{P}(S_n \leq t < S_{n+1})$$

$$= \mathbb{P}(S_n \leq t < S_n + X_{n+1})$$

$$= \int_0^t \frac{\alpha^n}{(n-1)!} x^{n-1} e^{-\alpha x} dx \int_{t-x}^\infty \alpha e^{-\alpha y} dy$$

$$= e^{-\alpha t} \frac{\alpha^n}{(n-1)!} \int_0^t x^{n-1} dx = e^{-\alpha t} \frac{(\alpha t)^n}{n!},$$

也就是说 $N(t)$ 服从参数为 αt 的 Poisson 分布. ∎

例 6.3.7 在这个例子中, 我们将介绍顺序统计量的概念. 设 $\xi_1, \cdots, \xi_n$ $(n \geq 2)$ 是独立同分布连续型随机变量, 分布函数是 F, 密度函数是 f. 令

$$\xi := \sup_i \xi_i, \quad \eta := \inf_i \xi_i.$$

求 (ξ, η) 的联合分布与密度. 因为它们是连续型的, 所以不必担心下面大于或者是大于等于的符号问题. 当然 $\xi \geq \eta$, 因此取 $x > y$, 那么

$$\{\xi < x, \eta > y\} = \bigcap_{1 \leq i \leq n} \{y < \xi_i < x\},$$

故而

$$\begin{aligned}
\mathbb{P}(\xi < x, \eta > y) &= \mathbb{P}(y < \xi_1 < x, \cdots, y < \xi_n < x) \\
&= [\mathbb{P}(y < \xi_1 < x)]^n = (F(x) - F(y))^n
\end{aligned}$$

推出它们的联合分布函数为

$$\begin{aligned}
\mathbb{P}(\xi \leq x, \eta \leq y) &= \mathbb{P}(\xi \leq x) - \mathbb{P}(\xi \leq x, \eta > y) \\
&= F(x)^n - (F(x) - F(y))^n.
\end{aligned}$$

对 x 和 y 分别求导得联合密度函数表达式为

$$(x, y) \mapsto \begin{cases} n(n-1)f(x)(F(x) - F(y))^{n-2}f(y), & x > y, \\ 0, & x \leq y. \end{cases}$$

设 $n = 2$, ξ_1, ξ_2 独立且是相同区间上均匀分布的, 那么 (ξ, η) 是 2 维均匀分布, 但 ξ 与 η 都不是均匀分布.

更一般地, 我们可以考虑顺序统计量问题. 因为 $\{\xi_i\}$ 独立且都是连续型分布的, 故可以认为它们互不相同, 重新按从小到大的顺序排列为 $\xi_{(1)}, \xi_{(2)}, \cdots, \xi_{(n)}$. 具体地说, 对于任意的 $\omega \in \Omega$, $\xi_{(i)}(\omega)$ 表示 n 个实数 $\xi_1(\omega), \cdots, \xi_n(\omega)$ 从小到大排列时第 i 个数, 也就是说, 符号 (i) 代表随机序号, $(i)(\omega) = j$ 当且仅当数 $\xi_j(\omega)$ 在以上排列中排在第 i 个位置. 随机变量 $\xi_{(1)}, \cdots, \xi_{(n)}$ 称为是 $\{\xi_i\}$ 的顺序统计量. 容易看出

$$\xi_{(1)} = \min \xi_i, \ \xi_{(n)} = \max \xi_i.$$

由于对称性, $\{\xi_i\}$ 的各种不同顺序排列应该是等可能发生的, 故 $((1), (2), \cdots, (n))$ 在 $1, 2, \cdots, n$ 的所有顺序的集合上均匀分布. 再考虑 $\xi_{(i)}$ 的分布, 对任何 $x \in \mathbf{R}$,

$\xi_{(i)} \leq x$ 当且仅当 $\{\xi_i\}$ 中至少有 i 个随机变量不超过 x. 用 A_k 表示恰有 k 个不超过 x, 由二项分布, 有

$$\mathbb{P}(A_k) = \binom{n}{k}\mathbb{P}(\xi_1 \leq x, \cdots, \xi_k \leq x, \xi_{k+1} > x, \cdots, \xi_n > x)$$
$$= \binom{n}{k}F(x)^k(1 - F(x))^{n-k}.$$

因此

$$\mathbb{P}(\xi_{(i)} \leq x) = \sum_{k=i}^{n} \binom{n}{k}F(x)^k(1 - F(x))^{n-k} = \mathbb{P}(\mathrm{B}(i, n - i) \leq F(x)),$$

其中 $\mathrm{B}(i, n - i)$ 是参数为 $i, n - i$ 的 β 分布 (见习题 28). ∎

关于例子中所说的对称性, 我们在此作点解释, 因为它在很多问题中都会用到. 设 $(\xi_1, \cdots, \xi_n)$ 是随机向量, 说它是对称的, 如果对于 $(1, \cdots, n)$ 的任意一个置换 $(\sigma_1, \cdots, \sigma_n)$, $(\xi_{\sigma_1}, \cdots, \xi_{\sigma_n})$ 与 $(\xi_1, \cdots, \xi_n)$ 同分布, 也就是说分布与顺序无关. 很容易证明, 如果 $\xi_1, \cdots, \xi_n$ 是独立同分布的, 那么它作为随机向量是对称的. 用函数来表达的话, 对称性是说对任意非负或有界 Borel 可测函数 $f : \mathbf{R}^n \mapsto \mathbf{R}$, 有

$$\mathbb{E}f(\xi_1, \cdots, \xi_n) = \mathbb{E}f(\xi_{\sigma_1}, \cdots, \xi_{\sigma_n}),$$

因此推出例子中所说的断言: $\{\xi_i\}$ 的各种顺序应该是等可能发生的.

例 6.3.8 特别地, 设 $\{\xi_i : 1 \leq i \leq n\}$ 是独立且都是参数为 1 的指数分布随机变量集. 那么 $\xi_{(1)}$ 服从参数为 n 的指数分布, 因为

$$\mathbb{P}(\xi_{(1)} > x) = \mathbb{P}(\xi_1 > x, \cdots, \xi_n > x) = \mathrm{e}^{-nx}.$$

把 $\{\xi_i\}$ 看成是从左到右的排队, 对于每个 ω, 把最小的那个从队伍中去除, 然后重新自左到右编号为 $1', 2', \cdots, (n - 1)'$, 当然它们也是随机变量. 显然新编号 $1'$ 在老编号下有两种可能: 1 与 2,

$$\mathbb{P}(1' = 1) = \mathbb{P}(\xi_1 > \xi_{(1)}) = 1 - \mathbb{P}(\xi_1 = \xi_{(1)}) = 1 - \frac{1}{n}, \ \mathbb{P}(1' = 2) = \frac{1}{n}.$$

(这个结论其实与具体分布无关.) 下面我们来证明断言: $\xi_{1'} - \xi_{(1)}, \cdots, \xi_{(n-1)'} - \xi_{(1)}$ 是独立且都服从参数为 1 的指数分布的, 并且它们与 $\xi_{(1)}$ 独立. 我们只对 $n = 2$ 的情况证明, 一般情况留给读者. 对任何 $x, y > 0$, 有

$$\mathbb{P}(\xi_{1'} - \xi_{(1)} > x, \xi_{(1)} > y)$$

$$= \mathbb{P}(\xi_2 - \xi_1 > x, \xi_1 > y, \xi_2 > \xi_1) + \mathbb{P}(\xi_1 - \xi_2 > x, \xi_2 > y, \xi_2 < \xi_1)$$

$$= 2\mathbb{P}(\xi_2 - \xi_1 > x, \xi_1 > y, \xi_2 > \xi_1)$$

$$= 2\mathbb{P}(\xi_2 - \xi_1 > x, \xi_1 > y)$$

$$= 2\int_{t-s>x,s>y} \mathrm{e}^{-s-t} dsdt$$

$$= 2\int_{s>y} \mathrm{e}^{-s}\mathrm{e}^{-s-x} ds$$

$$= \mathrm{e}^{-x}\mathrm{e}^{-2y}.$$

证明完成了. 指数分布的这个性质就是其遗忘性的推广. 由此可以推出 $\xi_{(2)} - \xi_{(1)}$ 服从参数为 $n-1$ 的指数分布. ∎

习 题

1. 设 ξ, η 是独立随机变量, 证明: 当其中一个的分布函数连续时, $\mathbb{P}(\xi = \eta) = 0$.

2. 设 F 是 1- 维分布函数, 定义 n 维空间上的函数

$$G(x_1, x_2, \cdots, x_n) := F(x_1 \wedge x_2 \wedge \cdots \wedge x_n), \ (x_1, \cdots, x_n) \in \mathbf{R}^n.$$

证明: G 是分布函数. 如果 F 连续, 则 G 连续. 但是当 $n \geq 2$ 时 G 不可能有密度函数.

3. 设有随机向量 (ξ, η), 如果存在 $\mathbf{R}$ 上的函数 F 使得对任何 x, y 有

$$\mathbb{P}(\xi \leq x, \eta \leq y) = F(x \wedge y),$$

证明: $\xi = \eta$ a.s..

4. 设 X, Y 是独立同分布非负随机变量, 分布函数是 F, 如果对任何 $a, b > 0$, $\inf(aX, bY)$ 与 $\dfrac{ab}{a+b}X$ 同分布, 证明: F 是指数分布函数.

5. 设 (X, Y) 是 2 维随机向量, 如果对任何 2 阶正交矩阵 Q, $(X, Y)Q$ 与 (X, Y) 有相同的分布 (或说 (X, Y) 有正交不变的分布), 且 $\mathbb{P}(X = 0, Y = 0) = 0$, 证明: $\mathbb{P}(Y = 0) = 0$. 这样随机变量 $\dfrac{X}{Y}$ 与 $\dfrac{X}{|Y|}$ 有意义, 证明它们有相同分布并求它们共同的分布.

6. 证明: 若 $X \sim N(a, A)$, 则 $(X - a)\sqrt{A}^{-1}$ 是标准正态的.

7. (1) 证明:
$$B(r_1, r_2) = \frac{\Gamma(r_1)\Gamma(r_2)}{\Gamma(r_1 + r_2)};$$
(2) 求参数为 r_1, r_2 的 β 分布的随机变量的期望和方差.

8. 设 X, Y 是独立且具有相同指数分布的随机变量, 求 $\frac{Y}{X}$ 的密度函数.

9. 设 (X, Y) 是上单位半圆上均匀分布的, 求 $Z = \frac{Y}{X}$ 的分布.

10. 设 (X, Y) 服从区域 D 上均匀分布, 其中 D 是点 $(0, 0), (1, 0), (1, 1)$ 所围成的三角形. 求 $\rho(X, Y)$.

11. 在 $[0, 1]$ 上随机取点 ξ 把它分成为两段, 记 $U := \xi \wedge (1 - \xi)$, $V = 1 - U$, 分别是短段与长段的长度. 求 $\frac{V}{U}$ 的密度.

12. 两个几何概率的问题.

    (a) 在一个线段 AB 上任取三点 X, Y, Z, 求线段 AX, AY, AZ 能够组成三角形的概率;

    (b) 在一个线段上任取两点自然形成三个线段, 求它们能组成三角形的概率.

13. 设 $\xi = (\xi_1, \xi_2, \xi_3)$ 是在 $\mathbf{R}^3$ 的单位球面上均匀分布的, 求 ξ_1 的边缘分布.

14. 设 X, Y 是随机变量, 期望 0, 方差 1, 协方差 ρ. 证明:
$$\mathbb{E}(\max\{X^2, Y^2\}) \leq 1 + \sqrt{1 - \rho^2}.$$

15. 设 X 是 n-维随机 (行) 向量, $V(X)$ 是其协方差矩阵, 证明: $\det(V(X)) = 0$ 当且仅当存在非零的 $a \in \mathbf{R}^n$, $b \in \mathbf{R}$ 使得 $\mathbb{P}(aX^{\mathsf{T}} = b) = 1$.

16. 设 ξ, η 独立, 分别服从参数为 a, b 的 Cauchy 分布, 证明 $\xi + \eta$ 服从参数为 $a + b$ 的 Cauchy 分布. (提示: 利用复变的留数定理计算积分.) 因此 Cauchy 分布有再生性.

17. 设 $X = (\xi_1, \cdots, \xi_n)$ 是服从 n-维正态分布的随机向量, Q 是秩为 m 的 $n \times m$-阶矩阵, 证明: XQ 是 m-维正态分布的随机向量, 也就是说, 正态分布随机向量的非退化线性变换仍然是正态分布的.

18. 设随机变量 (ξ, η) 独立且都有连续的密度, 如果 (ξ, η) 的分布是旋转不变的, 证明: 它们服从正态分布.

19. 设随机变量 ξ, η 独立, $\xi \sim \chi^2(n)$, $\eta \sim \chi^2(m)$, 求随机变量 $\dfrac{\eta/m}{\xi/n}$ 的密度函数. 这个分布称为是参数为 m, n 的 F 分布.

20. 设 $\{\xi_n : n \geq 1\}$ 是独立同分布随机序列, 且分布函数是连续的, 用 N 表示使得 $\xi_{n+1} > \xi_1$ 成立的最小指标 n, $N := \inf\{n : \xi_{n+1} > \xi_1\}$, 求 N 的分布.

21. (参考例 1.4.2) 在单位圆内均匀随机地取个点, 求以此点为中点的弦所割的短圆弧的密度函数.

22. 设 $(X_1, \cdots, X_n)$ 是独立标准正态分布的. Ψ 是向量 $(X_1, \cdots, X_n)$ 与一个固定向量的夹角, 求 Ψ 的密度函数.

23. (*) 设 (X, Y) 服从 2 维正态分布, $\mathbb{E}X = \mathbb{E}Y = 0$, $\mathbb{E}X^2 = \mathbb{E}Y^2 = 1$, $\rho(X, Y) = \rho$.

   (a) 证明: X 与 $\dfrac{Y - \rho X}{\sqrt{1 - \rho^2}}$ 是独立的标准正态分布的;

   (b) 令 ϕ 是 (X, Y) 的幅角, 证明 ϕ 的密度函数为
   $$\frac{\sqrt{1 - \rho^2}}{2\pi(1 - 2\rho\sin\theta\cos\theta)}, \quad 0 \leq \theta < 2\pi;$$

   (c) 再求 $\mathbb{P}(X > 0, Y > 0)$;

   (d) 令 $Z = \max(X, Y)$, 证明: $\mathbb{E}Z = \sqrt{(1 - \rho)\pi^{-1}}$, $\mathbb{E}Z^2 = 1$.

24. 在一个圆心为 O 的单位圆周上任取两点 A, B, 求形成的三角形 OAB 面积的分布与期望;

25. 在单位圆周上任取三点 A, B, C, 求三角形 ABC 面积的期望.

26. 设随机变量 $\xi_1, \xi_2, \cdots, \xi_{m+n}$ $(n > m)$ 是独立的, 有相同的分布并且有有限的方差. 试求 $S = \xi_1 + \xi_2 + \cdots + \xi_n$ 与 $T = \xi_{m+1} + \xi_{m+2} + \cdots + \xi_{m+n}$ 两和之间的相关系数.

27. 若随机变量 ξ 的密度函数是偶函数, 且 $\mathbb{E}\xi^2 < \infty$. 试证 $|\xi|$ 与 ξ 不相关, 但它们不相互独立.

28. 证明: 如果 ξ 与 $|\xi|$ 独立, 那么 $|\xi|$ a.s. 是个常数. 一般地, 如果 f 是一个可测函数, 且 ξ 与 $f(\xi)$ 独立, 问会导致什么结论? 如果有两个可测函数 f, g 使得 $f(\xi)$ 与 $g(\xi)$ 独立, 那又有什么结论?

29. 设 $\xi_1, \cdots, \xi_n$ 是独立同分布随机变量, 分布函数 F 连续. 证明: 顺序统计量的第 i 个 $\xi_{(i)}$ 的分布函数是

$$F_i^*(x) = \frac{n!}{(i-1)!(n-i)!} \int_0^{F(x)} t^{i-1}(1-t)^{n-i}dt.$$

如果 F 是 $(0,1)$ 上均匀分布的, 那么 $\xi_{(i)}$ 服从参数为 $i, n-i+1$ 的 β 分布.

30. 设 $\xi_1, \cdots, \xi_n$ 是独立同分布连续型随机变量, 密度为 p. 其顺序统计量从小到大为 $\xi_{(1)}, \cdots, \xi_{(n)}$.

   (a) 证明: $(\xi_{(1)}, \cdots, \xi_{(n)})$ 的联合密度为

   $$n! 1_{\{x_1 < x_2 < \cdots < x_n\}} p(x_1)p(x_2) \cdots p(x_n);$$

   (b) 如果共同的分布是参数为 1 的指数分布.

      i. 证明: $\{\xi_{(i)} - \xi_{(i-1)} : 1 \le i \le n\}$ (其中 $\xi_{(0)} := 0$) 独立, 且 $\xi^{(i)} - \xi^{(i-1)}$ 服从参数为 $n - i + 1$ 的指数分布;

      ii. 求

      $$\mathbb{E}\left(\max_{1 \le k \le n} \xi_k\right);$$

   (c) 如果共同的分布是 $[0,1]$ 上的均匀分布.

      i. 求 $\xi_{(i)}$ 的分布密度.

      ii. 证明: $(\xi_{(1)}, \cdots, \xi_{(n)})$ 与

      $$\left(\frac{S_1}{S_{n+1}}, \cdots, \frac{S_n}{S_{n+1}}\right)$$

      同分布, 其中 $S_k := \sum_{i=1}^k X_i$, $1 \le k \le n+1$, 而 $X_1, \cdots, X_n, X_{n+1}$ 是独立同为参数 1 的指数分布.

      iii. 证明: 当 $1 \le i < j \le n$ 时, $\xi_{(i)}/\xi_{(j)}$ 与 $\xi_{(j)}$ 独立.

31. (*) 最优配置问题 (参考 [12]). 设

$$A_n = (\xi_{i,j} : 1 \le i, j \le n)$$

为一个元素是独立同分布随机变量的随机矩阵, 服从参数等于 1 的指数分布, 其中 $\xi_{i,j}$ 理解为第 i 个工作分配给第 j 个工人所产生的成本.

(a) 第一种优化: 设 j_1 是第一行中最小元素的列号, 然后扔掉第 j_1 列, j_2 是第二行中最小元素的列号, 再扔掉 j_2 列, 这样继续一直到选出 j_n, 求

$$\mathbb{E} \sum_{i=1}^{n} \xi_{i,j_i};$$

(b) 第二种优化: 先从整个矩阵中选出最小元 ξ_{i_1,j_1}, 然后扔掉它所在的行与列, 在剩下元素中选出最小元 ξ_{i_2,j_2}, 再扔掉它所在的行与列, 这样一直到选出 ξ_{i_n,j_n}, 求

$$\mathbb{E} \sum_{k=1}^{n} \xi_{i_k,j_k};$$

(c) 终极优化:

$$\mathbb{E} \left[\min_{\sigma} \sum_{k=1}^{n} \xi_{k,\sigma_k} \right],$$

其中的 min 是对 1 到 n 的所有排列 $\sigma = (\sigma_k)$ 取的.

32. (*) 设 $\mathbf{X} = (X_1, \cdots, X_n)$ 是 n 维平方可积的随机向量, 期望为零, 协方差矩阵 Σ 是非退化的. 证明: 若 S 是 $\mathbf{R}^n$ 的一个紧凸集, 那么

$$\mathbb{P}(X \in S) \le \frac{1}{1 + \inf\{x\Sigma^{-1}x^{\mathsf{T}} : x \in S\}}.$$

(提示: 先考虑一维的情况.)

第七章 随机序列的收敛

一个概率空间上随机变量的序列称为随机序列, 在本章中我们将介绍随机序列的几种收敛的概念以及它们之间的关系, 比如几乎处处收敛、依概率收敛、依分布收敛等. 然后将介绍概率论中最重要的极限定理: 大数定律与强大数定律.

7.1 收敛的不同意义

大家都知道 $\mathbf{R}$ 上的函数列有不同的收敛意义, 如点点收敛, 一致收敛, 几乎处处收敛, 随机变量序列也有各种不同的收敛. 在这节里, 我们将讨论随机变量的各种收敛的意义及其它们互相之间的关系.

下面我们讨论收敛的问题. 随机变量实际上是样本空间上的函数, 因此随机变量列的收敛也类似函数列的收敛, 有多种方式. 最简单的当然是点点 (处处) 收敛. 也就是说对每个样本点, 随机变量列在此点的值作为数列收敛. 但这个收敛太严格, 实际中我们需要更广意义上的收敛.

定义 7.1.1 设 $\{\xi_n\}$ 是一个随机变量序列, ξ 是一个随机变量.

(1) 称 $\{\xi_n\}$ 依 (或以) 概率收敛于 ξ, 如果对任何 $\varepsilon > 0$,

$$\lim_n \mathbb{P}(\{\omega \in \Omega : |\xi_n(\omega) - \xi(\omega)| \geq \varepsilon\}) = 0.$$

记为 $\xi_n \xrightarrow{\mathrm{p}} \xi$.

(2) 称 $\{\xi_n\}$ 几乎处处 (或概率 1) 收敛于 ξ, 如果

$$\mathbb{P}(\{\omega \in \Omega : \lim_n \xi_n(\omega) = \xi(\omega)\}) = 1.$$

记为 $\xi_n \xrightarrow{\mathrm{a.s.}} \xi$.

按照前面的约定, 定义中涉及的两个条件可简单写为

$$\lim_n \mathbb{P}(\{|\xi_n - \xi| \geq \varepsilon\}) = 0 \text{ 和 } \mathbb{P}(\{\lim_n \xi_n = \xi\}) = 1.$$

在定义前应该先验证它们都是 $\mathscr{F}$ 可测的, 这不难, 因为涉及的运算是可列运算. 不难看出这几种收敛的极限在通常的意义之下不是唯一的. 如果 ξ, ξ' 是 $\{\xi_n\}$ 依概率收敛的极限, 那么 $\mathbb{P}(\xi = \xi') = 1$ (留作习题). 所以极限只是依概率 1 相等, 或者说几乎处处相等, 而不是真正的或处处地相等. 因此这几种收敛的极限都是在几乎处处相等的意义下唯一. 在后面的大多数情况下, 随机变量之间的等号一般也是指几乎处处相等, 请读者注意.

注释 7.1.1 在 4.1 中证明的单调收敛定理 4.1.1 和控制收敛定理 4.1.2 都只需要随机序列是几乎处处单调或收敛就够了. 比如控制收敛定理, 假设 $\xi_n \xrightarrow{\text{a.s.}} \xi$ 且存在可积的 η 使得 $|\xi_n| \leq \eta$ a.s., 那么因为可列个零概率集的并仍然是零概率的, 故存在 $\Omega_0 \in \mathscr{F}$, $\mathbb{P}(\Omega_0) = 1$ 使得 $\{1_{\Omega_0} \cdot \xi_n\}$ 满足控制收敛的条件, 因此

$$\mathbb{E}\xi = \mathbb{E}(1_{\Omega_0} \cdot \xi) = \lim_n \mathbb{E}(1_{\Omega_0} \cdot \xi_n) = \lim_n \mathbb{E}(\xi_n).$$

我们来分析这几种收敛相互之间的关系. 让我们先证明简单但重要的 Borel-Cantelli 引理. 对于集列 $\{A_n\} \subset \mathscr{F}$, 定义上极限集合 $\overline{\lim}_n A_n := \bigcap_n \bigcup_{k \geq n} A_k$, 下极限集合 $\underline{\lim}_n A_n := \bigcup_n \bigcap_{k \geq n} A_k$. 另外, ω 属于无穷个 A_n 是指存在自然数子列 k_n 使得 $\omega \in A_{k_n}$, $n \geq 1$; ω 属于有几乎所有 A_n 是指存在自然数 N 使得 $\omega \in A_n$, $n \geq N$.

引理 7.1.1 对于集列 $\{A_n\}$, $\overline{\lim}_n A_n$ 是属于无穷个 A_n 的 ω 全体, $\underline{\lim}_n A_n$ 是属于几乎所有 A_n 的 ω 全体.

证明. 让我们证明第一个结论, 另一个结论类似. 设 $\omega \in \bigcap_n \bigcup_{k \geq n} A_k$, 则对任何 n, $\omega \in \bigcup_{k \geq n} A_k$, 故存在 $k_n \geq n$ 使得 $\omega \in A_{k_n}$, $\{k_n\}$ 即是自然数的一个子列. 反过来, 如果存在这样的子列使得 $\omega \in \bigcap_n A_{k_n}$, 那么对任何 n, $\omega \in \bigcup_{k \geq n} A_k$, 因此 $\omega \in \bigcap_n \bigcup_{k \geq n} A_k$. $\square$

简单地说, 引理的意思是集列的上极限是同属于无穷多集合的元素全体, 下极限是属于除了有限多集合外的所有集合的元素全体.

定理 7.1.1 (Borel-Cantelli) 设 $\{A_n\}$ 是事件列.

(1) 若 $\sum_{n=1}^{\infty} \mathbb{P}(A_n) < \infty$, 则

$$\mathbb{P}(\overline{\lim}_n A_n) = 0;$$

(2) 若 $\{A_n\}$ 是独立事件列且 $\sum_n \mathbb{P}(A_n) = \infty$, 则

$$\mathbb{P}(\overline{\lim}_n A_n) = 1.$$

证明. (1) 首先 $\mathbb{P}(\overline{\lim}_n A_n) = \lim_n \mathbb{P}(\bigcup_{k \geq n} A_k)$, 而

$$\mathbb{P}\left(\bigcup_{k \geq n} A_k\right) \leq \sum_{k \geq n} \mathbb{P}(A_k) \longrightarrow 0,$$

因为级数 $\sum_{n=1}^{\infty} \mathbb{P}(A_n)$ 收敛.

　　(2) 对 $n < N$, 由于 $\{A_n\}$ 独立,

$$\mathbb{P}\left(\bigcap_{k=n}^{N} A_k^c\right) = \prod_{k=n}^{N}(1 - \mathbb{P}(A_k)) \leq \prod_{k=n}^{N} \mathrm{e}^{-\mathbb{P}(A_k)} = \mathrm{e}^{-\sum_{k=n}^{N} \mathbb{P}(A_k)}.$$

得 $\lim_N \mathbb{P}\left(\bigcap_{k=n}^{N} A_k^c\right) = 0$, 即 $\mathbb{P}(\bigcup_{k=n}^{\infty} A_k) = 1$, 故 $\mathbb{P}(\overline{\lim}_n A_n) = 1$. □

　　下面的定理和随后的例子给出了上面两种收敛的关系, 另外也给出几乎处处收敛的一个充分条件.

定理 7.1.2　设 $\{\xi_n\}$ 是一个随机变量序列, ξ 是一个随机变量.

(1) $\xi_n \xrightarrow{\text{a.s.}} \xi$ 蕴含着 $\xi_n \xrightarrow{\text{P}} \xi$;

(2) 若 $\xi_n \xrightarrow{\text{P}} \xi$, 则存在 $\{\xi_n\}$ 的一个子序列 $\{\xi_{n_k}\}$ 几乎处处收敛于 ξ.

(3) 如果对任何 $\varepsilon > 0$,

$$\sum_n \mathbb{P}(|\xi_n - \xi| > \varepsilon) < \infty,$$

　　　那么 $\xi_n \xrightarrow{\text{a.s.}} \xi$.

证明. 首先由极限定义推出下面的表示,

$$\{\lim \xi_n = \xi\} = \bigcap_{\varepsilon > 0} \bigcup_{N \geq 1} \bigcap_{n \geq N} \{|\xi_n - \xi| < \varepsilon\} = \bigcap_{\varepsilon > 0} \underline{\lim}_n \{|\xi_n - \xi| < \varepsilon\}.$$

等价地,

$$\{\lim \xi_n = \xi\}^c = \bigcup_{\varepsilon > 0} \overline{\lim}_n \{|\xi_n - \xi| \geq \varepsilon\}.$$

(1) 对任何 $\varepsilon > 0$ 有

$$\{\lim_n \xi_n = \xi\} \subset \underline{\lim}_n \{|\xi_n - \xi| < \varepsilon\}.$$

由 Fatou 引理,

$$\underline{\lim}_n \mathbb{P}(\{|\xi_n - \xi| < \varepsilon\}) \geq \mathbb{P}(\underline{\lim}_n \{|\xi_n - \xi| < \varepsilon\}) \geq \mathbb{P}(\lim_n \xi_n = \xi) = 1.$$

故 $\lim_n \mathbb{P}(\{|\xi_n - \xi| \geq \varepsilon\}) = 0$, 即 $\xi_n \xrightarrow{\text{P}} \xi$, 几乎处处收敛蕴含依概率收敛.

为证 (2). 对任何整数 $k > 0$, 必存在 n_k 使得

$$\mathbb{P}(\{|\xi_{n_k} - \xi| > \frac{1}{k}\}) \leq \frac{1}{2^k}.$$

由 Borel-Cantelli 引理, 集 $N := \bigcap_{K \geq 1} \bigcup_{k \geq K} \{|\xi_{n_k} - \xi| > \frac{1}{k}\}$, 概率为 0. 而对任何 $\omega \notin N$, 存在 K, 对所有 $k \geq K$, $|\xi_{n_k}(\omega) - \xi(\omega)| \leq \frac{1}{k}$, 因此 $\xi_{n_k}(\omega) \longrightarrow \xi(\omega)$, 即 $N^c \subset \{\lim_k \xi_{n_k} = \xi\}$. 从而 $\xi_{n_k} \xrightarrow{\text{a.s.}} \xi$.

(3) 首先, 容易看出这个条件是级数 $\sum_n \mathbb{P}(|\xi_n - \xi| \geq \varepsilon) < \infty$ 收敛, 而依概率收敛是指级数的通项趋于零. 由 Borel-Cantelli 引理, 对任何 $\varepsilon > 0$, 该级数收敛蕴含着

$$\mathbb{P}(\overline{\lim}_n \{|\xi_n - \xi| \geq \varepsilon\}) = 0,$$

即说明 $\mathbb{P}(\lim_n \xi_n = \xi) = 1$. $\square$

依概率收敛和几乎处处收敛有很大的不同, 下面的例子说明一个依概率收敛的随机序列在任何样本点上都不收敛.

例 7.1.1 设随机变量 ξ 服从 $[0,1]$ 上均匀分布, 令 $I_1 = [0,1]$, 然后把它两等分, 两个区间分别记为 I_2, I_3, 把 $[0,1]$ 再四等分, 记区间为 I_4, I_5, I_6, I_7, 这样继续, 我们得到一个 $[0,1]$ 的子区间列 $\{I_n\}$. 显然 $|I_n| \longrightarrow 0$. 记 $\xi_n := 1_{I_n}(\xi)$. 那么 ξ_n 是 $0, 1$ 值随机变量, 容易看出, 对任何 $1 > \varepsilon > 0$, 有

$$\mathbb{P}(|\xi_n| > \varepsilon) = \mathbb{P}(\xi \in I_n) = |I_n|,$$

故 ξ_n 也依概率收敛于零, 但是 $\{\xi_n\}$ 不是几乎处处收敛的, 因为任取点 ω, 区间 I_n 会无穷多次覆盖 $\xi(\omega)$, 即 $\xi_n(\omega)$ 无穷多次取值 0, 也无穷多次取值 1. ∎

下面的例子为了说明随机序列中单个随机变量的分布不足以决定是否几乎处处收敛.

例 7.1.2 再看个具体的例子, 设 ξ_n 是连续型随机变量, 密度函数是

$$f(x) = \frac{n^\alpha}{\pi(1 + n^{2\alpha}x^2)}$$

且 $\alpha > 0$, 那么对任何 $\varepsilon > 0$, 有

$$\mathbb{P}(|\xi_n| > \varepsilon) = \int_{|x| > \varepsilon} \frac{n^\alpha}{\pi(1 + n^{2\alpha}x^2)} dx = \int_{|x| > n^\alpha \varepsilon} \frac{1}{\pi(1 + x^2)} dx,$$

函数 $\dfrac{1}{\pi(1 + x^2)}$ 在无穷远处积分收敛, 而当 $n \to \infty$ 时, 积分限趋于无穷, 故不必计算这个积分就看出 $\lim_n \mathbb{P}(|\xi_n| > \varepsilon) = 0$, 即 $\xi_n \xrightarrow{\mathrm{p}} 0$. 实际上这个函数的原函数是反正切函数, 即得

$$\mathbb{P}(|\xi_n| > \varepsilon) = 2 \int_{n^\alpha \varepsilon}^\infty \frac{1}{\pi(1 + x^2)} dx = 1 - \frac{2}{\pi} \arctan(n^\alpha \varepsilon) \longrightarrow 0.$$

问题是 $\{\xi_n\}$ 是否也几乎处处收敛呢? 而当 $x \to +\infty$ 时, $1 - \dfrac{2}{\pi} \arctan x$ 是与 x^{-1} 同阶的无穷小, 如果 $\alpha > 1$, 那么级数 $\sum_n n^{-\alpha}$ 收敛, 故

$$\sum_n \mathbb{P}(|\xi_n| > \varepsilon) = \sum_n 2 \int_{n^\alpha \varepsilon}^\infty \frac{1}{\pi(1 + x^2)} dx = \sum_n \left(1 - \frac{2}{\pi} \arctan(n^\alpha \varepsilon)\right) < \infty,$$

因此由定理 7.1.2(3), $\xi_n \xrightarrow{\mathrm{a.s.}} 0$. 当 $\alpha \le 1$ 时怎么样呢? 实际上这时我们不能判定. 注意条件只是告诉我们每个 ξ_n 的分布, 而不是序列的联合分布. 容易看出, 要判定 $\{\xi_n\}$ 是否依概率收敛于零只要知道每个 ξ_n 的分布就足够了, 但这不足以判定它是否几乎处处收敛. 让我们仔细说明 $\alpha \le 1$ 的情况.

首先设 η 服从标准 Cauchy 分布, 令 $\xi_n = n^{-\alpha}\eta$, 那么 ξ_n 的分布如上且必有 $\xi_n \xrightarrow{\mathrm{a.s.}} 0$. 但是我们也可以换一种方法得到 $\{\xi_n\}$, 由推论 10.2.2, 取一个概率空间 $(\Omega, \mathscr{F}, \mathbb{P})$ 和一个随机序列 $\{\eta_n\}$, 它们是独立且都服从 Cauchy 分布的. 然后令 $\xi_n = n^{-\alpha}\eta_n$, 那么 $\{\xi_n\}$ 独立且分布也如上, 这时候级数 $\sum_n n^{-\alpha}$ 发散, 故

$$\sum_n \mathbb{P}(|\xi_n| > \varepsilon) = \sum_n \left(1 - \frac{2}{\pi} \arctan(n^\alpha \varepsilon)\right) = +\infty,$$

由 Borel-Cantelli 引理 (2) 推出 $\mathbb{P}(\overline{\lim}_n \{|\xi_n| > \varepsilon\}) = 1$, 即 $\{\xi_n\}$ 不几乎处处收敛于零.

7.2 强大数定律

17 世纪末, Jakob Bernoulli 证明了一个重复 Bernoulli 试验的大数定律, 就是定理 4.5.1, 也就是说 Bernoulli 序列 $\{\xi_n\}$ 的算术平均 $\frac{1}{n}\sum_{i=1}^{n}\xi_i$ 依概率收敛于期望 $\mathbb{E}\xi_1$. 一般地, 设 $\{\xi_n\}$ 是随机变量序列, 令 $S_n = \sum_{i=1}^{n}\xi_i$, 它的期望, 方差 (如果存在) 分别记为 m_n 和 s_n^2. 如果 $\frac{S_n - m_n}{n} \xrightarrow{\text{P}} 0$, 称 $\{\xi_n\}$ 满足大数定律. 如果 $\frac{S_n - m_n}{n} \xrightarrow{\text{a.s.}} 0$, 称 $\{\xi_n\}$ 满足强大数定律. 显然, 强大数定律蕴含着大数定律. 用和 Bernoulli 大数定律类似的方法, Chebyshev(1867) 不等式可以推出, $\{\xi_n\}$ 满足大数定律的一个充分条件是

$$\frac{s_n}{n} \longrightarrow 0.$$

下面的强大数定律是 E. Borel 在 1909 年发表的. 定理的证明是 Borel-Cantelli 引理的一个应用, 要求随机变量的 4 阶矩有限. 读者可以从下面定理的证明思想中感悟到 Borel-Cantelli 引理是概率论中证明几乎处处收敛的一个经典方法.

定理 7.2.1 (Borel) 如果 $\{\xi_n\}$ 是独立同分布的随机序列且 $\mathbb{E}\xi_1^4 < \infty$, 那么 $\{\xi_n\}$ 满足强大数定律.

证明. 由定理 7.1.2(3), 只需证明对任何 $\varepsilon > 0$ 有

$$\sum_n \mathbb{P}(\{\left|\frac{1}{n}\sum_{i=1}^{n}\xi_i - \mathbb{E}\xi_1\right| > \varepsilon\}) < \infty.$$

回忆展开公式

$$\left(\sum_{i=1}^{n} x_i\right)^k = \sum_{k_1,\cdots,k_n \text{ 非负且和为} k} \frac{k!}{k_1!\cdots k_n!} x_1^{k_1}\cdots x_n^{k_n},$$

然后由 Chebyshev 不等式 4.3.1,

$$\sum_n \mathbb{P}(\{\left|\frac{1}{n}\sum_{i=1}^{n}\xi_i - \mathbb{E}\xi_1\right| > \varepsilon\}) \leq \sum_n \frac{1}{(\varepsilon n)^4}\mathbb{E}\left(\sum_{i=1}^{n}(\xi_i - \mathbb{E}\xi_i)\right)^4$$

$$= \sum_n \frac{1}{(\varepsilon n)^4}\left(\mathbb{E}\sum_{i=1}^{n}(\xi_i - \mathbb{E}\xi_i)^4 + 6\sum_{1\leq i<j\leq n}\mathbb{E}(\xi_i - \mathbb{E}\xi_i)^2(\xi_j - \mathbb{E}\xi_j)^2\right)$$

$$= \sum_n \frac{1}{(\varepsilon n)^4}(n\mathbb{E}(\xi_1 - \mathbb{E}\xi_1)^4 + 3n(n-1)(D\xi_1)^2) < \infty.$$

因此推出结论. □

独立同分布随机序列的大数定律是概率论早期最重要的定理, 也是第一个严格
证明的定理, 值得我们再给几个注释.

注释 7.2.1   1. 应用 $\alpha = 2$ 的 Chebyshev 不等式推出

$$\mathbb{P}(\{\left|\frac{1}{n}\sum_{i=1}^{n}\xi_i - \mathbb{E}\xi_1\right| > \varepsilon\}) \sim \frac{1}{n},$$

它只差一点就可以让该数列和收敛, 所以不难猜测也许 $\alpha > 2$ 情形的 Cheby-
shev 不等式就足够级数收敛了, 但是技术上很难对一般的实数计算

$$\mathbb{E}\left|\frac{1}{n}\sum_{i=1}^{n}\xi_i - \mathbb{E}\xi_1\right|^{\alpha},$$

除非 α 是偶数, 因此我们在证明中应用 $\alpha = 4$ 情形的 Chebyshev 不等式. 无论
是 2 阶矩或者 4 阶矩有限都属于技术性条件, 也就是说, 我们感觉定理本身应
该不需要这些条件, 但因为证明所用的技术不够好, 所以需要添加这样的条件.
一开始, Bernoulli 的初等技术只能证明二项分布的大数律, 然后 Markov 获
得新技术, 可以证明二阶矩条件下与分布无关的大数律, 接着, Borel-Cantelli
引理帮助我们得到在四阶矩条件下的强大数律, 最后, 在下一节, 我们将介绍
Kolmogorov 强大数定律, 独立同分布情况下强大数律成立只需要可积性条件
就足够了, 不需要额外的条件, 其证明需要用到更精细的技术: Kolmogorov 不
等式.

2. 大数定律非常重要, 我们再对它作点说明, 希望帮助读者理解. 某赌场要推出
   一个项目, 比如某种角子机, 英文是 slot machine, 那么它应该怎么定价呢? 付
   多少钱玩一次? 定价高了客人不愿玩, 定价低了赌场要赔钱. 简单的想法是这
   样, 让某个人玩 n 次, 记录其每次所得 $x_1, x_2, \cdots, x_n$, 这意味着 n 人次玩了这
   游戏后, 赌场付出的钱数是和 $x_1 + x_2 + \cdots + x_n$, 如果定价为 x, 那么赌场收的
   钱数为 nx, 所以一个盈亏平衡的定价应该是算术平均

$$\frac{1}{n}(x_1 + x_2 + \cdots + x_n).$$

但要注意的是 $x_1, x_2, \cdots, x_n$ 实际上也是随机的, 但大数定律断言无论怎样随
机, 当 n 很大时, 这个平均数逼近一个常数, 就是每次所得的期望值. 那么恰当
的定价应该是期望值加一点适当的利润.

3. 注意大数定律只是断言逼近, 但没有说逼近的速度, n 多大才能使得算术平均充分好地逼近了期望值? 这时随机性降低, 即风险降低. 但风险是双方的, 对于赌场方来说, 只要赚钱, 风险越低越好, 但顾客是来寻求机会的, 没有风险就没有机会, 没有机会的游戏顾客是不会玩的, 所以风险又不能太低. 大数定律收敛的速度某种程度上决定了风险, 这个速度依赖于每次游戏所得钱数的分布, 也就是游戏的设计. 但 n 可以达到多大实际上又由赌场的规模来决定, 所以这些因素都是互相制约的. 例如彩票所得的随机变量 ξ, 它以概率 p 取值 $1/p$, 概率 $1-p$ 取值零. 设 $\{\xi_n\}$ 独立与 ξ 同分布.

$$\mathbb{P}\left(\left|\frac{1}{n}\sum_{i=1}^{n}\xi_i - 1\right| > \varepsilon\right) \leq \frac{1}{n\varepsilon^2}D\xi = \frac{1}{n\varepsilon^2}(p^{-1}-1),$$

当然这不是个精确的估计, 但是大概可以看出来 n 受到怎样的制约.

最后让我们来看一个和直觉不大符合的例子, 也让我们从理论上来看看关于风险投资的迷思.

例 7.2.1 首先看指数函数 $y = \mathrm{e}^x$ 的图像. 给定 $u < 0 < v$, 连接 (u, e^u) 与 (v, e^v) 两点的直线与直线 $y = 1$ 的交点的 x- 坐标 x_0 必定是小于 0 的, 它的绝对值关于 v 递增, 关于 u 递减. 显然对于 $p \in (0,1)$, $q = 1-p$, 如果 $qu + pv \in (x_0, 0)$, 那么

$$\mathrm{e}^{qu+pv} < 1 < q\mathrm{e}^u + p\mathrm{e}^v.$$

设 $\{\xi_n\}$ 是独立同分布随机序列, 分布为

$$\mathbb{P}(\xi = \mathrm{e}^u) = q, \ \mathbb{P}(\xi = \mathrm{e}^v) = p,$$

那么 $\mathbb{E}\xi = q\mathrm{e}^u + p\mathrm{e}^v > 1$ 而 $\mathbb{E}[\log\xi] = qu + pv < 0$, 这里 $\log$ 是指以 e 为底的对数. 令 $S_n := \xi_1 \cdots \xi_n$, 那么 $\mathbb{E}S_n$ 趋于无穷而 S_n 几乎肯定趋于 0. 事实上, 有

$$S_n = \exp(\log\xi_1 + \log\xi_2 + \cdots + \log\xi_n),$$

因为 $\mathbb{E}[\log\xi] < 0$, 由强大数定律推出 $\sum_{i=1}^{n}\log\xi_i$ 几乎肯定趋于负无穷, 即 S_n 几乎肯定趋于 0.

上面的 $qu + pv$ 位于 u, v 之间. 当 $qu + pv \in (u, x_0)$ 时, $\mathbb{E}S_n$ 与 S_n 都趋于 0. 当 $qu + pv \in (0, v)$ 时, 两者都趋于 $+\infty$. 所以 $(x_0, 0)$ 算是一个陷阱. 实际上, 对于正随机变量 ξ, 由 Jensen 不等式, $\mathbb{E}[\log\xi] \leq \log[\mathbb{E}\xi]$. 当 ξ 满足条件

$$\mathbb{E}[\log\xi] < 0 < \log[\mathbb{E}\xi]$$

时, 上面所言的陷阱情况就会发生.

这个数学例子说明什么事情呢? 让我们用直白的投资语言解释. 一个投资额为 S_{n-1} 的投资在一个单位时间后的财富为 S_n, 那么我们说增量与初始投资额的比例

$$\eta_n := \frac{S_n - S_{n-1}}{S_{n-1}}$$

是投资的收益率. 收益率的正与负分别表示投资的盈与亏, 其期望值 $\mathbb{E}\eta_n$ 通常称为期望收益率. 遵循经济学中的风险溢价原理的话, 一个好的投资项目的期望收益率应该大于同期无风险国债的利率.

初始投资 S_0 在 n 个单位时间后的收益变成为

$$S_n = S_0(1 + \eta_1)(1 + \eta_2) \cdots (1 + \eta_n).$$

如果 $1 + \eta_n$ 恰好是上面的 ξ_n, 那么在一定的条件下, $\mathbb{E}S_n$ 与 S_n 分别趋于无穷和零. 这个数学例子告诉我们, 你的投资很可能踏入这么一个陷阱. 如果你恰好掉入这个陷阱, 那么看上去无比乐观的投资却屡屡亏损, 明明理论上看投资的期望收益是趋于无穷, 但市场上几乎没有真正赚钱的投资者. 尽管 S_n 趋于零, 但 $\mathbb{E}S_n$ 很大, 就是说有可能存在 S_n 很大很大, 当然这种事情发生的概率非常非常小. 结果可能是, 很少的人赚很多的钱, 而绝大部分人血本无归.

7.3 Kolmogorov 不等式与强大数律

大数定律和强大数定律的叙述只依赖于随机变量的可积性, 但是上面独立同分布场合的大数定律和强大数定律的证明的主要工具是 Chebyshev 不等式和 Borel-Cantelli 引理, 故需要附加更多的矩条件, 在 Borel 大数律定理证明后的一段话可以知道这些矩条件是技术性的, 不是必须的. 而其中的技术, 即 Chebyshev 不等式无法解决问题的原因是它并没有真正用到随机序列的独立性条件. 下面的定理是著名的 Kolmogorov 不等式, 它是概率论中最有用的不等式之一, 它真正地应用了随机序列的独立性. 然后, Kolmogorov 在独立同分布且简单可积性条件下证明了强大数律, 完美地解决了这个问题.

先设 $\{\xi_n\}$ 是独立平方可积随机序列, 不妨设

$$\mathbb{E}\xi_n = 0, \ \mathbb{E}\xi_n^2 = \sigma_n^2.$$

S_n 表示其部分和. 回忆 $\{\xi_n\}$ 满足强大数律是指 $\frac{1}{n}S_n$ 几乎处处趋于零.

定理 7.3.1 对任何 $n \geq 1$, $\lambda > 0$, 有

$$\mathbb{P}\left(\max_{1 \leq k \leq n} |S_k| \geq \lambda\right) \leq \lambda^{-2}\mathbb{E}[S_n^2].$$

证明. 因为 $S_n - S_k = \xi_{k+1} + \cdots + \xi_n$ 与 $\{\xi_1, \cdots, \xi_k\}$ 独立, 所以

$$\mathbb{E}[S_n^2] \geq \mathbb{E}[S_n^2; \max_{1 \leq k \leq n} |S_k| \geq \lambda]$$

$$= \sum_{k=1}^{n} \mathbb{E}[S_n^2; |S_k| \geq \lambda, \max_{j<k} |S_j| < \lambda]$$

$$= \sum_{k=1}^{n} \mathbb{E}[(S_n - S_k)^2 + 2(S_n - S_k)S_k + S_k^2; |S_k| \geq \lambda, \max_{j<k} |S_j| < \lambda]$$

$$\geq \sum_{k=1}^{n} \mathbb{E}[S_k^2; |S_k| \geq \lambda, \max_{j<k} |S_j| < \lambda]$$

$$\geq \lambda^2 \sum_{k=1}^{n} \mathbb{P}(|S_k| \geq \lambda, \max_{j<k} |S_j| < \lambda) = \lambda^2 \mathbb{P}(\max_{1 \leq k \leq n} |S_k| \geq \lambda),$$

证明完毕. $\qquad\qquad\qquad\qquad\qquad\qquad\qquad\qquad\qquad\qquad\qquad\qquad\qquad\qquad$ □

下面是 Kolmogorov 判别准则.

定理 7.3.2 同上假设, $\{\xi_n\}$ 满足强大数律的一个充分条件是

$$\sum_n \frac{\sigma_n^2}{n^2} < \infty.$$

事实上, 对 $k \geq 1$, $\varepsilon > 0$, 应用 Kolmogorov 不等式, 得

$$\mathbb{P}\left(\max_{2^{k-1}<n\leq 2^k} \frac{1}{n}|S_n| > \varepsilon\right) \leq \mathbb{P}\left(\max_{2^{k-1}<n\leq 2^k} \frac{1}{2^{k-1}}|S_n| > \varepsilon\right)$$

$$\leq \varepsilon^{-2} \cdot 2^{-2k+2} \cdot \mathbb{E}[S_{2^k}^2].$$

关于 k 求和, 得

$$\sum_{k \geq 1} 2^{-2k+2} \cdot \mathbb{E}[S_{2^k}^2] = \sum_{k \geq 1} 2^{-2k+2} \sum_{n \leq 2^k} \sigma_n^2$$

$$= \sum_{n \geq 1} \sigma_n^2 \sum_{n \leq 2^k} 2^{-2k+2} \leq \sum_{n \geq 1} \frac{16}{3} \frac{\sigma_n^2}{n^2},$$

由 Borel-Cantelli 引理推出 $\sum_n \dfrac{\sigma_n^2}{n^2} < +\infty$ 蕴含着

$$\max_{2^{k-1} < n \le 2^k} \frac{1}{n} |S_n|$$

几乎处处趋于零, 这蕴含着 $\{\xi_n\}$ 服从强大数定律.

有了两个定理作准备, 我们来证明独立同分布场合的 Kolmogorov 强大数律.

定理 7.3.3 (Kolmogorov)　**独立同分布可积随机序列 $\{\xi_n\}$ 服从强大数律.**

证明. 不妨设 $\mathbb{E}[\xi_1] = 0$. 方法是把 ξ_k 分成两部分. 令

$$U_k := \xi_k \cdot 1_{\{|\xi_k| < k\}}, \quad V_k := \xi_k \cdot 1_{\{|\xi_k| \ge k\}}.$$

我们将证明 $\{U_k\}$ 服从强大数律, 而 $\{V_k\}$ 以概率 1 只有有限多个非零. 后者由 Borel-Cantelli 引理推出, 因为

$$\sum_k \mathbb{P}(V_k \ne 0) \le \sum_k \mathbb{P}(|\xi_k| \ge k) = \sum_k \mathbb{P}(|\xi_1| \ge k) \le 1 + \mathbb{E}|\xi_1| < \infty.$$

再看 $\{U_k\}$, 让我们计算 $\sum_k \dfrac{D(U_k)}{k^2}$. 因为 $D(U_k) \le \mathbb{E}[U_k^2]$, 故

$$
\begin{aligned}
\sum_k \frac{D(U_k)}{k^2} &\le \sum_k \frac{\mathbb{E}[\xi_1^2; |\xi_1| < k]}{k^2} \\
&= \sum_{k \ge 1} \frac{1}{k^2} \sum_{n \le k} \mathbb{E}[\xi_1^2; n-1 \le |\xi_1| < n] \\
&= \sum_{n \ge 1} \mathbb{E}[\xi_1^2; n-1 \le |\xi_1| < n] \sum_{k \ge n} \frac{1}{k^2} \\
&\le \sum_{n \ge 1} \frac{2}{n} \mathbb{E}[\xi_1^2; n-1 \le |\xi_1| < n] \\
&\le \sum_n 2\mathbb{E}[|\xi_1|; n-1 \le |\xi_1| < n] = 2\mathbb{E}|\xi_1| < \infty.
\end{aligned}
$$

由上一个定理得 $\{U_k\}$ 满足强大数律, 且因

$$\lim \frac{1}{n} \sum_{k=1}^n \mathbb{E}[V_k] = \lim \frac{1}{n} \sum_{k=1}^n \mathbb{E}[\xi_1; 1_{\{|\xi_1| \ge k\}}] = \lim_n \mathbb{E}[\xi_1; 1_{\{|\xi_1| \ge n\}}] = 0,$$

故 $\{\xi_n\}$ 服从强大数律. □

7.4 L^p-收敛

首先证明一个重要的 Hölder 不等式, 它是 Cauchy-Schwarz 不等式的推广.

定理 7.4.1 (Hölder) **设** $1 < p < \infty, 1 < q < \infty$ **且** $\frac{1}{p} + \frac{1}{q} = 1$. **则**

$$\mathbb{E}|\xi\eta| \leq (\mathbb{E}|\xi|^p)^{\frac{1}{p}} \cdot (\mathbb{E}|\eta|^q)^{\frac{1}{q}}.$$

证明. 利用指数函数的凸性, 有

$$\mathrm{e}^{x+y} \leq \frac{1}{p}\mathrm{e}^{px} + \frac{1}{q}\mathrm{e}^{qy}, \ x, y \in \mathbf{R},$$

故对任何实数 $a > 0, b > 0$, 有

$$ab \leq \frac{1}{p}a^p + \frac{1}{q}b^q.$$

令 $a = \dfrac{|\xi|}{(\mathbb{E}|\xi|^p)^{\frac{1}{p}}}$, $b = \dfrac{|\eta|}{(\mathbb{E}|\eta|^q)^{\frac{1}{q}}}$, 得

$$\frac{|\xi\eta|}{(\mathbb{E}|\xi|^p)^{\frac{1}{p}} \cdot (\mathbb{E}|\eta|^q)^{\frac{1}{q}}} \leq \frac{1}{p}\frac{|\xi|^p}{\mathbb{E}|\xi|^p} + \frac{1}{q}\frac{|\eta|^q}{\mathbb{E}|\eta|^q}.$$

推出

$$\mathbb{E}\left\{ \frac{|\xi\eta|}{(\mathbb{E}|\xi|^p)^{\frac{1}{p}} \cdot (\mathbb{E}|\eta|^q)^{\frac{1}{q}}} \right\} \leq 1,$$

即是 Hölder 不等式. $\square$

当 $p = q = 2$ 时, 就是 Cauchy-Schwarz 不等式. 见定理 4.3.1. 对随机变量 ξ, $a > 0$, $\mathbb{E}|\xi|^a$ 称为 ξ 的 a- 阶绝对矩.

推论 7.4.1 设 $0 < a < b$, **那么**

$$(\mathbb{E}|\xi|^a)^{\frac{1}{a}} \leq (\mathbb{E}|\xi|^b)^{\frac{1}{b}}.$$

证明. 对 $|\xi|^a$ 与 1 取 $p = \dfrac{b}{a} > 1$, $q = \dfrac{b}{b-a}$, 用 Hölder 不等式得 $\mathbb{E}|\xi|^a \leq (\mathbb{E}|\xi|^b)^{\frac{a}{b}}$, 因此结论成立. $\square$

也就是说如果某阶矩有限, 那么更低阶矩也有限.

定义 7.4.1 称随机序列 $\{\xi_n\}$ L^p- 收敛于 ξ $(p \geq 1)$, 如果 $\mathbb{E}|\xi_n|^p$ 与 $\mathbb{E}|\xi|^p$ 有限且

$$\lim_n \mathbb{E}|\xi_n - \xi|^p = 0.$$

其中最重要的是 L^1 与 L^2 收敛.

应用 Chebyshev 不等式,

$$\mathbb{P}(|\xi_n - \xi| > \varepsilon) \leq \frac{1}{\varepsilon}\mathbb{E}|\xi_n - \xi|.$$

因此 L^1 收敛蕴含着依概率收敛. 另外因为

$$|\mathbb{E}\xi_n - \mathbb{E}\xi| \leq \mathbb{E}|\xi_n - \xi|,$$

故 L^1 收敛蕴含着期望和极限可交换. 但是 L^1 收敛与几乎处处收敛是不能互相蕴含的.

例 7.4.1 设 ξ 服从 $[0,1]$ 上均匀分布, $\xi_n := n1_{[0,\frac{1}{n}]}(\xi)$. 如果 $\xi > 0$, 那么 n 充分大时 $\xi > \frac{1}{n}$, 因此 $\xi_n \longrightarrow 0$. 而 $\mathbb{E}\xi_n = 1$, 即 $\{\xi_n\}$ 几乎处处收敛于 0, 但不是 L^1 收敛的. 另外上一节中依概率收敛但不是几乎处处收敛的例子也说明 L^1 收敛不一定推出几乎处处收敛. ∎

如果 $\xi_n \xrightarrow{\text{a.s.}} \xi$ 且 $\{\xi_n\}$ 被可积随机变量控制, 那么由控制收敛定理可以证明 ξ_n L^1-收敛于 ξ.

7.5   依分布收敛

下面我们讨论分布收敛的问题. 依分布收敛的引入是缘由 de Moivre 中心极限定理, 在早期研究成功概率为 p 的 Bernoulli 随机序列 $\{\xi_n\}$ 时, Bernoulli 证明了大数定律, 即成功的频率依概率收敛于成功的概率:

$$\frac{S_n}{n} \xrightarrow{\text{P}} p.$$

而 de Moivre 研究成功次数 S_n 的分布情况, 他的想法是先把 S_n 标准化, 然后看它落在区间 (a, b) 的概率当 n 无穷的极限是什么, 用数学的语言来表达, 也就是说要计算

$$\lim_n \mathbb{P}\left(a < \frac{S_n - np}{\sqrt{npq}} < b\right).$$

实际上, 当初 de Moivre 只是研究了 $p = 1/2$ 的情况, 一般的 p 的情况是 Laplace 后来推广的. 按照以上收敛的意思, 我们给出如下定义.

定义 7.5.1 (1) 设 F_n 是 $\mathbf{R}$ 上分布函数. 称 $\{F_n\}$ 弱收敛, 如果存在一个递增右连续函数 F 使得对任何 F 的连续点 x, 有

$$\lim_n F_n(x) = F(x),$$

记为 $F_n \overset{\mathrm{w}}{\longrightarrow} F$; (2) 说一个随机变量序列 $\{\xi_n\}$ 依 (或以) 分布收敛于随机变量 ξ, 记为 $\xi_n \overset{\mathrm{d}}{\longrightarrow} \xi$, 如果 ξ_n 的分布函数序列 F_n 弱收敛于 ξ 的分布函数 F. 注意这里的随机变量可以在不同的概率空间上.

由定义, 如果 F 是分布函数列弱收敛的极限, 则 $F(+\infty) - F(-\infty) \le 1$. 我们应注意到, 一个分布函数列的弱收敛极限可能不是分布函数, 或者说可能有亏损. 如 $F_n = 1_{[n,\infty)}$, 则 $F_n \overset{\mathrm{w}}{\longrightarrow} 0$. 这说明弱收敛极限可能有亏损的理由是分布在 $\mathbf{R}$ 上的某些物质经过极限后跑到无穷远处去了. 定理 7.5.1 说明一个概率空间上的随机序列 $\{\xi_n\}$ 依概率收敛蕴含着依分布收敛, 但反之显然不对, 因为不同随机变量可以有相同分布, 甚至依分布收敛的定义中随机变量 $\{\xi_n\}$ 与 ξ 可以不是定义在同一个概率空间上. 另外一个问题是为什么定义中只要求在 F 的连续点上收敛就够了, 这是因为在所有点上收敛的要求太苛刻了, 比如随机序列 $\xi_n = 1/n$ 收敛于 0, 但分布函数 $1_{[1/n,+\infty)}$ 在零点总是等于零, 而随机变量零的分布函数在零点等于 1, 就没有收敛性.

例 7.5.1 设 F 是分布函数. 对任何 $\alpha > 0$, 令 $F_\alpha(x) := F(\alpha x)$, 那么 F_α 是分布函数, 如果 F 有密度 f, F_α 有密度 $\alpha f(\alpha x)$. 考虑分布函数列 $\{F_n\}$, 当 $x > 0$ 时, $F(nx) \longrightarrow 1$; 当 $x < 0$ 时, $F(nx) \longrightarrow 0$, 因此 F_n 弱收敛于常数 0 的分布函数. 如果 ξ 是分布为 F 的随机变量, 那么 ξ/n 的分布函数是 F_n, 而 $\xi/n \overset{\mathrm{a.s.}}{\longrightarrow} 0$, 当然有 $\xi/n \overset{\mathrm{d}}{\longrightarrow} 0$.

再考虑分布函数列 $\{F_{1/n}\}$, 当 $x > 0$ 时, $F(x/n) \longrightarrow F(0)$; 当 $x < 0$ 时, $F(x/n) \longrightarrow F(0-)$, 因此 $F_{1/n}$ 弱收敛于递增右连续函数

$$F(0-)1_{(-\infty,0)} + F(0)1_{[0,+\infty)}.$$

类似地, $n\xi$ 的分布是 $F_{1/n}$, 而

$$n\xi \overset{\mathrm{a.s.}}{\longrightarrow} +\infty \cdot 1_{\{\xi>0\}} - \infty \cdot 1_{\{\xi<0\}},$$

这也看出来上面的弱收敛性的理由, 原来分布在 $\mathbf{R} \setminus \{0\}$ 上的 '物质' 跑到无穷远处去了, 只有在 0 点的 '物质' 没有变化.

特别地, 如果 F 是标准正态分布函数. 这说明 $N(0, 1/n^2)$ 弱收敛于常数零的分布函数, 而 $N(0, n^2)$ 弱收敛于恒等于 $1/2$ 的函数, 而其密度函数的极限是零. ∎

下面的定理说明随机序列的依概率收敛蕴含着依分布收敛. 这个证明也告诉我们不能要求随机序列分布函数 F_n 在 F 的非连续点处收敛.

定理 7.5.1 设 $\{\xi_n\}, \xi$ 是随机变量, 分别具有分布函数 $\{F_n\}, F$. 如果 $\xi_n \overset{\mathrm{p}}{\longrightarrow} \xi$, 则对 F 的任意连续点 x 有 $\lim_n F_n(x) = F(x)$.

证明. 对任意 $\varepsilon > 0$, $\xi_n \leq x$ 和 $|\xi_n - \xi| < \varepsilon$ 蕴含着 $\xi \leq x + \varepsilon$, 而 $\xi \leq x - \varepsilon$ 和 $|\xi_n - \xi| < \varepsilon$ 蕴含着 $\xi_n \leq x$, 因此我们得到

$$
\begin{aligned}
F_n(x) = \mathbb{P}(\xi_n \leq x) &= \mathbb{P}(\{\xi_n \leq x\} \cap \{|\xi_n - \xi| < \varepsilon\}) \\
&\quad + \mathbb{P}(\{\xi_n \leq x\} \cap \{|\xi_n - \xi| \geq \varepsilon\}) \\
&\leq \mathbb{P}(\xi \leq x + \varepsilon) + \mathbb{P}(|\xi_n - \xi| \geq \varepsilon) \\
&= F(x + \varepsilon) + \mathbb{P}(|\xi_n - \xi| \geq \varepsilon); \\
F_n(x) = \mathbb{P}(\xi_n \leq x) &\geq \mathbb{P}(\{\xi \leq x - \varepsilon\} \cap \{|\xi_n - \xi| < \varepsilon\}) \\
&\geq F(x - \varepsilon) - \mathbb{P}(|\xi_n - \xi| \geq \varepsilon).
\end{aligned}
$$

因此

$$
F(x - \varepsilon) \leq \underline{\lim}_n F_n(x) \leq \overline{\lim}_n F_n(x) \leq F(x + \varepsilon).
$$

当 F 在 x 点连续时, 显然有 $\lim_n F_n(x) = F(x)$. □

反过来自然是不对的, 但有一个特别情况, 若 ξ_n 定义在同一个概率空间上且依分布收敛于一个常数, 则 ξ_n 也依概率收敛. 下面的 Skorohod 定理说明弱收敛的分布函数列可以实现为某一个概率空间上的处处收敛的随机变量序列.

定理 7.5.2 (Skorohod) 设 $F_n, n \geq 1, F$ 是 $\mathbf{R}$ 上分布函数. 如果 $F_n \overset{\mathrm{w}}{\longrightarrow} F$, 则存在概率空间 $(\Omega, \mathscr{F}, \mathbb{P})$ 与其上的随机变量 $\{\xi_n\}, \xi$ 使得

(1) ξ_n 点点收敛于 ξ;

(2) F_n 与 F 分别是 ξ_n 与 ξ 的分布函数.

证明. 仿照定理 5.2.1 前面关于广义逆的说明, 我们来验证 F_n 的广义逆 F_n^{-1} 在一个可列集外收敛于 F^{-1}. 事实上, 设 C 是 F^{-1} 与 F 的连续点集的交, 则 C^c 是可列的. 取 $y \in C$, 那么存在 $x, x' \in C$ 使得 $x < F^{-1}(y) < x'$, 则由广义逆的性质 (1) 和 (5), $F(x) < y < F(x')$. 由于 F_n 弱收敛于 F, 当 n 充分大时, $F_n(x) < y < F_n(x')$. 因此再利用性质 (1) 和 (5) 推出 $x < F_n^{-1}(y) \le x'$, 故

$$|F_n^{-1}(y) - F^{-1}(y)| \le x' - x.$$

由于 x, x' 可以随意地接近, 推出 $F_n^{-1}(y) \longrightarrow F^{-1}(y)$.

现在回到概率空间上, 令 η 是某个概率空间 $(\Omega, \mathscr{F}, \mathbb{P})$ 上均匀分布在 $[0,1]$ 上的随机变量. 令

$$\xi := F^{-1}(\eta)1_{\{\eta \in C\}},$$
$$\xi_n := F_n^{-1}(\eta)1_{\{\eta \in C\}}.$$

由于 F_n^{-1} 在 C 上点点收敛于 F^{-1}, 故 ξ_n 点点收敛于 ξ. 再者, 由定理 5.2.1 知道 $F^{-1}(\eta)$ 与 $F_n^{-1}(\eta)$ 的分布分别是 F 与 F_n. 因为 η 是均匀分布的, 故 $\mathbb{P}(\eta \notin C) = 0$, 因此 ξ 与 ξ_n 的分布分别是 F 与 F_n. $\qquad \square$

分布函数 F 诱导有界连续函数空间 $C_b(\mathbf{R})$ 上的一个有界线性泛函 $f \mapsto \int f dF$. 下面定理说明弱收敛其实差不多是作为泛函的弱 (*) 收敛.

定理 7.5.3 (Helly-Bray) 设有分布函数 F_n, F. 则 $F_n \overset{\mathrm{w}}{\longrightarrow} F$ 当且仅当对任何有界连续函数 f, $\int f dF_n \to \int f dF$.

证明. 这个命题完全是一个分析命题, 自然可以用纯分析的方法证明, 留给大家作为习题. 这里我们应用上面的 Skorohod 定理来证明. 设 $F_n \overset{\mathrm{w}}{\longrightarrow} F$, 则取 Skorohod 定理中的 ξ_n 与 ξ, 对 $f \in C_b(\mathbf{R})$, 应用有界收敛定理, $\int f(x) dF_n(x) = \mathbb{E}f(\xi_n) \to \mathbb{E}f(\xi) = \int f(x) dF(x)$. 反过来, 任取 $x_0 < x_1$, 取 $f \in C_b(\mathbf{R})$ 满足 $1_{(-\infty, x_0]} \le f \le 1_{(-\infty, x_1]}$. 由弱收敛性得

$$F(x_0) = \int_{-\infty}^{x_0} dF(x) \le \int_{\mathbf{R}} f(x) dF(x) = \lim_n \int_{\mathbf{R}} f(x) dF_n(x) \le \underline{\lim}_n F_n(x_1),$$
$$F(x_1) = \int_{-\infty}^{x_1} dF(x) \ge \int_{\mathbf{R}} f(x) dF(x) = \lim_n \int_{\mathbf{R}} f(x) dF_n(x) \ge \overline{\lim}_n F_n(x_0).$$

那么对任何 $x \in \mathbf{R}, \delta > 0$, 有

$$F(x - \delta) \leq \underline{\lim}_n F_n(x) \leq \overline{\lim} F_n(x) \leq F(x + \delta).$$

推出若 F 在 x 连续, 必有 $\lim F_n(x) = F(x)$.   □

实际上, 如果对 F 加适当的条件, 则定理对 $\mathbf{R}$ 上几乎处处连续的函数 f 也是成立的, 参见习题.

例 7.5.2 Skorohod 定理的证明实际上比定理本身说得更多一些. 设有分布函数列 G_n 弱收敛于常数 0 的分布函数, F 是某个分布函数. 那么根据定理 10.2.2, 存在某概率空间上两个在 $[0,1]$ 上均匀分布的随机变量 ξ 与 η, 现在令 $X_n := G_n^{-1}(\xi)$, $X := F^{-1}(\eta)$, 那么 X_n 与 X 独立且由上面的证明, X_n 几乎处处收敛于 0. 由此推出 $X_n + X$ 几乎处处收敛于 X, 这证明了 $G_n * F$ 弱收敛于 F. 而这无法从 Skorohod 定理直接推出. ∎

定理 7.5.4 任何分布函数列 $\{F_n\}$ 有一个子列 $\{F_{k_n}\}$ 弱收敛.

证明. 取 $\mathbf{R}$ 的一个可列稠子集 $D = \{x_n : n \geq 1\}$, 那么 $\{F_n(x_1) : n \geq 1\}$ 是有界的, 存在收敛子列 $\{F_{k_n^{(1)}}(x_1)\}$, 假设已取得子列 $\{k_n^{(i)}\}$, 那么因为 $\{F_{k_n^{(i)}}(x_{i+1})\}$ 有界, 我们可以取得 $\{k_n^{(i)}\}$ 的子列 $\{k_n^{(i+1)}\}$ 使得 $\{F_{k_n^{(i+1)}}(x_{i+1})\}$ 收敛, 这样用对角线法, 令 $k_n := k_n^{(n)}$. 那么 $\{F_{k_n}\}$ 在 D 的任何点上都收敛, 事实上, 对任何 $i \geq 1$, $\{k_n : n \geq i\}$ 是 $\{k_n^{(i)} : n \geq i\}$ 的子列, 因此 $\{F_{k_n}(x_i)\}$ 收敛. 推出 $\{F_{k_n}\}$ 弱收敛 (见习题).   □

这里所用的方法在数学上称为对角线法, 是一个常用方法. 由此定理推出分布函数列 $\{F_n\}$ 弱收敛当且仅当其所有弱收敛子列都弱收敛于同一个函数 F, 证明留作习题.

习 题

1. 设 $\{A_n\}$ 是独立事件列, $\xi(\omega) := |\{n : \omega \in A_n\}|$, 即包含有 ω 的集合 A_n 的个数. 证明: $\mathbb{P}(\xi < \infty) > 0$ 蕴含着 $\mathbb{E}\xi < \infty$.

2. 设 $\{\xi_n\}$ 是独立同分布随机序列且 $\mathbb{P}(\xi_1 \neq 0) > 0$, 证明: $\sum_{n \geq 1} \xi_n$ 收敛的概率为零.

3. 设 $\{A_n\}$ 是事件列, 证明: $\mathbb{P}(\overline{\lim}_n A_n) \geq \overline{\lim} \mathbb{P}(A_n)$.

4. 设 $\{\xi_n\}$ 是随机序列, 满足 $\sum_{n\geq 1}\mathbb{E}|\xi_n| < \infty$. 证明: $\sum_{n\geq 1}\xi_n$ 几乎处处收敛于一个可积函数 ξ, 且 $\mathbb{E}\xi = \sum_{n\geq 1}\mathbb{E}\xi_n$.

5. 设 $\xi_n \xrightarrow{\mathrm{P}}\xi$ 且 $\xi_n \xrightarrow{\mathrm{P}}\eta$, 证明: $\mathbb{P}(\xi = \eta) = 1$.

6. 证明: 随机序列 $\{\xi_n\}$ 依概率收敛于随机变量 ξ 当且仅当 $\{\xi_n\}$ 的任何子序列中存在一个子序列几乎处处收敛于 ξ.

7. 设随机序列 ξ_n 与 η_n 分别依概率收敛于 ξ 与 η, 证明: $\xi_n + \eta_n$, $\xi_n \cdot \eta_n$ 分别依概率收敛于 $\xi + \eta$, $\xi \cdot \eta$.

8. 设 $\{\xi_n\}$ 是独立同分布随机序列, 服从 $(0,1)$ 上均匀分布, 令 Y_n 是 $\xi_1, \xi_2, \cdots,$ ξ_{2n+1} 按大小排列后位于中间的那个, 证明: Y_n 几乎处处收敛于 $1/2$.

9. 证明: 如果存在极限为零的正数列 $\{\delta_n\}$ 使得 $\sum_n \mathbb{P}(|\xi_n - \xi| > \delta_n) < \infty$, 那么 $\xi_n \xrightarrow{\mathrm{a.s.}}\xi$.

10. 设 $\{\xi_n\}$ 是独立同分布随机序列, 服从参数为 1 的指数分布, 令

$$Y_n = \inf\{\frac{\xi_k}{k} : 1 \leq k \leq n\},$$

计算 $\mathbb{P}(Y_n > n^{-3/2})$ 并证明 $\sum_{n\geq 1}Y_n$ 几乎处处收敛.

11. 设 $\{A_n\}$ 是事件列, m 是固定自然数. 用 G 表示至少属于 m 个 A_n 中的元素全体. 证明: G 可测且 $m\mathbb{P}(G) \leq \sum_n \mathbb{P}(A_n)$.

12. 设 $\xi_n \xrightarrow{\mathrm{P}}\xi$, g 是连续函数, 证明: $g(\xi_n) \xrightarrow{\mathrm{P}}g(\xi)$.

13. 设 ξ_n 是非负递减随机变量序列, $\xi_n \xrightarrow{\mathrm{P}}0$. 证明: $\xi_n \xrightarrow{\mathrm{a.s.}}0$.

14. 重复两个结果成功 S 失败 F 的 Bernoulli 试验, 给定的一个系列, 如 SFS, 在试验中无限次出现的概率是多少?

15. 设有独立同分布非负随机序列 $\{\xi_n\}$, 证明: 如果 $\mathbb{E}\xi_1 = +\infty$, 那么 $\frac{1}{n}\sum_{i=1}^n \xi_i$ 几乎处处收敛于 $+\infty$.

16. 依概率收敛是可以度量化的. 对于随机变量 X, Y, 定义 (Ky Fan 度量)

$$\alpha(X, Y) := \inf\{\delta \geq 0 : \mathbb{P}(|X - Y| > \delta) \leq \delta\},$$

证明: α 是度量, 且诱导了依概率收敛. 实际上

$$\alpha_1(X, Y) := \mathbb{E}(|X - Y| \wedge 1)$$

也是一个诱导依概率收敛的度量. (依概率收敛可以度量化最早是 Fréchet 证明的.)

17. 设 f 是 $(0, \infty)$ 上有界连续严格递增函数且 $f(0) = 0$. 证明: 随机序列 $\{\xi_n\}$ 依概率收敛于 0 当且仅当 $\mathbb{E}[f(|\xi_n|)]$ 趋于 0.

18. 设 $\{X_n\}$ 是独立随机序列, X_n 服从参数为 λ_n 的 Poisson 分布, 证明: $\sum_n X_n$ 几乎处处收敛当且仅当 $\sum_n \lambda_n$ 收敛.

19. 设 ξ_n, ξ 是非负可积随机变量, $\xi_n \xrightarrow{\text{a.s.}} \xi$, $\mathbb{E}\xi_n \longrightarrow \mathbb{E}\xi$. 证明: $\xi_n \xrightarrow{L^1} \xi$, 即 L^1-收敛.

20. 设 S_n 是例 1.3.8 中 n 人配对问题中拿到自己帽子的人数. 证明: 对任何趋于无穷的正数列 $\{a_n\}$ 有 $(S_n - 1)/a_n$ 依概率收敛于 0, 但 S_n 本身依分布收敛于 Poisson 分布.

21. 证明: 如果 $\{F_n\}$ 弱收敛, 则其极限唯一.

22. 设分布函数列 $\{F_n\}$ 弱收敛于连续的分布函数 F. 证明: 收敛在 $\mathbf{R}$ 上是一致的.

23. 举例说明随机变量列依分布收敛未必依概率收敛. 若 $\{\xi_n\}$ 在同一个概率空间上且 a 是常数, 证明: $\xi_n \Rightarrow a$ 蕴含着 $\xi_n \xrightarrow{\text{p}} a$.

24. 分布函数列 F_n 弱收敛当且仅当存在 $\mathbf{R}$ 的一个稠子集 D 使得对任何 $x \in D$, $F_n(x)$ 收敛.

25. 设 ξ_n 依分布收敛于 ξ 且存在可积的 η 使得 $|\xi_n| \le \eta$. 证明: ξ 可积且 $\mathbb{E}\xi_n \longrightarrow \mathbb{E}\xi$.

26. 分布函数列 $\{F_n\}$ 称为是在无穷远处等度连续的, 如果对任何 $\varepsilon > 0$, 存在 $N > 0$ 使得对任何 $n \ge 1$, 有 $F_n(N) - F_n(-N) > 1 - \varepsilon$. 设 F_n 弱收敛于递增右连续函数 F, 证明: F 是分布函数当且仅当 $\{F_n\}$ 在无穷远处等度连续.

27. 设 F 是 $[0,1]$ 上均匀分布函数. 对 $[0,1]$ 上趋于零的分划列

$$\{(0 = x_0^{(n)} < \cdots < x_{j_n}^{(n)} = 1) : n \geq 1\},$$

任取 $a_i^{(n)} \in (x_{i-1}^{(n)}, x_i^{(n)}]$, $i = 1, \cdots, j_n$, 定义

$$F_n = \sum_{i=1}^{j_n} (x_i^{(n)} - x_{i-1}^{(n)}) 1_{[a_i^{(n)}, +\infty)}.$$

证明: $F_n \xrightarrow{\mathrm{w}} F$.

28. (*) 当 f 是有界 Borel 可测函数, F 是随机变量 ξ 的分布函数时, $f(\xi)$ 是有界随机变量, 因此 $\mathbb{E}[f(\xi)]$ 是有意义的, 且

$$\mathbb{E}[f(\xi)] = \int_{\mathbf{R}} f dF,$$

其中右边是 Lebesgue-Stieltjes 积分. 现在设 F_n 是分布函数, F 是绝对连续的分布函数且 $F_n \xrightarrow{\mathrm{w}} F$, f 是 $\mathbf{R}$ 上有界 Borel 可测且几乎处处连续 (指其不连续点集的 Lebesgue 测度为零) 的函数. 证明:

$$\int f dF_n \longrightarrow \int f dF.$$

试由此推出 $[0,1]$ 上几乎处处连续的有界 Borel 可测函数是 Riemann 可积的. (此题限于学过 Lebesgue 积分理论的读者.)

29. 证明: 分布函数列 $\{F_n\}$ 弱收敛当且仅当其所有弱收敛子列都弱收敛于同一个函数 F.

30. 设 $\{X_n\}$ 是分布收敛于 X 的随机序列, $\{N_n\}$ 是独立于 $\{X_n\}$ 的正整数值的随机序列且几乎处处趋于无穷, 证明: $\{X_{N_n}\}$ 依分布收敛于 X.

31. 设 $\{\xi_n\}$ 是独立同分布随机序列. 证明: 如果 $\frac{1}{n} \sum_{i=1}^{n} \xi_i$ 几乎处处收敛, 证那么 ξ_n 可积.

32. (局部极限定理) 设随机变量 ξ_n 的密度函数 p_n 几乎处处收敛于随机变量 ξ 的密度函数 p, 证明: 对任何 Borel 子集 E, 有

$$\lim_n \mathbb{P}(\xi_n \in E) = \mathbb{P}(\xi \in E).$$

第八章　特征函数

本章的目的是介绍特征函数的概念及其性质. 特征函数或者说 Fourier 变换, 本来是一种分析工具, 与概率没有关系, 也没有概率特有的直观性, 但是它却是是研究随机变量及其分布的重要工具, 特别是在研究分布收敛性的时候, 也就是在证明中心极限定理时, 它几乎是唯一的工具, 直到近几十年才有其他方法出现. 特征函数最主要的性质之一是独立随机变量和的特征函数是各自特征函数的乘积, 在概率论中, 我们引入特征函数主要是下面两个目的:

(1) 唯一性: 特征函数唯一决定分布函数;

(2) 连续性: 特征函数点点收敛等价于分布函数弱收敛.

8.1　特征函数

母函数只适用于取非负整数值的随机变量. 下面我们讨论一般实值随机变量或其分布函数的特征函数. 让我们回忆定理 4.2.2 所言的变量替换公式: 如果 ξ 是随机变量, f 是有界连续函数, 那么

$$\mathbb{E}f(\xi) = \int_{\mathbf{R}^d} f(x)dF(x),$$

其中 F 是 ξ 的分布函数. 下面我们不区别左右这两种积分, 方便使用哪种积分就使用哪种积分. 如果 f 是 $\mathbf{R}^d$ 上有界复值连续函数, 它关于 d- 维分布函数 F 的积分自然地定义为

$$\int_{\mathbf{R}^d} f(x)dF(x) := \int_{\mathbf{R}^d} (\mathrm{Re}f(x))dF(x) + \mathrm{i} \int_{\mathbf{R}^d} (\mathrm{Im}f(x))dF(x),$$

其中 $\text{Re}f, \text{Im}f$ 分别是 f 的实部与虚部, $\text{i} = \sqrt{-1}$. 容易验证下面的不等式依然成立:

$$|\mathbb{E}f(\xi)| \le \mathbb{E}|f(\xi)|,$$

其中的绝对值是指复数的模. 下面是随机变量及其分布函数的特征函数的定义.

定义 8.1.1 设 ξ 是 d- 维随机变量, F 是 ξ 的分布函数. 那么复值函数

$$\hat{F}(x) := \int_{\mathbf{R}^d} \text{e}^{\text{i}x \cdot y} dF(y), \ x \in \mathbf{R}^d$$

(其中 $x \cdot y$ 是 $\mathbf{R}^d$ 空间的内积) 称为分布函数 F 的特征函数.

注意内积视方便有时也写为 (x, y), 或者直接写为 xy. 特征函数就是 Fourier 变换. 如果分布函数 F 有密度函数 f, 那么 F 的特征函数为

$$\hat{F}(x) := \int_{\mathbf{R}^d} \text{e}^{\text{i}x \cdot y} f(y) dy,$$

也记为 $\hat{f}$. 按照期望公式, 特征函数也可以用随机变量 ξ 表示, 写成下面的形式:

$$\hat{F}(x) = \mathbb{E}\text{e}^{\text{i}x \cdot \xi},$$

因此 $\hat{F}$ 也称为是 ξ 的特征函数, 当然特征函数本质上是由分布函数决定的, 同分布的随机变量有相同的特征函数.

引理 8.1.1 分布函数 F 的特征函数 $\hat{F}$ 有下列性质:

(1) $\hat{F}$ 是 $\mathbf{R}^d$ 上复值函数, $|\hat{F}| \le 1$, $\hat{F}(0) = 1$;

(2) $\hat{F}$ 在 $\mathbf{R}^d$ 上一致连续;

(3) $\overline{\hat{F}}(x) = \hat{F}(-x)$, $x \in \mathbf{R}^d$;

(4) 设 ξ, η 是独立随机变量, 则 $\mathbb{E}\text{e}^{\text{i}x(\xi+\eta)} = \mathbb{E}\text{e}^{\text{i}x\xi} \cdot \mathbb{E}\text{e}^{\text{i}x\eta}$, 即和的特征函数是各自特征函数的积;

(5) 特征函数是非负定的. 一个 $\mathbf{R}^d$ 上的复值函数 φ 称为是非负定的, 如果对任何有限点集 $\{x_1, \cdots, x_m\} \subset \mathbf{R}^d$, 矩阵 $(\varphi(x_j - x_k))_{1 \le j,k \le m}$ 是非负定 Hermite 阵;

(6) 设 F 是随机变量 ξ 的分布函数, 如果 $\mathbb{E}|\xi|^n < \infty$, 那么 $\hat{F}$ 在 0 点 n 次可导, 且这时有 $\text{i}^n\mathbb{E}\xi^n = \hat{F}^{(n)}(0)$.

证明. 性质多数由定义直接推出. 为验证 (5), 任取复数 $c_1, \cdots, c_m$,

$$\sum_{1 \le j,k \le m} c_j \hat{F}(x_j - x_k) \overline{c_k} = \sum_{j,k} c_j \mathbb{E} e^{i(x_j - x_k) \cdot \xi} \overline{c_k}$$

$$= \mathbb{E} \left| \sum_j c_j e^{ix_j \cdot \xi} \right|^2 \ge 0.$$

(6) 设 $n = 1$. 首先 $\dfrac{\hat{F}(x) - 1}{x} = \mathbb{E} \dfrac{e^{ix\xi} - 1}{x}$, 而对任何 $x \in \mathbf{R}$, $\left| \dfrac{e^{ix\xi} - 1}{x} \right| \le |\xi|$, 由 Lebesgue 控制收敛定理推出

$$\hat{F}'(x) = \lim_{h \to 0} \frac{\hat{F}(x+h) - \hat{F}(x)}{h} = \mathbb{E} \left[\lim_{h \to 0} \frac{e^{ih\xi} - 1}{h} e^{ix\xi} \right] = i\mathbb{E}\xi \cdot e^{ix\xi}.$$

利用归纳法得如果 $\mathbb{E}|\xi|^n < \infty$, 则

$$\hat{F}^{(n)}(x) = i^n \mathbb{E} \left[\xi^n \cdot e^{ix\xi} \right].$$

$\square$

注意当 n 是偶数时, $\hat{F}$ 在 0 点 n 次可导蕴含着 $\mathbb{E}|\xi|^n < \infty$.

例 8.1.1 我们来算某些分布的特征函数. 特征函数是通过积分计算的, 并不是都很容易算, 很多分布的特征函数可能根本不能用常见函数表达. 下面例子中的特征函数计算当然都比较简单.

(1) 设 ξ 服从 Bernoulli 分布, $\mathbb{P}(\xi = 0) = q$, $\mathbb{P}(\xi = 1) = p$, 那么 $\mathbb{E}\left(e^{ix\xi}\right) = q + pe^{ix}$. 如果 ξ 是参数为 n, p 的二项分布, 那么它是 n 个独立的 Bernoulli 分布的和, 因此 $\mathbb{E}[e^{ix\xi}] = (q + pe^{ix})^n$.

(2) 如果 ξ 服从参数为 λ 的 Poisson 分布, 则

$$\mathbb{E}\left(e^{ix\xi}\right) = \sum_{n \ge 0} e^{-\lambda} \frac{\lambda^n}{n!} e^{inx} = e^{-\lambda(1 - e^{ix})}.$$

(3) 如果 ξ 服从 $[a, b]$ 上均匀分布, 即有密度 $f = \dfrac{1}{b-a} 1_{[a,b]}$, 则

$$\mathbb{E}\left(e^{ix\xi}\right) = \frac{1}{b-a} \int_a^b e^{ixy} dy = \frac{e^{ibx} - e^{iax}}{ix(b-a)}.$$

因此单位区间上均匀分布的特征函数是 $x \mapsto \dfrac{\mathrm{e}^{\mathrm{i}x}-1}{\mathrm{i}x}$. 对称区间 $[-a,a]$ 上的特征函数是

$$x \mapsto \frac{\sin ax}{ax}.$$

上面这个积分的计算应该先化为实函数的积分

$$\int_a^b \mathrm{e}^{\mathrm{i}xy}dy = \int_a^b \cos xy dy + \mathrm{i} \int_a^b \sin xy dy$$

然后计算, 但是读者会发现按上面的方法计算得到同样的结果, 并且在其他许多情况下也是对的. 如果 ξ, η 独立都服从 $[-1/2,1/2]$ 上均匀分布, 那么 $\xi + \eta$ 的密度函数是 $1_{[-1/2,1/2]}$ 的卷积

$$f(x) = 1_{[-1,1]}(x)(1 - |x|),$$

由引理 8.1.1 的性质 (4) 知道此密度函数的特征函数为

$$\varphi(x) = \left(\frac{\sin(x/2)}{x/2}\right)^2,$$

它是 $\mathbf{R}$ 上的可积函数.

(4) 标准正态分布的特征函数在前面已经算过, 除系数不计外, 具有形式不变性,

$$\mathbb{E}[\mathrm{e}^{\mathrm{i}x \cdot \xi}] = \prod_{k=1}^d \mathbb{E}\mathrm{e}^{\mathrm{i}x_k \xi_k} = \mathrm{e}^{-\frac{1}{2}|x|^2}.$$

由此可以容易地计算一般多维正态分布的特征函数. 设 $a \in \mathbf{R}^n$, A 是正定 n 阶方阵, $\xi \sim N(a, A)$. 那么 $(\xi - a)\sqrt{A^{-1}}$ 是标准正态分布的. 因此

$$\mathbb{E}\left[\exp\left(\mathrm{i}(x, (\xi-a)\sqrt{A^{-1}})\right)\right] = \exp\left(-\frac{1}{2}|x|^2\right),$$

经过变换,

$$\mathbb{E}[\mathrm{e}^{\mathrm{i}(x,\xi)}] = \exp\left\{\mathrm{i}(a, x) - \frac{1}{2}xAx^{\mathrm{T}}\right\}.$$

(5) 设 ξ 服从参数为 $\alpha > 0$ 的指数分布, 那么特征函数

$$\mathbb{E}[\mathrm{e}^{\mathrm{i}x\xi}] = \int_0^\infty \alpha \mathrm{e}^{(-\alpha+\mathrm{i}x)y}dy = \frac{-\alpha}{\mathrm{i}x - \alpha}.$$

8.2　唯一性定理

下面我们证明特征函数唯一地决定分布, 想法是找到一个用特征函数来表示分布函数的公式.

唯一性定理由下面的反演公式直接推出.

定理 8.2.1 (反演公式) 设 ξ 是随机变量, $a < b$, F 是 ξ 的分布函数, a,b 是 F 的连续点, 那么有反演公式

$$F(b) - F(a) = \frac{1}{2\pi} \lim_{T \to \infty} \int_{-T}^{T} \frac{e^{-iax} - e^{-ibx}}{ix} \hat{F}(x)dx.$$

因此如果 $\hat{F}$ 是绝对可积的, 那么 F 是绝对连续的且有

$$F'(y) = \frac{1}{2\pi} \int_{\mathbf{R}} e^{-ixy} \hat{F}(x)dx.$$

证明. 应用 Fubini 定理, 我们有

$$\int_{-T}^{T} \frac{e^{-iax} - e^{-ibx}}{ix} \mathbb{E}e^{i\xi x}dx = \mathbb{E}\int_{-T}^{T} \frac{e^{i(\xi-a)x} - e^{i(\xi-b)x}}{ix}dx$$

$$= \mathbb{E}\int_{-T}^{T} \frac{\sin x(\xi - a) - \sin x(\xi - b)}{x}dx,$$

由于 $\int_{-T}^{T} \frac{\sin x}{x}dx$ 关于 T 是有界的, 利用控制收敛定理与积分恒等式

$$\lim_{T \to \infty} \int_{-T}^{T} \frac{\sin ax}{x}dx = \pi \mathrm{sgn}(a)$$

得

$$\lim_{T} \int_{-T}^{T} \frac{e^{-iax} - e^{-ibx}}{ix} \mathbb{E}e^{i\xi x}dx = \pi \mathbb{E}[\mathrm{sgn}(\xi - a) - \mathrm{sgn}(\xi - b)]$$

$$= \pi[\mathbb{P}(\xi = b) + 2\mathbb{P}(\xi \in (a,b)) + \mathbb{P}(\xi = a)].$$

因为 a,b 是 F 的连续点, 所以有

$$F(b) - F(a) = \frac{1}{2\pi} \lim_{T \to \infty} \int_{-T}^{T} \frac{e^{-iax} - e^{-ibx}}{ix} \hat{F}(x)dx,$$

此公式也说明分布函数由特征函数唯一决定.　　　　　　　　　　　　　　□

注意反演公式的证明只用到 F 是一个递增右连续函数. 可以看出, 如果 F 不是分布函数, 那么上述区间 $[a,b]$ 上函数值的差 $F(b)-F(a)$ 被唯一决定.

例 8.2.1 设随机变量 ξ 是连续型的, 密度函数为 $f(x)=\dfrac{1}{2}\mathrm{e}^{-|x|}$, $x\in\mathbf{R}$. ξ 称为是服从 Laplace 分布. 特征函数为

$$
\begin{aligned}
\varphi(x)=\mathbb{E}\mathrm{e}^{\mathrm{i}x\xi}&=\frac{1}{2}\int_{\mathbf{R}}\mathrm{e}^{\mathrm{i}xy}\mathrm{e}^{-|y|}dy\\
&=\frac{1}{2}\left(\int_0^\infty\mathrm{e}^{\mathrm{i}xy-y}dy+\int_{-\infty}^0\mathrm{e}^{\mathrm{i}xy+y}dy\right)\\
&=\frac{1}{2}\left(\frac{1}{1-\mathrm{i}x}+\frac{1}{1+\mathrm{i}x}\right)\\
&=\frac{1}{1+x^2},
\end{aligned}
$$

Laplace 分布的特征函数是 Cauchy 分布密度的常数倍. 我们可以利用反演公式来算 Cauchy 分布的特征函数. 因 φ 可积, 由上面的公式, 得

$$
\frac{1}{2}\mathrm{e}^{-|x|}=\frac{1}{2\pi}\int_{\mathbf{R}}\mathrm{e}^{-\mathrm{i}xz}\frac{1}{1+z^2}dz,
$$

因此推出

$$
\mathrm{e}^{-|x|}=\int_{\mathbf{R}}\mathrm{e}^{\mathrm{i}xz}\frac{1}{\pi(1+z^2)}dz,
$$

这说明 Cauchy 分布的特征函数是 Laplace 密度函数的常数倍 $x\mapsto\mathrm{e}^{-|x|}$. 注意这个特征函数在零点不可导. ∎

在下例中, 我们用唯一性定理讨论再生性问题.

例 8.2.2 (再生性问题) 再生性问题在 6.1 中已经讨论过了, 但是用特征函数的方法来看再生性更为自然. 如果两个同类型分布的独立随机变量的和仍然是同类型分布的, 那么称此类型分布有再生性. 设 $\xi_i\sim N(a_i,\sigma_i^2)$ 是独立的. 那么

$$
\mathbb{E}[\mathrm{e}^{\mathrm{i}x(\xi_1+\xi_2)}]=\mathbb{E}[\mathrm{e}^{\mathrm{i}x\xi_1}]\cdot\mathbb{E}[\mathrm{e}^{\mathrm{i}x\xi_2}]=\exp\left(\mathrm{i}(a_1+a_2)x-\frac{1}{2}(\sigma_1^2+\sigma_2^2)x^2\right).
$$

因此由唯一性, $\xi_1+\xi_2\sim N(a_1+a_2,\sigma_1^2+\sigma_2^2)$. 这说明正态分布有很好的再生性. 同样如果 ξ_1,ξ_2 是独立且服从参数为 λ_1,λ_2 的 Poisson 分布, 那么由例 8.1.1, 有

$$
\mathbb{E}[\mathrm{e}^{\mathrm{i}x(\xi_1+\xi_2)}]=\mathrm{e}^{-(\lambda_1+\lambda_2)(1-\mathrm{e}^{\mathrm{i}x})}.
$$

由唯一性推出 $\xi_1 + \xi_2$ 服从参数为 $\lambda_1 + \lambda_2$ 的 Poisson 分布, 因此 Poisson 分布也有再生性. 如果 $\xi \sim \Gamma(r,\alpha)$, 那么

$$\mathbb{E}[\mathrm{e}^{\mathrm{i}x\xi}] = \frac{\alpha^r}{\Gamma(r)} \int_0^\infty y^{r-1}\mathrm{e}^{-\alpha y + \mathrm{i}xy} dy.$$

从形式上看, 作变量替换 $z = y(1 - \frac{\mathrm{i}x}{\alpha})$, 得

$$\mathbb{E}[\mathrm{e}^{\mathrm{i}x\xi}] = \left(1 - \frac{\mathrm{i}x}{\alpha}\right)^{-r},$$

实际的答案也是它, 但是要用复变函数的方法来计算, 读者自己可以作个练习. 从这个形式可以看出如果 $\xi_i \sim \Gamma(r_i,\alpha)$ 且是独立的, 那么 $\xi_1 + \xi_2 \sim \Gamma(r_1 + r_2,\alpha)$, 因此 Γ 分布也有再生性. 再看 Cauchy 分布, 由上例看出, 参数为 a 的 Cauchy 分布的特征函数是 $\mathrm{e}^{-a|x|}$, 由此说明 Cauchy 分布也有再生性. ∎

例 8.2.3 唯一性定理可以用来算密度函数. 看例 6.3.3, 当 ξ, η 独立都服从标准正态分布时, 其商 $\frac{\xi}{\eta}$ 服从 Cauchy 分布. 现在我们用特征函数的方法来验证这个结论. 用 φ 表示商的特征函数, 即

$$\varphi(x) = \mathbb{E}\left[\mathrm{e}^{\mathrm{i}x\cdot\frac{\xi}{\eta}}\right] = \frac{1}{2\pi} \int_{\mathbf{R}^2} \mathrm{e}^{\mathrm{i}x\frac{y}{z}} \mathrm{e}^{-\frac{y^2+z^2}{2}} dydz,$$

作变换 $s = y/z$, $t = z$, 那么 $dydz = |t|dsdt$, 因此

$$\begin{aligned}
\varphi(x) &= \frac{1}{2\pi} \int_{\mathbf{R}} \int_{\mathbf{R}} \mathrm{e}^{\mathrm{i}xs} \mathrm{e}^{-\frac{1}{2}t^2(1+s^2)} |t| dsdt \\
&= \frac{1}{2\pi} \int_{\mathbf{R}} \mathrm{e}^{\mathrm{i}xs} ds \int_{\mathbf{R}} \mathrm{e}^{-\frac{1}{2}t^2(1+s^2)} |t| dt \\
&= \frac{1}{\pi} \int_{\mathbf{R}} \mathrm{e}^{\mathrm{i}xs} ds \int_0^\infty \mathrm{e}^{-\frac{1}{2}t^2(1+s^2)} t dt \\
&= \frac{1}{\pi} \int_{\mathbf{R}} \mathrm{e}^{\mathrm{i}xs} \frac{1}{1+s^2} ds,
\end{aligned}$$

这说明 φ 是密度函数 $\frac{1}{\pi(1+s^2)}$ 的特征函数, 由唯一性, 它就是 ξ/η 的密度函数. ∎

　　设 $\xi = (\xi_1, \cdots, \xi_n)$ 是 n- 维随机向量, 则它们相互独立等价于对应的 n- 维分布函数 F_ξ 等于 n 个边缘分布函数的积, 精确地说, 有

$$F_\xi(x_1, \cdots, x_n) = F_{\xi_1}(x_1) \cdots F_{\xi_n}(x_n). \tag{8.2.1}$$

由唯一性定理, 我们有下面的定理.

定理 8.2.2 随机变量 $\xi_1, \cdots, \xi_n$ 相互独立当且仅当对任何 $(x_1, \cdots, x_n) \in \mathbf{R}^n$, 有

$$\mathbb{E}\left[e^{i\sum_{k=1}^n x_k \xi_k}\right] = \prod_{k=1}^n \mathbb{E}\left[e^{ix_k \xi_k}\right]. \tag{8.2.2}$$

证明. 必要性是显然的. 充分性的证明是利用唯一性. 事实上, 等式 (8.2.1) 两边都是分布函数, 它们的特征函数分别是等式 (8.2.2) 的两边, 因此, 由唯一性推出 (8.2.2) 蕴含着 (8.2.1). □

唯一性定理的直观意思是函数族 $\mathscr{K} = \{e^{ix \cdot y} : x \in \mathbf{R}^d\}$ 在有界连续函数空间中有某种稠密性, 因为唯一性定理是说 $\mathbb{E}[f(\xi)] = \mathbb{E}[f(\eta)]$ 对所有 $f \in \mathscr{K}$ 成立的话可以推出对所有有界连续函数成立, 这样一种方法在概率论及随机分析中意义非凡.

8.3 连续性定理

中心极限定理是说独立同分布随机序列的和经过标准化之后将依分布收敛于标准正态分布, 但直接证明定理很难, 一个想法是迂回证明对应特征函数的收敛性, 由此导出分布函数收敛. 分布函数有弱收敛, 特征函数有点点收敛, 我们将证明映射 $F \mapsto \hat{F}$ 及其逆映射是连续的. 设 $\{F_n\}$, F 是分布函数. 因为对任何 $x \in \mathbf{R}$, e^{ixy} 是 y 的有界连续函数, 故由 Helly-Bray 定理, $F_n \overset{\mathrm{w}}{\longrightarrow} F$ 蕴含着 $\hat{F}_n$ 点点收敛于 $\hat{F}$. 下面的定理说逆命题也成立, 称为连续性定理.

定理 8.3.1 (Lévy-Cramer 定理) 设 $\{F_n\}$ 是分布函数列. 若 $\hat{F}_n$ 点点收敛于一个在零点连续的函数 φ, 则 φ 是一个分布函数 F 的特征函数且 $F_n \overset{\mathrm{w}}{\longrightarrow} F$.

证明. 定理 7.5.4 说 F_n 有一个子列 (不妨仍用 F_n 表示) 弱收敛于某个递增右连续函数 F. 我们来证明在 φ 在零点连续的条件下, F 是一个分布函数. 因它是取值 $[0,1]$ 间的右连续递增函数, 因此我们只需证明 $\lim_{x \to +\infty}(F(x) - F(-x)) = 1$. 下面计算时, 为方便, 设 F_n 是随机变量 ξ_n 的分布函数. 任取 $t > 0$, 使用 Fubini 定理, 我们有

$$\frac{1}{2t}\int_{-t}^t \hat{F}_n(x)dx = \frac{1}{2t}\int_{-t}^t \mathbb{E}e^{ix\xi_n}dx = \mathbb{E}\frac{1}{2t}\int_{-t}^t e^{ix\xi_n}dx = \mathbb{E}\left(\frac{\sin t\xi_n}{t\xi_n}\right).$$

由于当 $|x| > 2$ 时, $|x| > 2|\sin x|$, 因此

$$1 - \frac{1}{2t}\int_{-t}^t \hat{F}_n(x)dx \geq \mathbb{E}\left(1 - \left|\frac{\sin t\xi_n}{t\xi_n}\right|; |t\xi_n| \geq 2\right)$$

$$\geq \frac{1}{2}\mathbb{P}(|\xi_n| \geq 2/t)$$

$$\geq \frac{1}{2}[\mathbb{P}(\xi_n \leq -2/t) + \mathbb{P}(\xi_n > 2/t)]$$

$$= \frac{1}{2}\left[F_n(-2/t) + 1 - F_n(2/t)\right].$$

两边让 n 趋向于无穷, 由控制收敛定理且 $\hat{F}_n$ 点点收敛于 φ, 则

$$\lim_n \frac{1}{2t}\int_{-t}^{t} \hat{F}_n(x)dx = \frac{1}{2t}\int_{-t}^{t} \varphi(x)dx.$$

右边由弱收敛性, 当 $2/t$ 与 $-2/t$ 是 F 的连续点时, 有

$$\lim_n (F_n(-2/t) + 1 - F_n(2/t)) = F(-2/t) + 1 - F(2/t).$$

因此对任何 $t > 0$, 当 $2/t$ 是 F 的连续点时, 有

$$1 - \frac{1}{2t}\int_{-t}^{t} \varphi(x)dx \geq \frac{1}{2}\left(F(-2/t) + 1 - F(2/t)\right) \geq 0.$$

再让 $2/t$ 沿 F 的连续点趋于无穷, 那么 $t \to 0$, 由于 φ 在 0 点连续, $\lim_{x \to 0} \varphi(x) = 1$, 故

$$\lim_{t \to 0}(F(-2/t) + 1 - F(2/t)) = 0,$$

推出 F 是分布函数.

由此推出 $\hat{F}_n$ 点点收敛于 $\hat{F}$, 因此 $\hat{F} = \varphi$. 这样我们证明了 $\{F_n\}$ 的任何弱收敛子列的极限一定是分布函数且这些极限分布函数有共同的特征函数 φ, 由唯一性定理推出这些分布函数是相等的, 由此可知 $\{F_n\}$ 的所有弱收敛子列有相同极限, 故而 F_n 弱收敛于 F.   □

的确存在极限不连续的特征函数列. 参数为 n 的 Cauchy 分布的特征函数是 $\mathrm{e}^{-n|x|}$, 当 n 趋于无穷时, 极限函数等于 $1_{\{0\}}$, 它在零点不连续.

例 8.3.1 继续正态分布的特征函数. 当 $a \in \mathbf{R}^n$, A 对称正定时, 函数

$$\varphi(x; a, A) := \exp\left\{\mathrm{i}(a, x) - \frac{1}{2}xAx^{\mathrm{T}}\right\}$$

是正态分布 $N(a, A)$ 的特征函数. 我们来证明当 A 是非负定时, $\varphi(x; a, A)$ 作为 x 的函数依然是某个分布函数的特征函数. 令 $A_k := A + \frac{1}{k}I$, 其中 I 是单位矩阵. 那么 A_k 是对称正定矩阵, 且容易看出对任何 $x \in \mathbf{R}^n$, $\varphi(x; a, A_n) \longrightarrow \varphi(x; a, A)$. 而

$\varphi(\cdot;a,A)$ 当然是连续函数, 因此由上面的定理说明它是某个分布函数的特征函数. 为此我们定义一个分布函数或随机变量是 (广义) **正态 (Gauss) 分布**的, 如果它的特征函数是 $\varphi(\cdot;a,A)$, 其中 $a \in \mathbf{R}^n$, A 是 n 阶对称非负定方阵. 正态随机向量的线性变换仍然是正态分布随机向量, 即如果 X 是 n 维正态随机向量, B 是 $n \times m$ 矩阵, 那么 $Y = XB$ 是 m 维正态随机向量. 事实上, 设

$$\mathbb{E}\left[\mathrm{e}^{iix X^T}\right] = \exp\left(\mathrm{i}ax^T - \frac{1}{2}xAx^T\right).$$

则对任何 $y \in \mathbf{R}^m$,

$$\begin{aligned}
\mathbb{E}\left[\mathrm{e}^{\mathrm{i}yY^T}\right] &= \mathbb{E}\left[\mathrm{e}^{\mathrm{i}y(XB)^T}\right] \\
&= \mathbb{E}\left[\mathrm{e}^{\mathrm{i}(yB^T)X^T}\right] = \exp\left(ia(yB^T)^T - \frac{1}{2}yB^TA(yB^T)^T\right) \\
&= \exp\left(iaBy^T - \frac{1}{2}y(B^TAB)y^T\right).
\end{aligned}$$

因此 Y 服从正态分布 $N(aB, B^TAB)$. ∎

习　题

1. 设 $\{\xi_n : n \geq 1\}$ 是独立且都服从参数为 λ 的指数分布, 对于给定的 $t > 0$, 令 $\eta := \sup\{n : S_n \leq t\}$, 其中 $S_0 = 0$, $S_n = \sum_{i=1}^n \xi_i$. 证明 η 服从参数为 λt 的 Poisson 分布.

2. 一个随机变量 X 称为是格分布的, 如果存在 a 与 $b > 0$ 使得 X 支撑在格 $\{a + nb : n = \cdots, -1, 0, 1, 2, \cdots\}$ 上. 设 X 的特征函数为 φ. 证明:

   (a) X 是格分布的当且仅当存在 $x \neq 0$ 使得 $|\varphi(x)| = 1$;

   (b) 如果存在不可公度的 x, x' (即 $x \neq 0, x' \neq 0, x/x'$ 是无理数) 使得 $|\varphi(x)| = |\varphi(x')| = 1$, 则 X 是常数.

3. 证明: 如果随机变量 ξ 的特征函数的模恒等于 1, 那么 ξ 是常数.

4. 设 φ 是连续型随机变量 X 的特征函数, 证明: 对任何 $t \in \mathbf{R}$,

$$\mathrm{Re}(1 - \varphi(t)) \geq \frac{1}{4}\mathrm{Re}(1 - \varphi(2t)).$$

5. 设 φ 是一个特征函数, 证明: $\overline{\varphi}, \varphi^2, |\varphi|^2, \mathrm{Re}(\varphi)$ 都是特征函数, 而 $|\varphi|$ 不一定是特征函数.

6. 设 F 是分布函数, 证明:

$$G := \sum_{n=0}^{\infty} \frac{F^{*n}}{n!} \mathrm{e}^{-1}$$

也是分布函数, 其中 F^{*n} 是 F 自我卷积 n 次的意思. 再证明它的特征函数是

$$\hat{G} = \exp(\hat{F} - 1).$$

7. (*) 设 φ 是一个有密度函数 f 的分布函数的特征函数, 证明: φ 在无穷远处趋于 0.

8. 证明:

9. 随机向量是正态的当且仅当其分量的任何线性组合是正态随机变量.

10. 如果 $X = (\xi_1, \cdots, \xi_d)$ 服从正态分布, 那么存在矩阵 Q 使得随机向量 XQ 是分量独立的随机向量.

11. 一个随机变量 ξ (或者其分布函数) 是对称的, 如果 ξ 与 $-\xi$ 同分布. 证明:

   (a) ξ 是对称的当且仅当特征函数是实值的;

   (b) 设 ξ, η 独立同分布, 那么 $\xi - \eta$ 是对称的, 称为是 ξ 的对称化随机变量;

   (c) ξ 是平方可积的当且仅当其对称化随机变量是平方可积的.

12. 设随机序列 ξ_n 依分布收敛于 ξ, 证明: 对应的特征函数列在任何有界区间上一致收敛.

13. 设

$$p(x, y) = \frac{1}{4}(1 + xy(x^2 - y^2))1_{[-1,1]}(x)1_{[-1,1]}(y),$$

   (a) 证明: p 是一个二维密度函数;

   (b) 如果 (X, Y) 的联合密度是 p, 证明:

$$\mathbb{E}\mathrm{e}^{\mathrm{i}(X+Y)\xi} = \mathbb{E}\mathrm{e}^{\mathrm{i}X\xi} \cdot \mathbb{E}\mathrm{e}^{\mathrm{i}Y\xi}, \ \xi \in \mathbb{R}.$$

14. 设 ξ 服从参数为 t 的 Cauchy 分布.

    (a) 利用留数定理和控制收敛定理直接计算 ξ 的特征函数. 比较例 8.2.1 中利用 Laplace 分布的特征函数以及反转公式计算 ξ 的特征函数的方法;

    (b) 证明: 两个独立的服从参数分别为 t, s 的 Cauchy 分布的随机变量之和是一个服从参数为 $t + s$ 的 Cauchy 分布;

    (c) 验证如果 ξ 服从参数 1 的 Cauchy 分布, 则 2ξ 的特征函数是 ξ 的特征函数的平方, 以此说明两非独立随机变量和的特征函数可以是两者的乘积.

15. 证明: 不存在独立同分布随机变量 X, Y 使得 $X - Y$ 是 $[-1, 1]$ 上均匀分布.

16. 设 $a > 0$, 证明: 函数 $\varphi(x) = (1 - a|x|)^+$ 是一个特征函数. 它是什么分布的特征函数?

17. (Polya*) 设 φ 是 **R** 上偶函数, $\varphi(0) = 1$, 且在 $[0, \infty)$ 上非负连续递减且凸, 证明 φ 是特征函数. (提示: 这样的函数可以用折线逼近, 利用上一题.)

18. 设 F 是随机变量 ξ 的分布函数. 证明下面两个等式:

$$\lim_{T \to \infty} \frac{1}{2T} \int_{-T}^{T} e^{-iax} \hat{F}(x) dx = \mathbb{P}(\xi = a);$$

$$\lim_{T \to \infty} \frac{1}{2T} \int_{-T}^{T} |\hat{F}(x)|^2 dx = \sum_{x \in \mathbf{R}} (\mathbb{P}(\xi = x))^2.$$

19. (*) 设 φ 是随机变量 ξ 的特征函数, 如果 $\varphi''(0) = 0$, 证明: ξ 必定是常数. 由此证明当 $n > 2$ 时函数 $x \mapsto e^{-|x|^n}$ 不是一个特征函数.

20. 设 F 是分布函数. 证明: 如果 $\int |\hat{F}(x)|^2 dx < \infty$, 则 F 连续.

21. (*) 容易验证, 如果 X, Y 独立服从标准正态分布, 则 $X + Y$ 与 $X - Y$ 独立. 反过来设有独立同分布的平方可积且标准化的随机变量 X, Y, 如果 $X + Y$ 与 $X - Y$ 独立, 证明: X, Y 服从标准正态分布. (提示: 设 X, Y 的特征函数是 φ. 首先证明 φ 恒不为零. 再证明 φ 是实的, 这由考虑商 $p(x) = \varphi(-x)/\varphi(x)$ 并由性质 $p(2x) = p(x)^2$ 推出.)

22. 设 X 服从 $\Gamma(m, \alpha)$ 分布, Y 独立于 X 服从参数为 $n, m - n$ 的 β 分布, m, n 是非负整数, $n \leq m$. 用特征函数的方法求 XY 的分布.

23. 设 X_n 是 $\{1, 2, \cdots, n\}$ 上均匀分布的, 证明: 对任何 $y \in [0, 1]$, $\lim_n \mathbb{P}(X_n \leq ny) = y$.

24. 设随机变量 X_n 的分布函数为
$$F_n(x) = x - \frac{\sin(2n\pi x)}{2n\pi}, \quad x \in [0, 1].$$

    (a) 证明: F_n 是分布函数且它有密度函数;

    (b) 证明: 当 $n \to \infty$ 时, F_n 收敛于均匀分布函数, 而其密度函数不收敛于均匀分布的密度函数.

25. 证明: 如果正态分布函数列 $\{F_n\}$ 弱收敛于一个分布函数 F, 则 F 也是正态分布函数.

26. 用特征函数方法证明 Khinchin 大数定律: 可积的独立同分布随机序列 $\{\xi_n\}$ 服从大数定律.

27. (*) 构造一个不可积的随机变量使得它的特征函数在 0 点可导.

28. (*) 设 $\{\xi_n\}$ 是独立同分布随机序列, 证明: $\dfrac{1}{n} \sum\limits_{i=1}^{n} \xi_i$ 依概率收敛于一个有限数 a 当且仅当 ξ_n 的特征函数在零点可导.

29. 证明反演公式的另外一个形式: 如果 F 是随机变量 ξ 的分布函数, 那么对有界连续函数 f,
$$\mathbb{E}f(\xi) = \lim_{t \to 0} \frac{1}{(2\pi)^d} \int_{\mathbf{R}^d} f(x)dx \int_{\mathbf{R}^d} e^{-ix \cdot z} \hat{F}(z) e^{-\frac{1}{2}t|z|^2} dz. \tag{8.3.1}$$

30. **(Bochner-Khinchin 定理)** 设 φ 是 $\mathbf{R}$ 上复值函数. 则 φ 是一个概率测度的特征函数当且仅当它是非负定的, 在 0 点连续且 $\varphi(0) = 1$.

    (提示: 首先证明 φ 连续有界. 然后定义
    $$p_m(x) = \frac{1}{2\pi m} \int_0^m \int_0^m \varphi(s - t) e^{-i(s-t)x} dsdt.$$
    再定义
    $$\varphi_m(t) = \left(1 - \frac{|t|}{m}\right) \varphi(t) 1_{\{|t| < m\}}.$$
    验证 (1) p_m 是分布密度函数; (2) φ_m 是 p_m 的特征函数; (3) φ_m 点点收敛于 φ.)

第九章　中心极限定理

最后我们来证明著名的中心极限定理. 中心极限定理说明的是一种现象, 就是在某些条件下, 一个随机序列经过标准化以后依分布收敛于标准正态分布. 中心极限定理是概率论中标志性的定理之一. 设 $\{\xi_n\}$ 是独立同分布随机变量, 且有有限的二阶矩, 不妨设它们的数学期望为零, 方差为 1. 由大数定律知

$$\frac{1}{n}\sum_{k=1}^{n}\xi_k$$

依概率收敛于零. 为了讨论 $\sum_{k=1}^{n}\xi_k$ 在 n 趋于无穷时更精细的行为, 考虑它的标准化

$$\frac{1}{\sqrt{n}}\sum_{k=1}^{n}\xi_k,$$

因为它的方差始终是 1, 所以一般不会趋于零. 当 n 趋于无穷时, 它可能没有依概率收敛的极限, 但是它有更弱意义下的极限, 也就是依分布收敛的极限, 它的分布函数弱收敛于标准正态分布的分布函数, 即对任何 $x \in \mathbf{R}$ 有

$$\mathbb{P}\left(\frac{1}{\sqrt{n}}\sum_{k=1}^{n}\xi_k \leq x\right) = \frac{1}{\sqrt{2\pi}}\int_{-\infty}^{x}\mathrm{e}^{-\frac{1}{2}t^2}\,dt.$$

注意左边是任意分布的平方可积的分布函数, 而右边是标准正态分布, 这种无视具体分布的极限行为是非常漂亮的, 让人感觉标准正态分布就是分布的中心点, 对其他分布有吸引作用, 这恐怕是它被称为中心极限定理的理由.

9.1 DeMoivre-Laplace 的估计 (*)

中心极限定理的雏形是由法国数学家 De Moivre[1] 在 1733 年首先发现的, 粗略地说, 在重复 Bernoulli 试验中, 成功的频率最终呈现为正态分布. 确切地说, 如果 $\{\xi_n\}$ 是成功概率为 p 的 Bernoulli 随机序列, 那么对 $x \in \mathbf{R}$ 有

$$\lim_{n \to +\infty} \mathbb{P}\left(\frac{\sum_{i=1}^{n} \xi_i - np}{\sqrt{np(1-p)}} \le x \right) = \Phi(x),$$

其中 Φ 是标准正态分布函数. 注意 de Moivre 只是讨论了 $p = 1/2$ 的情形.

遗憾的是, De Moivre 的工作很快被遗忘, 一直到 1812 年被另一个法国著名数学家 Laplace 发现, Laplace 重新严格地证明了该定理, 而且是对一般的 p, 成为第一个中心极限定理, 称为 De Moivre-Laplace 中心极限定理. 中心极限定理在概率论中的位置名副其实. 在本节中, 我们将参考 [5] 回忆一下 DeMoivre-Laplace 最初的证明思想, 无疑也是非常有意义的, 第一可以看到原创性的数学思想, 第二也可以体会到特征函数方法的有效性.

在估计组合数的时候, 不可避免地要用到著名的 Stirling 公式:

$$n! \sim \sqrt{2\pi} n^{n+\frac{1}{2}} \mathrm{e}^{-n}.$$

现在设 $\{\xi_n\}$ 是成功概率为 p 的 Bernoulli 分布的独立随机序列, 即

$$S_n := \sum_{k=1}^{n} \xi_n$$

服从参数为 n, p 的二项分布, 一个简单的商

$$\frac{b(k; n, p)}{b(k-1; n, p)} = \frac{(n-k+1)p}{kq} = 1 + \frac{(n+1)p - k}{kq}$$

说明 $b(k; n, p)$ 在 $k < (n+1)p$ 时递增, $k > (n+1)p$ 时递减. 记 m 为 $(n+1)p$ 的整数部分. $b(k; , n, p)$ 在 $k = m$ 时最大.

---

[1]Abraham De Moivre (1667-1754) 是法国裔英国籍的数学家. 他的主要贡献在概率论, 1711 年写成《抽签的计量》一文, 1718 年修改扩充为《机会论》(The Doctrine of Chances). 这是概率论较早的专著之一, 首次给出「二项分布」(Binomial Distribution) 的公式, 讨论了掷骰和其他赌博的许多问题. 他在 1730 年出版的另一专著《分析杂论》中最早使用概率积分, 得到 $n!$ 的级数表达式, 后人称为 Stirling 公式, 时间与 James Stirling 几乎同时. 1733 年 (在 Bernoulli 大数定律之后 30 年) 他用阶乘的近似公式推导中心极限定理, 即首次导出正态分布 (Normal Distribution), 且它是二项分布 ($p = 1/2$) 的近似.

记 $\delta := m - np$, 简记

$$a_k := b(m + k; n, p) = \mathbb{P}(S_n = m + k) = \binom{n}{m + k} p^{m+k} q^{n-m-k}.$$

假设 $k \geq 0$ 且远小于 n. 显然

$$a_k = a_0 \frac{(n - m)(n - m - 1) \cdots (n - m - k + 1) p^k}{(m + k)(m + k - 1) \cdots (m + 1) q^k}$$

$$= a_0 \prod_{i=0}^{k-1} \frac{1 - pt_i}{1 + qt_i},$$

其中 $t_i := \dfrac{i + \delta + q}{(n + 1)pq}$. 利用对数的 Taylor 展开, 当 $|x| < \dfrac{1}{2}$ 时,

$$|x - \log(1 + x)| \leq 2x^2,$$

故有 $\dfrac{1 - pt_i}{1 + qt_i} = \mathrm{e}^{-t_i + \varepsilon(t_i)}$, 其中 $|\varepsilon(t_i)| \leq 2t_i^2$. 因此

$$a_k = a_0 \mathrm{e}^{-(t_0 + \cdots + t_{k-1}) + \cdots},$$

其中最后的 $\cdots$ 代表的误差不大于 $2kt_{k-1}^2 < 2k^3/(npq)^2$. 而

$$t_0 + t_1 + \cdots + t_{k-1} = \frac{k(k-1)/2 + k(\delta + q)}{(n + 1)pq} = \frac{k^2}{2npq} + \cdots,$$

其中最后的 $\cdots$ 代表的误差不大于 $\dfrac{2k}{npq}$. 这样我们得到

$$a_k = a_0 \mathrm{e}^{-\frac{k^2}{2npq} + \rho_k}, \ |\rho_k| \leq \frac{2k^3}{(npq)^2} + \frac{2k}{npq}.$$

应用 Stirling 公式估计 $a_0 \sim \dfrac{1}{\sqrt{2\pi npq}}$. 令 ϕ 是标准正态分布密度函数, 那么我们有估计

$$\frac{a_k}{h\phi(kh)} = \mathrm{e}^{\rho_k}, \ h := \frac{1}{\sqrt{npq}}.$$

现在取定 $y > x \geq 0$, 有

$$\mathbb{P}\left(x \leq \frac{S_n - np}{\sqrt{npq}} \leq y\right) = \mathbb{P}(np + x\sqrt{npq} \leq S_n \leq np + y\sqrt{npq})$$

$$= \sum_{np + x\sqrt{npq} \leq k \leq np + y\sqrt{npq}} b(k; n, p)$$

$$= \sum_{x\sqrt{npq}-\delta \leq k \leq y\sqrt{npq}-\delta} a_k$$

$$= \sum_{k:\ x \leq hq+kh \leq y} h\phi(kh)\mathrm{e}^{\rho_k}$$

$$= \sum_{k:\cdots} h\phi(kh) + \sum_{k:\cdots} h\phi(kh)(\mathrm{e}^{\rho_k}-1),$$

当 $k \leq y\sqrt{npq}$ (k 远小于 n) 时, 有

$$|\mathrm{e}^{\rho_k}-1| \leq |\rho_k| \leq \frac{2(y^3+y)}{\sqrt{npq}},$$

与 k 无关, 因此当 n 趋于无穷时, 上面两个和第一个的极限是 ϕ 从 x 到 y 的积分, 第二个的极限是 0, 因此

$$\lim_n \mathbb{P}\left(x \leq \frac{S_n - np}{\sqrt{npq}} \leq y\right) = \int_x^y \phi(z)dz. \tag{9.1.1}$$

这就是 DeMoivre-Laplace 的漂亮估计, 注意右边与 p 无关.

尽管 de Moivre 的中心极限定理可以用初等方法证明, 但是一般的独立随机序列的中心极限定理需要更强大的分析工具, 那就是上一章介绍的 Fourier 分析的理论, 在概率论中称为特征函数理论.

9.2   独立同分布场合的中心极限定理

中心极限定理这种现象具有普遍性, 但是上面的那种证明显然无法推广到一般的分布, 这时候新的工具出现了, 那就是特征函数的连续性定理, 分布函数的收敛性可以通过其特征函数的收敛性来证明, 这实际上几乎成为教科书中证明中心极限定理的唯一方法, 尽管近年来找到了概率方法. 让我们首先给出个定义.

定义 9.2.1 说平方可积随机序列 $\{\xi_n\}$ 满足中心极限定理, 如果

$$\lim_{n\to+\infty} \mathbb{P}\left(\frac{\sum_{i=1}^n (\xi_i - \mathbb{E}\xi_i)}{\sqrt{D\sum_{i=1}^n \xi_i}} \leq x\right) = \Phi(x).$$

下面我们用特征函数的连续性定理证明独立同分布情况下的中心极限定理, 也称为 Lévy-Lindeberg 中心极限定理, 诞生于 19 世纪初. 尽管后来发现有其他方法可以证明在更一般条件下的中心极限定理, 但是我们还是按照历史的轨迹把 Lévy 的这个方法在这里完整地写出来, 这个方法在概率论中是非常有用的. 一般情况的证明方法放在后面供有兴趣的读者进一步阅读.

定理 9.2.1 (Lévy-Lindeberg) 设 $\{\xi_n\}$ 是平方可积的独立同分布, 且标准化的随机变量列, 则 $\dfrac{1}{\sqrt{n}}\displaystyle\sum_{k=1}^{n}\xi_k$ 的分布弱收敛于标准正态分布, 即对任何 $x\in\mathbf{R}$, 有

$$\lim_{n\to\infty}\mathbb{P}\left(\frac{\sum_{k=1}^{n}\xi_k}{\sqrt{n}}\le x\right)=\int_{-\infty}^{x}\frac{1}{\sqrt{2\pi}}\mathrm{e}^{-\frac{1}{2}t^2}dt.$$

不同于前面一节 Bernoulli 的情况, 左边的极限在一般的情况下是很难估计的. 为了证明这个定理，Lévy 他们是利用特征函数的方法来证明的.

证明. 设 F 是 ξ_n 共同的分布函数, 由独立性推出 $\dfrac{1}{\sqrt{n}}\displaystyle\sum_{i=1}^{n}\xi_i$ 的特征函数为 $x\mapsto$ $\left(\hat{F}\left(\dfrac{x}{\sqrt{n}}\right)\right)^n$. 由引理 8.1.1(6) 知 $\hat{F}$ 二次连续可导且 $\hat{F}(0)=1$, $\hat{F}'(0)=0$, $\hat{F}''(0)=-1$, 因此

$$\lim_{x\to 0}\frac{\hat{F}(x)-(1-\frac{1}{2}x^2)}{x^2}=0.$$

另外容易验证对任何两个模小于 1 的复数 a,b 和任何自然数 n 有 $|a^n-b^n|\le n|a-b|$. 因此对任何 x, 因为 $|\hat{F}(x)|\le 1$ 且当 n 充分大时, $0\le 1-\dfrac{x^2}{2n}\le 1$, 故

$$\lim_{n}\left|\left(\hat{F}(\frac{x}{\sqrt{n}})\right)^n-\left(1-\frac{x^2}{2n}\right)^n\right|\le\lim_{n}n\left|\hat{F}(\frac{x}{\sqrt{n}})-\left(1-\frac{x^2}{2n}\right)\right|$$

$$=\lim_{n}x^2\frac{\left|\hat{F}(\frac{x}{\sqrt{n}})-\left(1-\frac{x^2}{2n}\right)\right|}{x^2/n}=0,$$

推出

$$\lim_{n}\left(\hat{F}(\frac{x}{\sqrt{n}})\right)^n=\lim_{n}\left(1-\frac{x^2}{2n}\right)^n=\mathrm{e}^{-\frac{1}{2}x^2}.$$

右边恰是标准正态分布的特征函数, 定理结论由特征函数的连续性定理推出.   □

对于独立同分布随机序列, 平方可积是中心极限定理成立的充分条件, 但实际上也是必要的, 可以证明当 $\sum_{k=1}^{n}\xi_k/\sqrt{n}$ 依分布收敛于某个极限时, ξ_1 必定是平方可积的 (见习题), 因此以上定理在独立同分布场合已经是最好的了.

9.3　一般中心极限定理 (*)

让我们讨论独立但不假设同分布场合的中心定理. 假设三角序列

$$\{\xi_{n,i}:n\ge 1,1\le i\le k_n\}$$

是平方可积的随机变量的集合, 且对任意固定的 n, $\{\xi_{n,i} : 1 \le i \le k_n\}$ 是独立的. 不妨设 $\xi_{n,i}$ 的期望为零, 方差为 $D\xi_{n,i} = \sigma_{n,i}^2$, 令

$$S_n = \sum_{i=1}^{k_n} \xi_{n,i},\ \sigma_n^2 := D[S_n] = \sum_{i=1}^{k_n} \sigma_{n,i}^2,$$

那么 S_n/σ_n 是 S_n 的标准化. 我们说序列有中心极限定理成立, 如果 S_n/σ_n 依分布收敛于标准正态分布. 用特征函数的语言说, 其充分必要条件是对任何 $x \in \mathbf{R}$, 有

$$\mathbb{E}\left(\mathrm{e}^{\mathrm{i}xS_n/\sigma_n}\right) \longrightarrow \mathrm{e}^{-\frac{1}{2}x^2}.$$

看一个简单的例子.

例 9.3.1　设 $\{\xi_n : n \ge 1\}$ 是独立随机序列, ξ_n 服从参数为 λ_n 的 Poisson 分布, 那么 $\sum_{j=1}^n \xi_j$ 的标准化随机变量是

$$\frac{\sum_{j=1}^n \xi_j - \sum_{j=1}^n \lambda_j}{\sqrt{\sum_{j=1}^n \lambda_j}},$$

因为参数为 λ 的 Poisson 分布的特征函数是 $\mathrm{e}^{-\lambda(1-\mathrm{e}^{\mathrm{i}x})}$ 且 Poisson 分布具有再生性, 因此以上标准随机变量的特征函数是

$$\phi_n(x) = \exp\left[-\left(1 - \mathrm{e}^{\frac{\mathrm{i}x}{\sqrt{\sum_{j=1}^n \lambda_j}}} + \frac{\mathrm{i}x}{\sqrt{\sum_{j=1}^n \lambda_j}}\right)\sum_{j=1}^n \lambda_j\right].$$

由经典的极限

$$\lim_{x\to 0} \frac{1 - \mathrm{e}^{\mathrm{i}x} + \mathrm{i}x}{x^2} = \frac{1}{2}$$

推出当 $\sum_{j=1}^\infty \lambda_j = \infty$ 时, 有

$$\lim_n \phi_n(x) = \mathrm{e}^{-\frac{x^2}{2}}.$$

也就是说, 这时以上标准化的随机变量依分布收敛于标准正态分布, 即中心极限定理成立. 反过来, 如果 $\sum_{j=1}^\infty \lambda_j < \infty$, 那么中心极限定理不成立, 事实上, 这时 $\sum_{j\ge 1} \xi_j$ 仍然是 Poisson 分布. ∎

下面我们叙述关于一般中心极限的 Lindeberg-Feller 定理, 它的直观意思是说只要各个随机变量都比较均匀的小, 中心极限定理就仍然成立. 这里我们采用非特征函数的方法, 初学的读者可以略过.

定理 9.3.1 (Lindeberg-Feller) **若 Lindeberg 条件满足: 对任何 $\tau > 0$, 有**

$$\lim_n \frac{1}{\sigma_n^2} \sum_{i=1}^{k_n} \mathbb{E}[\xi_{n,i}^2; |\xi_{n,i}| > \tau \sigma_n] = 0,$$

则有中心极限定理成立.

Lindeberg 条件是中心极限定理成立的一个充分条件, 它其实离必要性也不远了, Lindeberg-Feller 定理的另外一个方面是说如果中心极限定理成立, 再加上所谓的一致微小条件:

$$\lim_n \max_{1 \le i \le k_n} \frac{\sigma_{n,i}}{\sigma_n} = 0,$$

那么 Lindeberg 条件成立.

证明. 对应地取独立于 $\{\xi_{n,i} : n \ge 1, 1 \le i \le k_n\}$ 的独立正态随机变量集合

$$\{\eta_{n,i} : n \ge 1, 1 \le i \le k_n\},$$

其中 $\eta_{n,i} \sim N(0, \sigma_{n,i}^2)$. 应用特征函数的唯一性定理, 我们只要对 $f(x) = e^{ixy}$ 证明

$$\lim_n \mathbb{E}\left[f\left(\frac{S_n}{\sigma_n} \right) \right] = \mathbb{E}[f(N)]$$

就够了, 其中

$$N = \frac{1}{\sigma_n} \sum_{k=1}^{k_n} \eta_{n,k}$$

是标准正态随机变量. 固定 $y \in \mathbf{R}$, f 是无穷次可导且本身和各阶导数都有界的函数, 令

$$h(x,t) := f(x+t) - f(x) - f'(x)t - \frac{1}{2}f''(x)t^2,$$

$$g(t) := \sup_x |h(x,t)|.$$

显然 $|h(x,t) - h(x,s)| \le g(t) + g(s)$ 且存在 $K > 0$ 使得对任何 $t \in \mathbf{R}$,

$$g(t) \le K \cdot \min\{t^2, |t|^3\}.$$

记

$$X_{n,k} = \xi_{n,1} + \cdots + \xi_{n,k-1} + \eta_{n,k+1} + \cdots + \eta_{n,k_n}.$$

现在根据上面关于 f 和 g 的关系推出

$$
\begin{aligned}
&\left| \mathbb{E}f\left(\frac{S_n}{\sigma_n}\right) - \mathbb{E}f(N) \right| \\
&= \left| \mathbb{E}\sum_{k=1}^{k_n}\left[f\left(\frac{X_{n,k}}{\sigma_n} + \frac{\xi_{n,k}}{\sigma_n}\right) - f\left(\frac{X_{n,k}}{\sigma_n} + \frac{\eta_{n,k}}{\sigma_n}\right) \right] \right| \\
&= \left| \mathbb{E}\sum_{k=1}^{k_n}\left[h\left(\frac{X_{n,k}}{\sigma_n}, \frac{\xi_{n,k}}{\sigma_n}\right) - h\left(\frac{X_{n,k}}{\sigma_n}, \frac{\eta_{n,k}}{\sigma_n}\right) \right] \right| \\
&\leq \sum_{k=1}^{k_n} \mathbb{E}\left| h\left(\frac{X_{n,k}}{\sigma_n}, \frac{\xi_{n,k}}{\sigma_n}\right) - h\left(\frac{X_{n,k}}{\sigma_n}, \frac{\eta_{n,k}}{\sigma_n}\right) \right| \\
&\leq \sum_{k=1}^{k_n} \mathbb{E}\left[g\left(\frac{\xi_{n,k}}{\sigma_n}\right) + g\left(\frac{\eta_{n,k}}{\sigma_n}\right) \right],
\end{aligned}
$$

其中第二个等号是因为 $X_{n,k}$, $\xi_{n,k}$, $\eta_{n,k}$ 独立且 $\mathbb{E}[\xi_{n,k}] = \mathbb{E}[\eta_{n,k}] = 0$, $D\xi_{n,k} = D\eta_{n,k}$. 现在只需验证最后两项极限是零就可以了. 第一项, 对任意 $\tau > 0$,

$$
\begin{aligned}
\sum_{k=1}^{k_n} \mathbb{E}g\left(\frac{\xi_{n,k}}{\sigma_n}\right) &= \sum_{k=1}^{k_n}\mathbb{E}\left[g\left(\frac{\xi_{n,k}}{\sigma_n}\right); \left|\frac{\xi_{n,k}}{\sigma_n}\right| > \tau \right] + \sum_{k=1}^{k_n}\mathbb{E}\left[g\left(\frac{\xi_{n,k}}{\sigma_n}\right); \left|\frac{\xi_{n,k}}{\sigma_n}\right| \leq \tau \right] \\
&\leq \frac{K}{\sigma_n^2}\sum_{k=1}^{k_n}\mathbb{E}\left[\xi_{n,k}^2; \left|\frac{\xi_{n,k}}{\sigma_n}\right| > \tau \right] + K\sum_{k=1}^{k_n}\mathbb{E}\left[|\xi_{n,k}/\sigma_n|^3; \left|\frac{\xi_{n,k}}{\sigma_n}\right| \leq \tau \right] \\
&\leq \frac{K}{\sigma_n^2}\sum_{k=1}^{k_n}\mathbb{E}\left[\xi_{n,k}^2; \left|\frac{\xi_{n,k}}{\sigma_n}\right| > \tau \right] + K\tau\sum_{k=1}^{k_n}\mathbb{E}\left|\frac{\xi_{n,k}}{\sigma_n}\right|^2 \\
&\leq \frac{K}{\sigma_n^2}\sum_{k=1}^{k_n}\mathbb{E}[\xi_{n,k}^2; |\xi_{n,k}| > \tau\sigma_n] + K\tau.
\end{aligned}
$$

让 n 趋于无穷, 第一项由条件趋于零, 再由 τ 的任意性推出整体的极限是零. 关键是要证明正态分布组成的第二项 $\sum_{k=1}^{k_n}\mathbb{E}[g\left(\frac{\eta_{n,k}}{\sigma_n}\right)]$ 极限是零, 也类似地把它分成两部分 $\{\left|\frac{\eta_{n,k}}{\sigma_n}\right| > \tau\}$ 及其余集, 在余集上的期望估计同上. 为了估计第一部分, 有

$$
\begin{aligned}
\sum_{k=1}^{k_n}\mathbb{E}[g\left(\frac{\eta_{n,k}}{\sigma_n}\right); |\eta_{n,k}/\sigma_n| > \tau] &\leq K\sum_{k=1}^{k_n}\mathbb{E}\left[\left|\frac{\eta_{n,k}}{\sigma_n}\right|^3\right] \\
&= \frac{K}{\sigma_n^3}\sum_{k=1}^{k_n}\sigma_{n,k}^3\mathbb{E}[|N|^3] \\
&\leq K\cdot\mathbb{E}[|N|^3]\cdot\frac{1}{\sigma_n}\max_{1\leq k\leq k_n}\sigma_{n,k},
\end{aligned}
$$

为了证明最后的部分极限为零, 再通过把期望分成两部分的方法, 即

$$\frac{\sigma_{n,k}^2}{\sigma_n^2} = \mathbb{E}[\xi_{n,k}/\sigma_n^2] \le \tau^2 + \frac{1}{\sigma_n^2}\mathbb{E}[\xi_{n,k}^2; |\xi_{n,k}/\sigma_n| > \tau],$$

所以有

$$\lim_n \max_{1 \le k \le k_n} \frac{\sigma_{n,k}}{\sigma_n} = 0.$$

定理证明完毕.   □

实际上 Lindeberg 条件还蕴含着下面的所谓全微小条件:

$$\lim_n \max_{1 \le i \le k_n} \frac{\sigma_{n,i}}{\sigma_n} = 0.$$

而且更进一步, 全微小条件加入中心极限定理反过来可以推出 Lindeberg 条件. 有兴趣的读者可以自己证明或者阅读参考书, 例如 [15].

习   题

1. 用中心极限定理证明

$$\lim_n \mathrm{e}^{-n} \sum_{k=0}^n \frac{n^k}{k!} = \frac{1}{2}.$$

2. 设 $\{\xi_n\}$ 是独立同分布随机序列, 证明: 如果 $\sum_{k=1}^n \xi_k/\sqrt{n}$ 依分布收敛, 那么 ξ_1 是平方可积的. 因此该极限必定是正态分布.

3. 设独立随机序列 $\{\xi_n\}$ 一致有界, 即存在常数 K, 使得对任何 n, 几乎处处有 $|\xi_n| \le K$. 证明: 若 σ_n 趋于无穷, 则中心极限定理成立.

4. 称独立随机序列 $\{\xi_n\}$ 满足 Lyapunov 条件, 如果存在 $\delta > 0$ 使得

$$\lim_n \frac{1}{\sigma_n^{2+\delta}} \sum_{k=1}^n \mathbb{E}[|\xi_k - \mathbb{E}\xi_k|^{2+\delta}] = 0.$$

证明: Lyapunov 条件蕴含有 Lindeberg 条件.

5. (*) 证明: Lindeberg 条件蕴含着全微小条件:

$$\lim_n \max_{1 \le i \le k_n} \frac{\sigma_{n,i}}{\sigma_n} = 0.$$

6. (*) 设 $\{\xi_n\}$ 是独立随机序列, $\mathbb{P}(\xi_n = 1) = p_n$, $\mathbb{P}(\xi_n = 0) = 1 - p_n$, 寻找使得此序列满足中心极限定理的充分必要条件.

7. 设 $\{\xi_n\}$ 是独立同分布的 Cauchy 分布的随机序列, 证明: 不管 $\{d_n\}$ 是什么样的正数列, $\dfrac{1}{d_n} \displaystyle\sum_{k=1}^{n} \xi_k$ 都不会依分布收敛于正态分布.

第十章　单调类方法与条件期望

这章的主要目的是两个, 一个是证明给定分布函数的独立随机序列的存在性, 这给我们的大数定律和中心极限定理提供了条件保障, 因为在那里我们总是从一个概率空间上的独立同分布随机序列开始的. 另外一个是介绍条件期望, 条件分布律和条件分布密度相互之间的关系以及它们的应用. 条件数学期望的概念是由 Kolmogorov 在 1933 年提出的, 是概率论中最重要的一个概念, 是学习随机过程和随机分析理论的必要基础.

10.1　单调类方法

为了理论的完整性, 我们需要介绍单调类的思想, 它是概率论中一个不可缺少的工具. 但是这部分内容理论性比较强, 对于初学的数学基础一般的同学可能会比较困难, 可以略过, 因为它对概率论通常所包含的内容来说并不是太必要.

正如上面看到的, 在很多情况下, 特别是涉及概率测度时, 很难直接验证一个集类对可列并封闭, 但由于概率有可列可加性, 很容易得到对不交可列并的封闭性. 单调类是解决这个困境的一个有效方法. 它有好多不同的形式, 我们下面叙述的是单调类定理的 Dynkin 形式. 称一个子集类 $\mathscr{F}_0$ 是 π- 类, 如果对任何 $A, B \in \mathscr{F}_0$, 有 $A \cap B \in \mathscr{F}_0$. 而称一个子集类是 Dynkin 类 (或 λ- 类), 如果它包含有 $\varnothing, \Omega$ 且对于补集运算与不交可列并运算封闭. 显然, σ-域是 Dynkin 类, 反之不对. 容易看出任意多个 Dynkin 类的交仍是 Dynkin 类, 因此对 Ω 的任何子集类 $\mathscr{A}$, 唯一存在一个包含 $\mathscr{A}$ 的最小 Dynkin 类, 记为 $\delta(\mathscr{A})$, 也类似地称为由 $\mathscr{A}$ 生成的 Dynkin 类. 下面的定理通常称为 Dynkin 引理, 因为是他首次作为一个引理写在他的书上.

定理 10.1.1 设 $\mathscr{F}_0$ 是一个 π- 类, $\mathscr{F}$ 是一个 Dynkin 类且 $\mathscr{F} \supset \mathscr{F}_0$. 则 $\mathscr{F} \supset \sigma(\mathscr{F}_0)$.

证明. 因为 $\mathscr{F} \supset \delta(\mathscr{F}_0)$, 故证明 $\delta(\mathscr{F}_0)$ 是一个 σ-域就够了. 由定义, 仅须验证 $\delta(\mathscr{F}_0)$ 对有限交运算封闭. 任取 $A \in \delta(\mathscr{F}_0)$, 定义

$$\kappa[A] := \{B \in \delta(\mathscr{F}_0) : A \cap B \in \delta(\mathscr{F}_0)\}.$$

只要证明对任何 $A \in \delta(\mathscr{F}_0)$, $\kappa[A] \supset \delta(\mathscr{F}_0)$.

先验证 $\kappa[A]$ 是一个 Dynkin 类. 事实上, 只需证明 $\kappa[A]$:

(1) 对补集运算封闭;

(2) 对不相交集列的可列并运算封闭.

对 (1), 取 $B \in \kappa[A]$, 则 $A, A^c, A \cap B \in \delta(\mathscr{F}_0)$, 因此 $A \cap B^c = [A^c \cup (A \cap B)]^c \in \delta(\mathscr{F}_0)$, 因此 $B^c \in \kappa[A]$. 为证 (2), 取 $\{B_n\} \subset \kappa[A]$ 是不交集列, 则显然 $\{A \cap B_n\}$ 是 $\delta(\mathscr{F}_0)$ 中不交集列, 因此 $A \bigcap (\bigcup_n B_n) \in \delta(\mathscr{F}_0)$, 推出 $\bigcup_n B_n \in \kappa[A]$.

因 $\mathscr{F}_0$ 是 π- 类, 故 $A \in \mathscr{F}_0$ 蕴含着 $\kappa[A] \supset \mathscr{F}_0$, 即 $\kappa[A] \supset \delta(\mathscr{F}_0)$, 或者说 $\mathscr{F}_0$ 中的集合与 $\delta(\mathscr{F}_0)$ 中的集合的交在 $\delta(\mathscr{F}_0)$ 中. 再换句话说, 当 $A \in \delta(\mathscr{F}_0)$ 时, $\kappa[A] \supset \mathscr{F}_0$. 因此 $\kappa[A] \supset \delta(\mathscr{F}_0)$, 即 $\delta(\mathscr{F}_0)$ 中元素对有限交运算封闭. □

比如, 如果读者愿意仔细地完成下面的命题的证明, 他们会发现单调收敛定理结合 Dynkin 引理是非常重要且强大的工具. 设 ξ, η 是两个 n 维随机变量, 那么下面断言是等价的:

(1) 对任何 $x \in \mathbf{R}^n$, $\mathbb{P}(\xi \le x) = \mathbb{P}(\eta \le x)$;

(2) 对任何 Borel 集 B, $\mathbb{P}(\xi \in B) = \mathbb{P}(\eta \in B)$;

(3) 对任何有界 (或非负) Borel 可测函数 f, $\mathbb{E}f(\xi) = \mathbb{E}f(\eta)$.

从 (1) 推出 (2) 是 Dynkin 引理, 从 (2) 推出 (3) 是单调收敛定理, 把这样两种方法结合起来用称为单调类方法. 它是分析特别是概率论的基本方法之一, 现在成为一种标准的证明程序. 为了展示单调类方法的威力, 让我们证明关于交换积分次序的著名的 Fubini 定理, 它是分析中一个非常有用的结果, 但在本书中几乎没有用到, 除了在最后的特征函数唯一性定理用到一点 Fubini 定理以外.

定理 10.1.2 如果 ξ, η 独立, 则 Fubini 定理成立: 对任何 $\mathbf{R}^2$ 上非负或有界 Borel 可测函数 f, 有

$$\mathbb{E}f(\xi, \eta) = \mathbb{E}[\mathbb{E}f(x, \eta)|_{x=\xi}] = \mathbb{E}[\mathbb{E}f(\xi, y)|_{y=\eta}], \tag{10.1.1}$$

右边的含义是先固定 x 求期望然后把 ξ 代入 x 后再求期望. 也就是说我们可分两步来求期望.

证明. 在此我们再次演示一下单调类方法. 设 A, B 是 $\mathbf{R}$ 的区间. 那么由引理 3.1.1 (1) 推得

$$\mathbb{E}(1_A(\xi)1_B(\eta)) = \mathbb{E}1_A(\xi)\mathbb{E}1_B(\eta) = \mathbb{E}\{[\mathbb{E}(1_A(x)1_B(\eta))]\big|_{x=\xi}\}.$$

这样的矩形 $A \times B$ 全体 $\mathscr{F}_0$ 是 π- 类, 生成 $\mathbf{R} \times \mathbf{R}$ 上的 Borel σ-代数. 由 Dynkin 引理推出 (10.1.1) 对于 $\mathbf{R} \times \mathbf{R}$ 上的 Borel 集 C 的示性函数 $f = 1_C$ 成立, 因此对 Borel 可测的简单函数 f 成立, 再用单调收敛定理对于非负 Borel 可测函数 f 成立. 最后对于有界 Borel 可测的 f 成立. □

如果 F 和 G 分别是 ξ 与 η 的分布函数, 那么 Fubini 定理可以写成积分形式:

$$\int_{\mathbf{R}^2} f(x,y)d_2F(x)G(y) = \int_{\mathbf{R}} dF(x) \int_{\mathbf{R}} f(x,y)dG(y) \tag{10.1.2}$$
$$= \int_{\mathbf{R}} dG(y) \int_{\mathbf{R}} f(x,y)dF(x).$$

同样的方法可以证明数学期望和 Riemann 积分是可以交换的. 如果 f 是非负 Borel 可测函数, 那么

$$\mathbb{E}\left(\int_{\mathbf{R}} f(\xi,x)dx\right) = \int_{\mathbf{R}} \mathbb{E}[f(\xi,x)]dx. \tag{10.1.3}$$

上面的三个公式是 Fubini 定理的不同表现形式. 用一个例子 (§1.5 的习题) 简单表现 Fubini 定理的重要.

例 10.1.1 如果 ξ 是非负随机变量, 那么由 Fubini 定理, 有

$$\mathbb{E}\xi = \mathbb{E}\int_0^\xi dt = \int_0^\infty \mathbb{P}(\xi > t)dt.$$

类似地, 有

$$\mathbb{E}\xi^n = \int_0^\xi nt^{n-1}dt = \int_0^\infty nt^{n-1}\mathbb{P}(\xi > t)dt.$$

如果 F 是分布函数, 那么对任何 $a > 0$, 有

$$\int_{\mathbf{R}} (F(x+a) - F(x))dx = a.$$

事实上, 有

$$\int_{\mathbf{R}} (F(x+a) - F(x))dx = \int_{\mathbf{R}} \mathbb{P}(x < \xi \le x+a)dx = \mathbb{E}\int_{\xi-a}^{\xi} dx = a.$$

想想不用 Fubini 定理应该怎么做呢? ▌

　　这里我们做个说明. 如果 Fubini 定理中的 f 只要求是非负或有界连续的, 那么可以避开单调类方法, 因为单调类方法虽然有威力, 但是太测度论化了, 不适合在初等概率教科书上正式介绍. Euclid 空间上的阶梯函数是矩形区间上示性函数的有限线性组合. 连续函数是阶梯函数的极限, 所以对矩形区间成立的等式通常对连续函数也成立, 上面两个定理的证明都是这个思想. 反过来, 我们来验证 Euclid 空间的开集 (或闭集) 上的示性函数也可以表达为连续函数的递增 (或递减) 极限, 因此对连续函数成立的等式通常对开集或闭集上的示性函数也成立. 事实上, 设 F 是 $\mathbf{R}^d$ 的一个非空闭集, $d(x, F)$ 表示点 x 到集合 F 的距离, 它是 x 的连续函数, 那么 $F = \{x : d(x, F) = 0\}$. 定义 $\phi_n(x) := (n \cdot d(x, F)) \wedge 1$, 那么 ϕ_n 是连续函数列且点点递增收敛于 1_{F^c}, 因为在 F 上, $\phi_n = 0$, 而当 $x \in F^c$ 时, $d(x, F) > 0$, 故存在 n 使得 $n \cdot d(x, F) \ge 1$, 推出 $\phi_n(x) = 1$. 而闭集 F 上的示性函数表示为 $1_F = 1 - 1_{F^c}$. 其实推论 4.5.1 证明过程中构造的函数恰好是

$$f_n(y) = 1 - (n \cdot d(y, (-\infty, x])) \wedge 1.$$

因此 Fubini 定理当 f 是开集或闭集上的示性函数时也成立. 后面还将有类似的情况.

10.2　独立性

　　独立性是概率论最重要的性质之一, 前面讲到的大数定律与中心极限定理都是对独立随机序列叙述的. 因此有必要对其进一步地论述, 至少要能够从理论上严格验证独立随机序列是存在的, 这样前面的大数定律和中心极限定理才真正有意义. 在本节中, 首先我们用 σ-域的语言来统一独立这个初看起来有点混乱的概念, 最后将证明独立随机序列的存在性. 在定义 3.1.1 中我们给出了多个事件和多个随机变量独立的定义, 更一般地, 我们定义多个事件类的独立性. 设 $(\Omega, \mathscr{F}, \mathbb{P})$ 是概率空间, 事件类是指 $\mathscr{F}$ 的一个子集, 事件域是指 $\mathscr{F}$ 的一个子 σ-代数.

　　独立这个概念在概率论中是有直观的意义的, 它来自于容易解释的独立随机试验. 从纯粹分析的角度看, 独立实际上是指乘积测度空间.

定义 10.2.1 (1) 给定事件类 $\mathscr{A}_1, \cdots, \mathscr{A}_n \subset \mathscr{F}$. 如果对任何 $A_i \in \mathscr{A}_i, 1 \le i \le n$, 有 $A_1, \cdots, A_n$ 独立, 那么我们说事件类 $\mathscr{A}_1, \cdots, \mathscr{A}_n$ 相互独立;

(2) 事件类族 $\{\mathscr{A}_i : i \in I\}$ 相互独立是指其中任何有限多个事件类是相互独立的.

如果事件 A 看成为事件类 $\{A\}$, 那么事件独立可以看成为事件类独立的特殊情况. 我们将说明随机变量独立也可以用事件类独立来刻画, 首先由定义容易看出, 如果 $\mathscr{A}_1, \cdots, \mathscr{A}_n$ 独立且 ξ_i 是关于 $\mathscr{A}_i$ 可测的随机变量, 那么 $\xi_1, \cdots, \xi_n$ 是独立的. 为了说清楚随机变量的独立性和相关事件域独立性之间的关系, 我们还是需要单调类方法. 先看下面的简单引理.

引理 10.2.1 设 $\mathscr{A}$ 与 $\mathscr{B}$ 是两个对有限交封闭的事件类. 如果 $\mathscr{A}$ 与 $\mathscr{B}$ 独立, 那么 $\sigma(\mathscr{A})$ 与 $\sigma(\mathscr{B})$ 独立.

证明. 先取 $B \in \mathscr{B}$, 设 $\mathscr{A}'$ 是 $\mathscr{F}$ 中与 B 独立的事件全体, 即使得 $\mathbb{P}(A \cap B) = \mathbb{P}(A)\mathbb{P}(B)$ 成立的 A 的全体. 那么由条件 $\mathscr{A}' \supset \mathscr{A}$, 所以只需验证 $\mathscr{A}'$ 是 σ-域就好了. 检验 σ-域的定义, 我们发现 $\mathscr{A}'$ 对可列并封闭这一点无法直接验证, 但是容易验证 $\mathscr{A}'$ 对不交可列并是封闭的. 由 Dynkin 引理, 因为 $\mathscr{A}$ 对交封闭, 故 $\mathscr{A}' \supset \sigma(\mathscr{A})$. 即证明了 $\mathscr{B}$ 与 $\sigma(\mathscr{A})$ 独立, 由此推出 $\sigma(\mathscr{B})$ 与 $\sigma(\mathscr{A})$ 独立. $\qquad\square$

例如, 对于两个事件 A, B, 两个事件独立是指 $\{A\}$ 与 $\{B\}$ 独立, 这推出事件域 $\sigma(\{A\}) = \{\varnothing, A, A^c, \Omega\}$ 与 $\sigma(\{B\}) = \{\varnothing, B, B^c, \Omega\}$ 独立. 让我们看看随机变量的集合之间的独立性与事件域独立性之间的关系怎样用 σ-域的语言表达出来. 首先 m 维随机向量 $\mathbf{X}$ 与 n 维随机向量 $\mathbf{Y}$ 独立是指对任何 $\mathbf{x} \in \mathbf{R}^m, \mathbf{y} \in \mathbf{R}^n$, 有

$$\mathbb{P}(\mathbf{X} \le \mathbf{x}, \mathbf{Y} \le \mathbf{y}) = \mathbb{P}(\mathbf{X} \le \mathbf{x})\mathbb{P}(\mathbf{Y} \le \mathbf{y}).$$

也就是说事件集 $\{\{\mathbf{X} \le \mathbf{x}\} : \mathbf{x} \in \mathbf{R}^m\}$ 与 $\{\{\mathbf{Y} \le \mathbf{y}\} : \mathbf{y} \in \mathbf{R}^n\}$ 独立, 但是两者都关于有限交封闭且分别生成 σ-域 $\sigma(\mathbf{X})$ (Ω 上使得随机向量 $\mathbf{X}$ 可测的最小 σ-域) 与 $\sigma(\mathbf{Y})$. 引理 10.2.1 蕴含着 $\mathbf{X}$ 与 $\mathbf{Y}$ 独立当且仅当 $\sigma(\mathbf{X})$ 与 $\sigma(\mathbf{Y})$ 独立. 这等价于说对任何 Borel 集 $A \in \mathscr{B}(\mathbf{R}^m)$ 与 $B \in \mathscr{B}(\mathbf{R}^n)$, 有

$$\mathbb{P}(\mathbf{X} \in A, \mathbf{Y} \in B) = \mathbb{P}(\mathbf{X} \in A)\mathbb{P}(\mathbf{Y} \in B).$$

由单调类方法推出对 $\mathbf{R}^m$ 和 $\mathbf{R}^n$ 上的有界或者非负 Borel 可测函数 f, g, 有

$$\mathbb{E}[f(\mathbf{X})g(\mathbf{Y})] = \mathbb{E}[f(\mathbf{X})]\mathbb{E}[g(\mathbf{Y})].$$

随机序列 $\{\xi_n : n \geq 1\}$ 生成 σ-域

$$\sigma(\xi_n : n \geq 1) = \sigma\left(\bigcup_{n \geq 1} \sigma(\xi_n)\right),$$

令 $\mathscr{A} := \bigcup_{n \geq 1} \sigma(\xi_1, \cdots, \xi_n)$, 那么容易证明 $\sigma(\xi_n : n \geq 1) = \sigma(\mathscr{A})$. 这样写的好处是 $\mathscr{A}$ 是递增 σ-域的并, 它对有限交封闭. 两个无限集合的独立性是由有限来定义的. 比如两个随机序列 $\{\xi_n : n \geq 1\}$ 与 $\{\eta_n : n \geq 1\}$ 独立, 是指其中第一列中的任意有限多个与第二列中任意有限多个独立. 令 $\mathscr{A} := \bigcup_{n \geq 1} \sigma(\xi_1, \cdots, \xi_n)$ 与 $\mathscr{B} := \bigcup_{n \geq 1} \sigma(\eta_1, \cdots, \eta_n)$, 那么独立等价于 $\mathscr{A}$ 与 $\mathscr{B}$ 独立, 而两者对有限交封闭, 因此由引理 10.2.1 得知, $\sigma(\xi_n : n \geq 1)$ 与 $\sigma(\eta_n : n \geq 1)$ 独立.

同理随机变量的集合 $\{\xi_i : i \in I\}$ 也生成一个 σ-域, 记为 $\sigma(\xi_i : i \in I)$, 就是使得它们可测的最小 σ-域. 如果

$$\mathscr{A} := \bigcup_{I_0} \sigma(\xi_i : i \in I_0),$$

其中 I_0 取遍 I 的所有有限子集, 那么事件类 $\mathscr{A}$ 对交封闭且 $\sigma(\xi_i : i \in I) = \sigma(\mathscr{A})$. 随机变量的集合 $\{\xi_i : i \in I\}$ 与 $\{\eta_j : j \in J\}$ 独立是指对任何 I 的有限子集 I_0 和 J 的有限子集 J_0, 随机向量 $\{\xi_i : i \in I_0\}$ 与 $\{\eta_j : j \in J_0\}$ 独立. 再应用引理 10.2.1, 我们证明了下面的定理.

定理 10.2.1 两个随机变量的集合 $\{\xi_i : i \in I\}$ 与 $\{\eta_j : j \in J\}$ 独立当且仅当事件域 $\sigma(\xi_i : i \in I)$ 与 $\sigma(\eta_j : j \in J)$ 独立.

从上面的证明过程可以看出, Dynkin 引理或者单调类方法是证明这类问题的基本工具, 是概率论中证明类似问题的程序性方法. 以下推论请读者自己验证.

推论 10.2.1 (1) 随机变量 $\xi_1, \cdots, \xi_n$ 独立当且仅当对任何 $\mathbf{R}$ 上非负或有界可测函数 $f_1, \cdots, f_n$, 有

$$\mathbb{E} \prod_{i=1}^{n} f_i(\xi_i) = \prod_{i=1}^{n} \mathbb{E} f_i(\xi_i);$$

(2) 设随机变量 $\xi_1, \cdots, \xi_n$ 独立, $f_1, \cdots, f_n$ 是 $\mathbf{R}$ 上可测函数, 那么 $f_1(\xi_1), \cdots, f_n(\xi_n)$ 也独立.

下面我们将证明独立随机序列的存在性. 这是大数定律和中心极限定理的重要前提条件. 在承认单位区间上均匀分布可实现的前提下, 定理 5.2.1 说明一维分布函数是可以实现的, 事实上多维分布函数也可以实现, 但已有知识不足以证明这一点.

定理 10.2.2 存在概率空间 $(\Omega, \mathscr{F}, \mathbb{P})$ 和独立随机变量序列 $\{\eta_n\}$ 使得它们都是 $(0,1)$ 上均匀分布的.

证明. 存在概率空间 $(\Omega, \mathscr{F}, \mathbb{P})$ 和 $(0,1)$ 上均匀分布的随机变量 ξ. 用 ξ_n 表示 ξ 的二进制表示的第 n 位数. 把 $\{\xi_n\}$ 排成二维序列 $\{\xi_{n,k} : n, k \geq 1\}$. 这样的排法当然不是唯一的, 一个标准的排法如下:

$$
\begin{array}{cccccccc}
\xi_1 & \xi_2 & \xi_4 & \xi_7 & \xi_{11} & \cdots & \cdots \\
\xi_3 & \xi_5 & \xi_8 & \xi_{12} & \cdots & \cdots & \cdots \\
\xi_6 & \xi_9 & \xi_{13} & \cdots & \cdots & \cdots \\
\xi_{10} & \xi_{14} & \cdots & \cdots & \cdots & \cdots \\
\xi_{15} & \cdots & \cdots & \cdots & \cdots & \cdots \\
\cdots & \cdots & \cdots & \cdots & \cdots & \cdots \\
\end{array}
$$

因为这些随机变量互相独立, 故而对任何 $n \geq 1$, 序列 $\{\xi_{n,k} : k \geq 1\}$ 还是独立随机序列, 即其中任何有限个独立. 对不同的 n, 这些序列之间也是独立的, 即任取有限个序列, 从每一个中任取有限个随机变量组成随机向量, 这些随机向量是独立的. 令

$$
\eta_n := \sum_{k \geq 1} \frac{\xi_{n,k}}{2^k}.
$$

由上面的结论推出 η_n, $n \geq 1$ 是互相独立的且仿照例 3.1.1 同理证明它们都是 $(0,1)$ 上均匀分布的.　　　　　　　　　　　　　　　　　　　　　　$\square$

给定 $\mathbf{R}$ 上分布函数 F_n, F_n^{-1} 是广义逆, 令 $\xi_n := F_n^{-1}(\eta_n)$, 那么 ξ_n 的分布函数是 F_n 且由上面定理 10.2.1 知道它们是独立的.

推论 10.2.2 设 $F_1, \cdots, F_n, \cdots$ 都是 $\mathbf{R}$ 上分布函数. 则存在概率空间 $(\Omega, \mathscr{F}, \mathbb{P})$ 和独立随机变量 $\xi_1, \cdots, \xi_n, \cdots$ 使得 ξ_n 的分布函数是 F_n, $n \geq 1$.

在本节的最后, 我们顺便说说 Kolmogorov 01 律, 它在证明独立随机序列的极限定理时很有用. 随机序列 $\{\xi_n : n \geq 1\}$ 的尾事件域定义为

$$
\mathscr{T}(\{\xi_n : n \geq 1\}) := \bigcap_{n \geq 1} \sigma(\{\xi_k : k \geq n\}).
$$

我们说一个事件域服从 01 律, 如果其中事件的概率非 0 即 1. 如果一个随机变量关于一个服从 01 律的事件域可测, 那么它必定几乎处处是常数 (习题).

定理 10.2.3 (Kolmogorov 01 律) 独立随机序列的尾事件域服从 01 律.

证明. 设 $\{\xi_n\}$ 是独立随机序列, 其尾事件域记为 $\mathscr{T}$, 对任何 n,

$$\mathscr{T} \subset \sigma(\{\xi_{n+1}, \xi_{n+2}, \cdots\}),$$

它与 $\sigma(\{\xi_1, \cdots, \xi_n\})$ 独立, 由单调类方法推出它与事件类 $\sigma(\{\xi_n : n \geq 1\})$ 独立, 而这蕴含着 $\mathscr{T}$ 与自身独立, 故有 01 律. □

　　直观上说, 一个随机序列的尾事件域中的事件发生与否和随机序列的前任意有限个随机变量无关. 例如 ξ_n 是否收敛与前任意有限个随机变量无关, 所以事件 $\{\xi_n \text{ 收敛}\}$ 属于尾事件域. 当尾事件域满足 01 律时, 它的概率非 0 即 1. 如果它概率是 1, 则 $\lim_n \xi_n$ 也与前任意有限个随机变量无关, 所以 $\lim_n \xi_n$ 关于尾事件域可测, 是个常数. 另外一个例子是 $\sup_n \xi_n$, 它的值与所有随机变量有关, 所以不是关于尾事件域可测的. 但是 $\sup_n \xi_n$ 是否是无穷这个事情与前任意有限个随机变量无关, 所以 $\sup_n \xi_n < \infty$ 属于尾事件域. 最后一个有趣的例子是平均序列 $\frac{1}{n}\sum_{k=1}^{n} \xi_k$, $n \geq 1$, 该序列是否收敛与其前任意有限个随机变量无关, 所以 '平均序列收敛' 这个事件属于尾事件域, 当尾事件域满足 01 律时, 该事件概率非 0 即 1. 如果是 1, 则平均系列的极限也是关于尾事件域可测的, 因此是个常数.

例 10.2.1 设 $\{\xi_n\}$ 是独立随机序列且

$$\mathbb{P}(\xi_n = 1) = \mathbb{P}(\xi_n = -1) = \frac{1}{2}.$$

定义

$$S_0 = 0, \ S_n := \sum_{k=1}^{n} \xi_k,$$

那么 $\{S_n : n \geq 0\}$ 称为是直线上 (零点出发的简单对称) 随机游动. 随机游动是最早被研究的一个随机过程, 形象地被称为醉汉的脚印, 可以用作很多随机现象的模型. 我们来证明

$$\mathbb{P}(\sup_n S_n = +\infty, \ \inf_n S_n = -\infty) = 1.$$

这说明随机游动以概率 1 可以到达任何点. 由于对称性, 只需要验证 $\mathbb{P}(\sup_n S_n = \infty) = 1$ 就够了. 首先它属于 $\{\xi_n\}$ 的尾事件域, 因为 $\sup_n S_n$ 是否有限与 $\{\xi_n\}$ 的前

有限个无关. 因此由 Kolmogorov 01 律, 它的概率非 0 即 1. 我们只需证明概率非零即可. 为此, 应用中心极限定理和 Fatou 引理, 得

$$\mathbb{P}(\sup_n S_n = \infty) \geq \mathbb{P}(\overline{\lim}_n \{S_n > \sqrt{n}\})$$
$$\geq \lim_n \mathbb{P}(S_n > \sqrt{n})$$
$$= 1 - \Phi(1) > 0.$$

这个结果开创了随机过程研究的先河, 是后续随机过程或者随机分析课程第一个重要结果.

10.3 条件期望

人无法预知随机事件的结果, 但总有一个预期, 这个预期就是期望. 预期随着时间的推移以及信息的增加会改变, 这就是条件期望. 条件期望是概率论最重要的概念之一, 是 Kolmogorov 在他 20 世纪 30 年代为概率论引入公理体系的那本著名的书中引入的. 下面我们定义随机变量关于 σ-域的条件期望 (或条件数学期望).

首先我们说明为什么把事件域看成信息. 事件域类似于对样本空间的一个划分, 它体现出我们可以判断一个样本点在什么地方的信息. 比如说我们不知道一个人具体情况, 但知道他是哪个省的人就是一种信息. 再比如有一张 10000×10000 像素的照片要放在一个 1000×1000 像素的显示器上, 那么 10×10 个像素要合并成一个, 信息肯定会丢失. 所以我们可以把概率空间中抽象的事件域理解为信息, 事件域越大体现出的信息越多.

让我们使用 Hilbert 空间的一些概念和术语, Hilbert 空间是内积空间, 因此有正交或者垂直的概念. 考虑平方可积随机变量的空间 $L^2(\mathscr{F}) = L^2(\Omega, \mathscr{F}, \mathbb{P})$, 配以随机变量乘积的期望作为它的内积, 得

$$\langle \xi, \eta \rangle = \mathbb{E}[\xi\eta]$$

是一个 Hilbert 空间. 首先一个随机变量 ξ 的数学期望就是 ξ 到子空间 $\mathbf{R}$ 的投影, 即

$$\mathbb{E}(\xi - \mathbb{E}\xi)^2 = \min\{\mathbb{E}(\xi - x)^2 : x \in \mathbf{R}\}.$$

把这个观念再一般化, 取一个子事件域 $\mathscr{G} \subset \mathscr{F}$, 那么 $\mathscr{G}$ 可测的平方可积随机变量空间 $L^2(\mathscr{G})$ 是一个闭子空间. 对任何平方可积随机变量 ξ, 它在 $L^2(\mathscr{G})$ 上的正交投影也是这个空间距离 ξ 的最近之处, 是存在且唯一的, 记为 $\mathbb{E}(\xi|\mathscr{G})$. 用概率论的语言说, 它是基于已知信息 $\mathscr{G}$ 的条件下对随机变量 ξ 的最佳预测, 称为 ξ 关于 $\mathscr{G}$ 的条件期望.

下面我们给出条件期望的另一个刻画, 它能让我们将条件期望的定义扩展到可积随机变量.

定理 10.3.1 设 ξ 是平方可积随机变量, $\mathscr{G}$ 是 $\mathscr{F}$ 的子事件域, 那么 $\mathbb{E}(\xi|\mathscr{G})$ 是满足下面条件的唯一的可积随机变量 η:

(1) η 是 $\mathscr{G}$ 可测的;

(2) 对任何 $A \in \mathscr{G}$, $\mathbb{E}(\xi; A) = \mathbb{E}(\eta; A)$.

证明. 条件期望 $\mathbb{E}(\xi|\mathscr{G})$ 显然是满足这两个条件的, 故我们验证充分性: 如果 η 满足这两个条件, 要验证它是 ξ 在 $L^2(\mathscr{G})$ 上的投影. 只需验证 η 平方可积且 $\xi - \eta$ 与 $L^2(\mathscr{G})$ 正交. 由第二个条件以及单调类定理, 对任何 $\mathscr{G}$ 可测的有界随机变量 ζ, 有

$$\mathbb{E}[(\xi - \eta)\zeta] = 0.$$

令 $\eta_n = (-n) \vee \eta \wedge n$, 则由 Cauchy 不等式, 得

$$\mathbb{E}[\eta\eta_n] = \mathbb{E}[\xi\eta_n] \leq \sqrt{\mathbb{E}[\eta_n^2]\mathbb{E}[\xi^2]} \leq \sqrt{\mathbb{E}[\eta^2]\mathbb{E}[\xi^2]},$$

因为 $\eta\eta_n$ 非负, 故由 Fatou 引理, 得

$$\mathbb{E}[\eta^2] \leq \sqrt{\mathbb{E}[\eta^2]\mathbb{E}[\xi^2]},$$

这蕴含着 η 是平方可积的. 因为 $\mathscr{G}$ 可测有界随机变量在 $L^2(\mathscr{G})$ 中稠密, 故 $\xi - \eta$ 与 $L^2(\mathscr{G})$ 正交. $\square$

这个定理给我们为可积随机变量定义条件数学期望提供了可能性, 因为它给出的这个关于条件期望的刻画不需要随机变量是平方可积的, 故我们拿它作为条件期望的定义.

定义 10.3.1 设 ξ 是可积的随机变量, $\mathscr{G}$ 是 $\mathscr{F}$ 的子事件域, 那么一个关于 $\mathscr{G}$ 可测且满足对任何 $A \in \mathscr{G}$, $\mathbb{E}(\eta; A) = \mathbb{E}(\xi; A)$ 的随机变量 η 称为是 ξ 关于 $\mathscr{G}$ 的条件期

望, 记为 $\mathbb{E}(\xi|\mathscr{G})$. 若 η 是随机向量, 定义 ξ 关于 η 的条件期望为关于 η 生成的 σ-域的条件期望

$$\mathbb{E}(\xi|\eta) := \mathbb{E}(\xi|\sigma(\eta)).$$

一个定义要有意义, 首先要说明存在唯一性. 定义中关于 $\mathscr{G}$ 可测且满足对任何 $A \in \mathscr{G}$, $\mathbb{E}(\eta; A) = \mathbb{E}(\xi; A)$ 的随机变量 η 是几乎处处唯一决定的, 也就是说任何两个满足条件的随机变量是几乎处处相等的. 上面所说的唯一性是由定理 4.1.3 推出的. 因为如果 η_1, η_2 都是 ξ 关于 $\mathscr{G}$ 的条件期望, 那么它们都是关于 $\mathscr{G}$ 可测的随机变量且对任何 $A \in \mathscr{G}$ 有 $\mathbb{E}(\eta_1; A) = \mathbb{E}(\eta_2; A)$, 所以 $\eta_1 = \eta_2$ a.s.. 因为条件期望 $\mathbb{E}(\xi|\mathscr{G})$ 只是在几乎处处相等的意义下唯一决定的, 故关于条件期望的等式或不等式都是在几乎处处的意义下叙述并证明的. 例如由定义容易验证, 如果 ξ 是 $\mathscr{G}$ 可测可积随机变量, 则 $\mathbb{E}(\xi|\mathscr{G}) = \xi$ a.s.. 我们简单地写成 $\mathbb{E}(\xi|\mathscr{G}) = \xi$. 条件期望的存在性的证明要用到更多的工具, 见附录 10.3.1 的一个证明, 也可以用测度论中的 Radon-Nikodym 定理证明. 但对于离散事件域的情况是简单的.

固定概率空间 $(\Omega, \mathscr{F}, \mathbb{P})$. 设 ξ 是可积随机变量, 对任何正概率的事件 A, 定义

$$\mathbb{E}(\xi|A) := \frac{\mathbb{E}(\xi; A)}{\mathbb{P}(A)},$$

称为 A 发生的条件下 ξ 的期望. 它是 ξ 在事件 A 上的平均, 表示 ξ 在概率 $\mathbb{P}(\cdot|A)$ 下的期望. 给定一个离散 σ-域 $\mathscr{G}$, 它总是由 Ω 的一个划分 $\{\Omega_n : n \geq 1\}$ 生成, 即 $\mathscr{G} = \sigma(\Omega_n : n \geq 1)$. 随机变量关于离散事件域的条件期望的存在唯一性由下面的定理确立.

定理 10.3.2 设 ξ 可积. 如果 $\mathscr{G}$ 是离散事件域, 由划分 $\{\Omega_n : n \geq 1\}$ 生成且对任何 n, $\mathbb{P}(\Omega_n) > 0$, 那么

$$\mathbb{E}(\xi|\mathscr{G}) = \sum_{n \geq 1} \mathbb{E}(\xi|\Omega_n) 1_{\Omega_n}.$$

因此

$$\mathbb{E}\xi = \mathbb{E}(\mathbb{E}(\xi|\mathscr{G})).$$

首先证明一个引理, 非空事件 $A \in \mathscr{G}$ 称为是 $\mathscr{G}$ 的原子, 如果 $B \subset A$ 且 $B \in \mathscr{G}$, 那么 $B = \varnothing$ 或 $B = A$, 即 A 除了 $\varnothing, A$ 外不包含其他事件.

引理 10.3.1 若 ξ 是 $\mathscr{G}$ 可测的随机变量, A 是 $\mathscr{G}$ 的原子, 那么 ξ 在 A 上是常数.

证明. 设 a 是 ξ 在事件 A 的某个给定点上的值. 则 $\{\xi = a\} \in \mathscr{G}$ 且它与 A 的交不空, 由于 A 是原子, 故必有 $\{\xi = a\} \supset A$, 即 ξ 在 A 上恒等于 a. $\qquad\square$

证明. (定理的证明) 因为 Ω_n 是 $\mathscr{G}$ 的原子, 由引理, $\mathbb{E}(\xi|\mathscr{G})$ 在 Ω_n 上是常数, 记为 a_n, 再由条件期望的定义, $\mathbb{E}(\mathbb{E}(\xi|\mathscr{G});\Omega_n) = \mathbb{E}(\xi;\Omega_n)$. 左边等于 $a_n\mathbb{P}(\Omega_n)$, 因此, 当 $\mathbb{P}(\Omega_n) > 0$ 时, $\mathbb{E}(\xi|\mathscr{G})$ 在 Ω_n 上是常数, 就是 $\mathbb{E}(\xi|\Omega_n)$. 现在, 仿照全概率公式的证明, 有

$$\mathbb{E}\xi = \sum_{n \geq 1} \mathbb{E}(\xi;\Omega_n) = \sum_{n \geq 1} \mathbb{E}(\xi|\Omega_n)\mathbb{P}(\Omega_n) = \mathbb{E}(\mathbb{E}(\xi|\mathscr{G})).$$

最后的等式是来自离散随机变量期望公式.   □

这个定理是说 $\mathbb{E}(\xi|\mathscr{G})$ 在 Ω_n 上等于 ξ 在 Ω_n 上的期望或者积分平均. 电视里经常用的马赛克制作方法就是用的这个公式, 马赛克是把若干像素的颜色变成同一个颜色, 这个颜色最自然的选择就是用这些像素上的颜色的平均值. 定理中第二个公式是全概率公式的推广.

随机变量关于一般 σ-域的条件期望有下面的性质, 这些性质完全是由定义推导的.

定理 10.3.3 条件期望有下面的重要性质:

(1) $\xi \mapsto \mathbb{E}(\xi|\mathscr{G})$ 作为关于 $\mathscr{F}$ 可测的可积随机变量空间到关于事件域 $\mathscr{G}$ 可测的可积随机变量空间的映射是线性的, 保序的;

(2) 全概率公式的推广: $\mathbb{E}(\mathbb{E}(\xi|\mathscr{G})) = \mathbb{E}\xi$;

(3) 如果 ξ, η 是随机变量, ξ 与 $\xi\eta$ 可积且 η 是关于事件域 $\mathscr{G}$ 可测的随机变量, 那么 $\mathbb{E}(\xi\eta|\mathscr{G}) = \eta\mathbb{E}(\xi|\mathscr{G})$;

(4) 如果 ξ 与 $\mathscr{G}$ 独立, 那么 $\mathbb{E}(\xi|\mathscr{G}) = \mathbb{E}\xi$. ξ 与 $\mathscr{G}$ 独立是指对任何 $A \in \mathscr{G}$, ξ 与 1_A 独立;

(5) 设 $\mathscr{G}_1, \mathscr{G}_2$ 是子事件域, 且 $\mathscr{G}_1 \subset \mathscr{G}_2$. 那么

$$\mathbb{E}(\mathbb{E}(\xi|\mathscr{G}_1)|\mathscr{G}_2) = \mathbb{E}(\mathbb{E}(\xi|\mathscr{G}_2)|\mathscr{G}_1) = \mathbb{E}(\xi|\mathscr{G}_1);$$

(6) $\mathbb{E}(\xi|\{\varnothing,\Omega\}) = \mathbb{E}\xi$, $\mathbb{E}(\xi|\mathscr{F}) = \xi$.

证明. (1) 留作习题.

(2) 按照条件期望的定义

$$\mathbb{E}(\mathbb{E}(\xi|\mathscr{G})) = \mathbb{E}(\mathbb{E}(\xi|\mathscr{G}); \Omega) = \mathbb{E}(\xi; \Omega) = \mathbb{E}(\xi).$$

(3) 首先对 $\eta = 1_B, B \in \mathscr{G}$, 结论显然, 再由单调类定理推出一般场合.

(4) 由推论 4.1.2(4), 对任何 $A \in \mathscr{G}, \mathbb{E}(\xi; A) = \mathbb{E}\xi 1_A = \mathbb{E}\xi \cdot \mathbb{P}(A) = \mathbb{E}(\mathbb{E}\xi; A)$.

(5) 因为 $\mathbb{E}(\xi|\mathscr{G}_1)$ 是 $\mathscr{G}_2$ 可测的, 故 $\mathbb{E}(\mathbb{E}(\xi|\mathscr{G}_1)|\mathscr{G}_2) = \mathbb{E}(\xi|\mathscr{G}_1)$ 是显然的. 要证明另一个等式, 两者都是 $\mathscr{G}_1$ 可测的, 只需证明对任何 $A \in \mathscr{G}_1, \mathbb{E}(\xi; A) = \mathbb{E}(\mathbb{E}(\xi|\mathscr{G}_2); A)$, 而这由于 $A \in \mathscr{G}_2$ 是显然的.

(6) 由定义显然. □

例 10.3.1 从全国公民中任选一人记其年收入为 ξ. 样本空间是公民全体, 概率是等可能概率. ξ 的分布是全国公民年收入的分布, 期望 $\mathbb{E}\xi$ 是全国公民平均年收入. $\Omega_1, \cdots, \Omega_n$ 是被选取的人在每个省的事件, 自然 $\{\Omega_i : i \le n\}$ 是样本空间的划分, 这个作为信息告诉我们所选的人在什么省, 因此 $\mathbb{E}(\xi|\{\Omega_i\})$ 是一个随机变量, 在 Ω_i 上等于这个省的平均年收入 $\mathbb{P}(\xi|\Omega_i)$. 也就是说在你得知此人属于哪个省的情况下, 你对其年收入的最佳预测是这省的平均年收入. 公式 $\mathbb{E}\xi = \mathbb{E}(\mathbb{E}(\xi|\{\Omega_i\}))$ 说明平均年收入等于各省平均年收入的加权平均. ∎

下面我们来看看怎么样具体计算随机变量关于随机向量的条件期望, 这是非常重要的. 如果 η 是离散随机变量 (或随机向量), 那么 $\{\{\eta = x\} : x \in R(\eta)\}$ 是 Ω 的划分. 由上面的定理 10.3.2, 有

$$\mathbb{E}(\xi|\eta) = \sum_{y \in R(\eta)} \mathbb{E}(\xi|\eta = y) 1_{\{\eta = y\}}.$$

换句话说, 定义 $f(x) := \mathbb{E}(\xi|\eta = x), x \in R(\eta)$, 那么 $\mathbb{E}(\xi|\eta) = f(\eta)$. 设 (ξ, η) 是 2 维离散随机变量, $x \in R(\xi), y \in R(\eta)$, 记条件概率 $\mathbb{P}(\xi = x|\eta = y)$ 为 $f_{\xi|\eta}(x|y)$. 那么条件数学期望有表达式 $\mathbb{P}(\xi = x|\eta) = f_{\xi|\eta}(x|\eta)$, 其中右边理解为 η 代入 $f_{\xi|\eta}(x|y)$ 的 y 位置. 因为当 y 属于 η 的值域时, 有

$$\mathbb{P}(\xi = x, \eta = y) = f_{\xi|\eta}(x, y)\mathbb{P}(\eta = y) = \mathbb{E}(f_{\xi|\eta}(x, \eta); \eta = y).$$

我们称 $x \mapsto f_{\xi|\eta}(x|y)$ 是 $\eta = y$ 时 ξ 的条件分布律, 并且条件期望就是条件分布律的期望, 即

$$\mathbb{E}(\xi|\eta) = \sum_{x \in R(\xi)} x\mathbb{P}(\xi = x|\eta).$$

例 10.3.2 从一个有 a 个白球, b 个黑球的袋中任取 n 个球, 放入另一个袋子中. 然后从中任取一球. 问如此方式取得白球和直接从原袋子中取一个球是白球的概率是否相同? 显然直接从原袋子中取一个球是白球的概率是 $\dfrac{a}{a+b}$. 设从原袋子中取的 n 个球中的白球数为 ξ, 放入另一个袋子, 从中取一个球是白球的事件为 A, 那么 $\mathbb{P}(A|\xi=k)=k/n$. 因此 $\mathbb{P}(A|\xi)=\xi/n$. 但是 $\mathbb{E}\xi=\dfrac{na}{a+b}$ (例 4.4.5), 因此

$$\mathbb{P}(A)=\mathbb{E}(\mathbb{P}(A|\xi))=\frac{\mathbb{E}\xi}{n}=\frac{a}{a+b}.$$

两种方式取得白球概率相同.

例 10.3.3 设 X_1, X_2 独立, 分别服从参数为 m,p 与 n,p 的二项分布, 那么 X_1+X_2 服从参数为 $n+m,p$ 的二项分布. 对任何 $0\le k\le l$, 在给定 $X_1+X_2=l$ 的条件下, $X_1=k$ 的概率为

$$\mathbb{P}(X_1=k|X_1+X_2=l)=\frac{\mathbb{P}(X_1=k,X_2=l-k)}{\mathbb{P}(X_1+X_2=l)}=\frac{\dbinom{m}{k}\dbinom{n}{l-k}}{\dbinom{m+n}{l}},$$

即条件分布是超几何分布. 那么 $\mathbb{E}(X_1|X_1+X_2=l)=\dfrac{lm}{n+m}$, 因此给定 X_1+X_2, X_1 的条件期望为

$$\mathbb{E}(X_1|X_1+X_2)=\frac{m}{m+n}(X_1+X_2).$$

类似地, 如果 X_1,X_2 独立且分别服从参数为 λ_1 与 λ_2 的 Poisson 分布, 那么 X_1+X_2 是参数为 $\lambda_1+\lambda_2$ 的 Poisson 分布, 而给定 $X_1+X_2=n$ 的条件下, X_1 的分布是参数为 $n,\dfrac{\lambda_1}{\lambda_1+\lambda_2}$ 的二项分布, 因此 $\mathbb{E}(X_1|X_1+X_2=n)=\dfrac{\lambda_1}{\lambda_1+\lambda_2}n$, 即推出

$$\mathbb{E}(X_1|X_1+X_2)=\frac{\lambda_1}{\lambda_1+\lambda_2}(X_1+X_2).$$

一般情况下, $\{\eta=y\}$ 的概率可能是零, 条件概率 $\mathbb{P}(\xi=x|\eta=y)$ 没有意义. 因此为了讨论一般随机变量的问题, 我们先证明下面的引理.

引理 10.3.2 随机变量 $\xi'=\mathbb{E}(\xi|\eta)$ 当且仅当 ξ' 关于 $\sigma(\eta)$ 可测且对任何 $y\in\mathbf{R}$, 有

$$\mathbb{E}(\xi';\eta\le y)=\mathbb{E}(\xi;\eta\le y).$$

证明. 必要性显然, 让我们证明充分性, 我们只需验证 $\mathbb{E}(\xi';\eta\in B)=\mathbb{E}(\xi;\eta\in B)$ 对任何 $B\in\mathscr{B}$ 成立就足够了. 如何从区间到 Borel 集? 我们要求助于 Dynkin 引理, 即定理 10.1.1. 这种方法是概率论的常用方法. 记 $\mathscr{F}$ 是使得上式成立的 Borel 集 B 的全体, 那么条件说明 $\mathscr{F}$ 包含 $\mathscr{B}_0:=\{(-\infty,x]:x\in\mathbf{R}\}$, 此集类对于交封闭, 现在的问题是我们无法简单地验证 $\mathscr{F}$ 是 σ-域, 也就是无法直接说 $\mathscr{F}\subset\sigma(\mathscr{B}_0)$. 但是我们很容易验证稍弱点的结论, 就是 $\mathscr{F}$ 对于补集运算与不交可列并运算封闭, 因此是 Dynkin 类. $\square$

注意 ξ' 关于 $\sigma(\eta)$ 可测当且仅当它是 η 的函数, 即存在 Borel 可测函数 ϕ 使得 $\xi'=\phi(\eta)$ (参考 §2.1 的习题), 我们只要把 ϕ 表达出来就可以了. 现在设 (ξ,η) 是 2 维随机变量, F 是它们的联合分布函数. 那么对任何 $y\in\mathbf{R}$, 有

$$\mathbb{E}(\phi(\eta);\eta\le y)=\mathbb{E}(\xi;\eta\le y).$$

左边可以用 η 的分布函数表达, 右边要用联合分布函数表达, 即

$$\int_{-\infty}^{y}\phi(t)dF_\eta(t)=\int_{\mathbf{R}}\int_{-\infty}^{y}sdF(s,t).$$

如果 F 有密度函数 f, 那么 ξ,η 有边缘密度 f_ξ 与 f_η, 因此上面的公式可以写成

$$\int_{-\infty}^{y}\phi(t)f_\eta(t)dt=\int_{\mathbf{R}}\int_{-\infty}^{y}sf(s,t)dsdt.$$

如果密度函数性质足够好, 比如分段连续, 那么两边对 y 求导得

$$\phi(y)f_\eta(y)=\int_{\mathbf{R}}sf(s,y)ds,$$

因此在密度正的地方, 也就是在 η 的值域范围内有

$$\phi(y)=\int_{\mathbf{R}}s\cdot\frac{f(s,y)}{f_\eta(y)}ds.$$

注意, 在固定 y 时, 函数

$$s\mapsto\frac{f(s,y)}{f_\eta(y)}$$

实际上是一个密度函数, 称为是给定 $\eta=y$ 的条件下 ξ 的密度, 或简单地称为条件密度函数, 通常记为 $f_{\xi|\eta}(\cdot|y)$, 而函数 $\phi(y)$ 是条件密度的期望, 形式上也用符号

$\mathbb{E}(\xi|\eta = y)$ 表示. 尽管这个符号在 $\mathbb{P}(\eta = y) = 0$ 时没有真实的意义, 但是它并不是毫无理由的, 因为实际上我们有下面的等式 (几乎处处的意义下):

$$\mathbb{E}(\xi|\eta = y) = \lim_{\delta \to 0} \mathbb{E}(\xi|\eta \in (y - \delta, y + \delta)).$$

因为

$$\mathbb{E}(\xi|\eta \in (y - \delta, y + \delta)) = \frac{\int_{\mathbf{R}} ds \int_{(y-\delta,y+\delta)} s f(s,t) dt}{\int_{(y-\delta,y+\delta)} f_\eta(t) dt}$$

$$= \frac{\int_{\mathbf{R}} ds \frac{1}{2\delta} \int_{(y-\delta,y+\delta)} s f(s,t) dt}{\frac{1}{2\delta} \int_{(y-\delta,y+\delta)} f_\eta(t) dt},$$

当 δ 趋于零时, 其极限恰等于 $\mathbb{E}(\xi|\eta = y)$. 这正是计算条件期望最常用的方法.

例 10.3.4 在 $[0,1]$ 上随机取点 ξ 把它分成为两段, 然后在 $[0,\xi]$ 和 $[\xi,1]$ 中长的那段上随机取点记为 η. 记联合密度为二元函数 $f(x,y)$, 记 $\xi = x$ 时 η 的条件密度是 $f(\cdot|x)$. 如果 $x < 1/2$, 那么 $f(\cdot|x) = \frac{1}{1-x} 1_{[x,1]}$; 如果 $x > 1/2$, 那么 $f(\cdot|x) = \frac{1}{x} 1_{[0,x]}$. 怎么算 η 的密度呢? 由定义, (ξ, η) 的联合密度为 $f(x,y) = f(y|x) f_\xi(x) = f(y|x)$, 因此

$$f_\eta(y) = \int_0^1 f(y|x) dx = \int_0^{\frac{1}{2}} \frac{1}{1-x} 1_{\{y>x\}} dx + \int_{\frac{1}{2}}^1 \frac{1}{x} 1_{\{y<x\}} dx$$

$$= -\log(1 - \frac{1}{2} \wedge y) - \log(\frac{1}{2} \vee y)$$

$$= \begin{cases} -\log \frac{1-y}{2}, & y \in (0, \frac{1}{2}], \\ -\log \frac{y}{2}, & y \in (\frac{1}{2}, 1). \end{cases}$$

例 10.3.5 在 $[0,1]$ 上随机地独立地取两个点 ξ_1, ξ_2, 令 $\xi := \xi_1 \vee \xi_2$, $\eta := \xi_1 \wedge \xi_2$. 那么参考例 6.3.7, (ξ, η) 的联合密度是 $f(x,y) = 2 \cdot 1_{\{1>x>y>0\}}$. ξ 的边缘密度 $f_\xi(x) = \int_0^1 f(x,y) dy = 2x$, $x \in [0,1]$. 因此 $\xi = x$ 时 η 的条件密度 $f_{\eta|\xi}(y|x) = \frac{1}{x} 1_{\{x>y>0\}}$, 即 η 关于 $\xi = x$ 的条件密度服从 $[0,x]$ 上的均匀分布.

例 10.3.6 设 (ξ, η) 是二元正态分布的, 其边缘分布都是标准正态分布, 且相关系数是 r. 计算 $\mathbb{E}(\xi|\eta)$. 先算条件密度, 有

$$f_{\xi|\eta}(x|\eta) = \frac{1}{2\pi\sqrt{1-r^2}} e^{-\frac{x^2-2rx\eta+\eta^2}{2(1-r^2)}} \cdot \frac{1}{\frac{1}{\sqrt{2\pi}}e^{-\frac{\eta^2}{2}}}$$

$$= \frac{1}{\sqrt{2\pi(1-r^2)}} \exp\left(-\frac{x^2-2rx\eta+r^2\eta^2}{2(1-r^2)}\right)$$

$$= \frac{1}{\sqrt{2\pi(1-r^2)}} \exp\left(-\frac{(x-r\eta)^2}{2(1-r^2)}\right),$$

注意到这是正态分布 $N(r\eta, 1-r^2)$ 的密度函数, 因此容易推出

$$\mathbb{E}(\xi|\eta) = \int_{\mathbf{R}} x f_{\xi|\eta}(x|\eta) dx = r\eta.$$

利用这个例子, 我们再介绍计算条件期望的另一个常用方法. 因为 $\mathbb{E}(\xi|\eta)$ 是 η 可测的, 所以存在函数 f 使得 $f(\eta) = \mathbb{E}(\xi|\eta)$. 那需要求 f. 由定义, 对任何 $x \in \mathbf{R}$, $\mathbb{E}(f(\eta); \eta \le x) = \mathbb{E}(\xi; \eta \le x)$, 用密度写出来, 有

$$\int_{-\infty}^{x} f(u)\frac{1}{\sqrt{2\pi}}e^{-\frac{u^2}{2}} du = \int_{-\infty}^{x} dv \int_{\mathbf{R}} \frac{1}{2\pi\sqrt{1-r^2}} e^{-\frac{u^2-2ruv+v^2}{2(1-r^2)}} u du.$$

两边对 x 求导数得

$$f(x)\frac{1}{\sqrt{2\pi}}e^{-\frac{x^2}{2}} = \int_{\mathbf{R}} \frac{1}{2\pi\sqrt{1-r^2}} e^{-\frac{u^2-2rux+x^2}{2(1-r^2)}} u du$$

$$= \int_{\mathbf{R}} \frac{1}{2\pi\sqrt{1-r^2}} e^{-\frac{(u-rx)^2+x^2(1-r^2)}{2(1-r^2)}} u du$$

$$= \frac{1}{\sqrt{2\pi}}e^{-\frac{1}{2}x^2} rx,$$

因此 $f(x) = rx$, 两种方法本质上也是一样的. ∎

但是有些条件期望不能这么计算.

例 10.3.7 设 Y 服从参数等于 1 的指数分布, $a > 0$, 求 $\mathbb{E}[Y|Y \wedge a]$. 因为 $(Y, Y \wedge a)$ 没有联合密度, 所以也没有条件密度. 故而要用定义来计算条件期望. 令 $\mathbb{E}[Y|Y \wedge a] = f(Y \wedge a)$, 其中

$$f(y) = \lim_{t \to 0} \mathbb{E}(Y|Y \wedge a \in (y-t, y+t)),$$

只需考虑 $y \le a$. 然后我们分 $y < a$ 和 $y = a$ 两种情况. 当 $y < a$ 时, $f(y) = \mathbb{E}(Y|Y = y) = y$, 而当 $y = a$ 时, $\{Y \wedge a = a\} = \{Y > a\}$, 所以 $f(a) = \mathbb{E}(Y|Y > a) = 1 + a$. ∎

在一些问题中应用条件期望可以使问题更简单和直观, 通常来说最有用的性质是其中第二条, 它是全概率公式的推广.

例 10.3.8 在单位圆 S 内随机取两点 A, B, 我们来计算以 A 为中心, $|AB|$ 为半径的圆位于 S 内的概率. 把这个事件记为 K, A 到单位圆心的距离为 $r(A)$, 那么 $r(A)$ 是随机变量, 现在固定一个直角坐标系以原点为中心的单位圆内一点 $A(x, y)$, K 发生等价于 $|BA|$ 不能超过 A 到 S 的边界的距离 $1 - r(A)$, 即 B 要落在以 A 为圆心, 以 $1 - r(A)$ 为半径的圆内, 因此 $\mathbb{P}(K|A) = (1 - r(A))^2$, 然后应用定理 10.3.3(2), 得

$$\mathbb{P}(K) = \mathbb{E}(\mathbb{P}(K|A)) = \mathbb{E}(1 - r(A))^2$$
$$= \frac{1}{\pi} \int_{x^2+y^2 \leq 1} (1 - \sqrt{x^2 + y^2})^2 dx dy$$
$$= 2 \int_0^1 r(1 - r)^2 dr = \frac{1}{6}.$$

这个方法实际上是说概率分两步算, 先固定 A, 然后再把 A 随机化. ∎

附录 10.3.1 (条件期望的存在性) 如果 ξ 可积, 那么 ξ 关于子 σ-域 $\mathscr{G}$ 的条件期望存在.

证明. 用 L^1 表示可积随机变量全体, 装备 L^1 范数成为 Banach 空间, $\mathbb{E}\xi^2 < \infty$ 的随机变量称为是平方可积的, 用 L^2 表示平方可积随机变量全体, 装备可内积化的 L^2 范数成为 Hilbert 空间. 由 Cauchy-Schwarz 不等式, $L^2 \subset L^1$, 但是 L^2 在 L^1 中稠. 用 $L^2(\mathscr{G})$ 表示 $\mathscr{G}$ 可测的平方可积随机变量全体, 它是 L^2 的闭子空间. 如果 $\xi \in L^2$, 那么 ξ 在 $L^2(\mathscr{G})$ 上的正交投影 η 就是 $\mathbb{E}(\xi|\mathscr{G})$. 用定义验证, 只要证对任何 $A \in \mathscr{G}$, $\mathbb{E}(\xi; A) = \mathbb{E}(\eta; A)$ 或者 $\mathbb{E}[(\xi - \eta)1_A] = 0$, 而这由 $\xi - \eta$ 正交于 $L^2(\mathscr{G})$ 推出. 一般地, 如果 $\xi \in L^1$, 那么存在 $\{\xi_n\} \subset L^2$ 使得 $\mathbb{E}|\xi_n - \xi| \to 0$. 那么 $\{\mathbb{E}(\xi_n|\mathscr{G})\}$ 存在且是 L^1 中的 Cauchy 列, 不难验证其极限就是 $\mathbb{E}(\xi|\mathscr{G})$. □

10.4　鞅与鞅基本定理 (*)

为了说明条件期望的重要性, 让我们在最后一节来介绍数学家是怎么把一个生活中的常识转化为一个漂亮的数学定理的, 它也完美地诠释了 Feller 的话: 如果概率论对生活是真实的, 一个经验必定对应于一个可以证明的命题.

什么是常识呢? 让我们以麻将来解释, 四个人坐下搓麻将, 第五个人不能玩, 但是他可以参与赌博, 比如在大家摸牌前选定一个人跟随, 实际上就是给定一个策

略, 只要这个策略不触及影响下一局结果的信息, 其他人是可以容忍的. 为什么呢? 因为大家认为这不影响赌博的公平性. 这个常识的背后有深刻的数学原理, 数学家 J.L.Doob 敏锐地抓住了其中本质的东西, 引入鞅的概念, 发展出丰富有用的鞅理论. 从字面意义看, 鞅是英文 martingale 翻译来的, 是套在马脖子上的皮套子, 从其数学定义看, 鞅用来描述一个公平的赌博游戏, 或者说无法从已有信息预测出输赢结果. 鞅是随机分析的理论基础, J. L. Doob 也被认为是随机分析的创始人之一.

定义 10.4.1 **一个随机序列** $\{X_n : n \geq 0\}$ **称为是一个鞅, 如果它是可积的且对任何** $n \geq 1$ **有**

$$\mathbb{E}[X_n|X_{n-1}, \cdots, X_1, X_0] = X_{n-1}.$$

如果 X_n 表示一个赌局中 (或者换个好听的名词, 投资) n 时刻的财富, 那么 $X_n - X_{n-1}$ 是第 n 个时间段的财富的增量. 鞅等价于说

$$\mathbb{E}[X_n - X_{n-1}|X_{n-1}, \cdots, X_1, X_0] = 0.$$

直观地说, 基于过去的信息预期下一时间段的财富增量是 0. 这就是公平的含义, 几乎所有常见的赌博都是鞅, 因为只有公平的赌博, 才会有人参与. 为了方便, 记 $\mathscr{F}_n^X := \sigma(X_0, X_1, \cdots, X_n)$, 那么鞅的定义简单地写成为

$$\mathbb{E}[X_n|\mathscr{F}_{n-1}^X] = X_{n-1}.$$

例 10.4.1 设 $\{\xi_n\}$ 是连续掷一个均匀硬币的独立同分布随机序列, 定义

$$X_0 := a,$$
$$X_n := X_0 + \sum_{i=1}^{n} \xi_i.$$

容易验证, (X_n) 是一个鞅, 这也是最简单的鞅, 是鞅思想的源泉. 一般地, 如果 $\{\xi_n\}$ 是独立可积随机序列, 且对任何 n, $\mathbb{E}[\xi_n] = 0$, 那么 (X_n) 也是鞅. 简单地说, 独立期望零的随机序列和是鞅. 同理, 独立期望 1 的随机序列乘积也是鞅. ∎

现在考虑一个随机序列 $\{H_n\}$, 其中对任何 n, H_n 依赖于 $X_0, \cdots, X_n$ (或者说关于 $\mathscr{F}_n^X$ 可测) 的有界随机变量. 定义一个新的随机序列 $Y_0 := 0$,

$$Y_n := H_0(X_1 - X_0) + H_1(X_2 - X_1) + \cdots + H_{n-1}(X_n - X_{n-1}).$$

这个随机序列被称为是 H 关于 X 的随机积分. 这个随机积分有很多种直观的解释, 一般地, 它可以看成为依照投资策略 H 对随机资产 X 的投资所得. 简单地说, 如果

(X_n) 是搓麻将时某人的财富过程, 那么 (Y_n) 是旁边一个人做出决策 (H_n) 时候的财富过程. 如果 (X_n) 是股票价格, 那么 (Y_n) 是决策 (H_n) 之下的投资所得. 其中重要的共同点是: 一个人在时刻 n 的一个决策依赖于这时刻之前的信息, 他不能预知未来, 也不能借用将来的结果.

定理 10.4.1 (Doob)　**如果 (X_n) 是鞅, 那么 (Y_n) 也是鞅.**

证明. 著名定理的证明并不总是很难的. 首先由 H_n 和 Y_n 的定义容易验证: $\mathscr{F}_n^Y \subset \mathscr{F}_n^X$. 因为

$$Y_n - Y_{n-1} = H_{n-1}(X_n - X_{n-1}),$$

故由条件期望性质, 有

$$
\begin{aligned}
\mathbb{E}[Y_n &- Y_{n-1}|\mathscr{F}_{n-1}^Y] \\
&= \mathbb{E}[\mathbb{E}[H_{n-1}(X_n - X_{n-1})|\mathscr{F}_{n-1}^X]|\mathscr{F}_{n-1}^Y] \\
&= \mathbb{E}[H_{n-1}\mathbb{E}[X_n - X_{n-1}|\mathscr{F}_{n-1}^X]|\mathscr{F}_{n-1}^Y] \\
&= 0.
\end{aligned}
$$

证明了 (Y_n) 是鞅.　　　　　　　　　　　　　　　　　　　　　　□

这个定理直观上说: 只要不能预知未来, 任何策略都不能帮助赌徒获得更有利的机会. 它称为鞅基本定理, 从这里开始可以证明 Doob 的随选停止定理, 然后是鞅极大不等式, 推广了 Kolmogorov 的不等式, 还有鞅的上窜不等式, 用于证明鞅收敛定理等, 建立了完美的离散时间鞅论. 再由 20 世纪 70 年代 P.A.Meyer 与 S. Watanabe 等数学家的工作建立了基于 K.Itô 思想的现代随机分析理论.

习　　题

1. 设 ξ, η 是独立随机变量, 证明:

$$\mathbb{P}(\xi = \eta) = \sum_{x \in \mathbf{R}} \mathbb{P}(\xi = x)\mathbb{P}(\eta = x),$$

2. 设 $X = (X_1, \cdots, X_n)$ 是独立的参数为 p 的 Bernoulli 随机变量. 设 $f, g : \{0,1\}^n \to \mathbf{R}$ 是递增的.

(a) 令 $e(p) := \mathbb{E}f(X)$, 证明: e 关于 p 也是递增的;

(b) 证明: $\mathrm{cov}(f(X), g(X)) \geq 0$.

3. 设 ξ, η 独立, 证明: 如果 $\xi + \eta$ 可积, 那么 ξ, η 都可积. 举例说明没有独立性条件则命题不成立.

4. 证明定理 10.2.2 中 $\{\eta_n : n \geq 1\}$ 是独立随机序列.

5. 设 $\{\xi_n\}$ 是独立同分布随机序列, 满足 $\mathbb{P}(\xi_n = 1) = \mathbb{P}(\xi_n = -1) = 1/2$, $S_n = \sum_{k=1}^n \xi_k$. 证明:
$$\mathbb{P}(\{\sup_n S_n = \infty\}) = 1.$$

6. 设 ξ, η 是有界随机变量, 用 Weierstrass 逼近定理证明 ξ, η 独立当且仅当对任何非负整数 m, n 有 $\mathbb{E}\xi^m\eta^n = \mathbb{E}\xi^m \cdot \mathbb{E}\eta^n$.

7. 设 ξ, η 是独立随机变量. 如果 ξ 与 $\xi - \eta$ 也独立, 证明 ξ 等于常数.

8. 设 η 是随机变量, 且 $\{\xi, \eta\}$ 与事件域 $\mathscr{G}$ 独立. 则 $\mathbb{E}(\xi|\eta, \mathscr{G}) = \mathbb{E}(\xi|\eta)$, 其中 $\mathbb{E}(\xi|\eta, \mathscr{G})$ 表示 ξ 关于 $\sigma(\sigma(\eta) \cup \mathscr{G})$ 的条件期望.

9. 设 ξ, η 是独立同分布的可积的离散随机变量. 证明: $\mathbb{E}(\xi|\xi + \eta) = \frac{1}{2}(\xi + \eta)$.

10. 设 $\mathscr{G}$ 是子 σ-域, $A \in \mathscr{G}$, 证明: $\mathbb{E}(1_A\xi|\mathscr{G}) = 1_A\mathbb{E}(\xi|\mathscr{G})$.

11. 证明:

(a) $(\mathbb{E}(\xi|\mathscr{G}))^2 \leq \mathbb{E}(\xi^2|\mathscr{G})$;

(b) $\mathbb{E}(\mathbb{E}(\xi|\mathscr{G}))^2 \leq \mathbb{E}\xi^2$.

12. 设 X, Y 独立的且服从标准正态分布的, $Z = X + Y$. 求 $\mathbb{E}(Z|X > 0, Y > 0)$.

13. 设 (X, Y) 服从区域 D 上均匀分布, 其中 D 是点 $(0,0), (1,0), (1,1)$ 所围成的三角形. 求条件期望 $\mathbb{E}(Y|X)$.

14. 设 ξ, η 是平方可积随机变量, 满足 $\mathbb{E}(\xi|\eta) = \eta$, $\mathbb{E}(\eta|\xi) = \xi$, 证明: $\xi = \eta$ a.s.. 再证明平方可积的条件可以减弱为可积. [1]

---

[1] 本题是徐佩教授聊天时提到的. 有平方可积性时很容易, 只有可积性条件时需要一点技巧.

15. 设 (ξ, η) 有联合密度函数, 证明:

$$\mathbb{E}(\xi|\eta) = \int_{\mathbf{R}} s f_{\xi|\eta}(s|\eta) ds.$$

16. 设 X, Y 独立且分别服从参数为 α, β 的指数分布, 求 $\mathbb{P}(X < Y)$.

17. 设 (X, Y) 服从二维正态分布, $\mathbb{E}X = \mathbb{E}Y = 0$, $\mathbb{E}X^2 = \sigma^2$, $\mathbb{E}Y^2 = \tau^2$, $\rho(X, Y) = \rho$. 证明:

  (a) $\mathbb{E}(X|Y) = \dfrac{\rho\sigma}{\tau}Y$;

  (b) $\mathbb{E}(X|X+Y) = \dfrac{\sigma^2 + \rho\sigma\tau}{\sigma^2 + 2\rho\sigma\tau + \tau^2}(X + Y)$.

18. 设 X 服从参数为 n, U 的二项分布, 其中 U 服从 $[0,1]$ 上均匀分布. 求 X 的分布.

19. 设连续型可积随机变量 X 的密度函数为 f, 写出 $\mathbb{E}(X||X|)$.

20. 设 X, Y 是 $[0,1]$ 上两个独立均匀分布随机变量. 求 $\mathbb{E}(X|\max(X, Y))$.

21. 设 $\{Y_k : 1 \le k \le n\}$ 是独立且标准正态分布的, $X_i := \sum_{j=1}^{n} c_{ij}Y_j$, 其中 $\{c_{ij}\}$ 是常数. 证明:

$$\mathbb{E}(X_j|X_k) = \left(\frac{\sum_i c_{ji}c_{ki}}{\sum_i c_{ki}^2}\right) X_k.$$

22. 设 X, Y, Z 服从 3 维正态分布, 边缘分布都是标准正态的, $\rho_1 = \rho(X, Y), \rho_2 = \rho(Y, Z), \rho_3 = \rho(Z, X)$.

  (a) 证明:

$$\mathbb{P}(X > 0, Y > 0, Z > 0) = \frac{1}{8} + \frac{1}{4\pi}\sum_{i=1}^{3}\arcsin\rho_i;$$

  (b) 设 $\rho_1 = \rho(X, Y)$, 证明:

$$\mathbb{E}(Z|X, Y) = \frac{(\rho_3 - \rho_1\rho_2)X + (\rho_2 - \rho_1\rho_3)Y}{1 - \rho_1^2}.$$

23. 设 ξ 是可积随机变量, $\mathscr{G}$ 是 $\mathscr{F}$ 的子 σ-域, 证明: $|\mathbb{E}(\xi|\mathscr{G})| \le \mathbb{E}(|\xi||\mathscr{G})$.

24. 设 ξ, η 可积, 独立且期望为零, 证明: $\mathbb{E}|\xi + \eta| \ge \mathbb{E}|\xi|$. [2]

---

  [2]徐佩教授告诉作者: 本题是钟开莱先生当年面试他的题目.

25. 设 ξ, η 是两个随机变量, 证明: 下面三个论断等价

    (a) ξ, η 独立;

    (b) 对任何 $x \in \mathbf{R}$ 有
    $$\mathbb{E}[e^{ix\xi}|\eta] = \mathbb{E}[e^{ix\xi}];$$

    (c) 对任何有界连续函数 f 有 $\mathbb{E}[f(\xi)|\eta] = \mathbb{E}[f(\xi)]$.

26. 设有随机变量集 $\{\xi_i : i \in I\}$, 如果
    $$\mathscr{G} := \bigcup_{I_0} \sigma(\xi_i : i \in I_0),$$

    其中 I_0 取遍 I 的所有有限子集, 证明: 事件类 $\mathscr{G}$ 对交封闭且 $\sigma(\xi_i : i \in I) = \sigma(\mathscr{G})$.

27. 一根木棍随机断为两段, 然后较长的一根又随机地断为两段, 求此三段能组成三角形的概率.

28. (*) 设 Z 是在半径为 a 的圆内随机取两点的距离, 求 $\mathbb{E}[Z^2]$ 与 $\mathbb{E}Z$ (比较难).

29. (*) 设 S 是一个半径为 a 的圆内随机取三个点组成的三角形的面积. 证明
    $$\mathbb{E}S = \frac{35a^2}{48\pi}.$$

30. (*) 在三角形 $\triangle_1$ 中随机取三点连成三角形 $\triangle_2$, 证明: $\mathbb{E}|\triangle_2| = |\triangle_1|/12$.

参考文献

[1] Billingsley, P., PROBABILITY AND MEASURE, John Wiley & Sons, 1986

[2] Billingsley, P., CONVERGENCE OF PROBABILITY MEASURES, John Wiley & Sons, 1968

[3] Chung, K.L., A COURSE IN PROBABILITY THEORY, Academic Press, New York, 1974

[4] Durrett, R., PROBABILITY: THEORY AND EXAMPLES, The 3rd edition, Thomson, 2005

[5] Feller, W., PROBABILITY THEORY AND ITS APPLICATION, Vol. I(1959: Third edition), Vol. II(1970), Wiley & Son

[6] 复旦大学, 概率论, 高等教育出版社, 北京, 1979

[7] Grimmett, G., Stirzaker, D., PROBABILITY AND RANDOM PROCESSES, (3rd edition), Oxford University Press, 2001

[8] Grimmett, G., Stirzaker, D., ONE THOUSAND EXERCISES IN PROBABILITY, Oxford University Press, 2001

[9] Kallengberg, O., FOUNDATIONS OF MODERN PROBABILITY, 科学出版社, Springer, 2001

[10] Revuz, D., PROBABILITÉS, Hermann, 1997

[11] Ross, S., A First Course in Probability, 6th edition, Pearson Education 2002 (其中译本由机械工业出版社 2006 年出版).

[12] Ross, S., 概率模型导论, 人民邮电出版社, 2015

[13] Shiryayev, A.N., Probability, Springer-Verlag, 1984

[14] von Mises, R., Probability, Statistics and Truth, Dover Publications, Inc., 1957

[15] 王梓坤, 概率论基础及其应用, 北京师范大学出版社, 北京, 2007

[16] 汪嘉冈, 现代概率论基础, 复旦大学出版社, 上海, 1988

[17] 杨振明, 概率论, 科学出版社, 北京, 2001

[18] 应坚刚, 金蒙伟, 随机过程基础, 复旦大学出版社, 上海, 2005

图书在版编目(CIP)数据

概率论/应坚刚,何萍编著. —2 版. —上海:复旦大学出版社,2016.9 (2024.11 重印)
(复旦博学·数学系列)
ISBN 978-7-309-12461-3

Ⅰ. 概…　Ⅱ.①应…②何…　Ⅲ. 概率论-高等学校-教材　Ⅳ.021

中国版本图书馆 CIP 数据核字(2016)第 176214 号

概率论(第二版)
应坚刚　何　萍　编著
责任编辑/范仁梅　陆俊杰

复旦大学出版社有限公司出版发行
上海市国权路 579 号　邮编:200433
网址:fupnet@ fudanpress. com　http://www.fudanpress. com
门市零售:86-21-65102580　团体订购:86-21-65104505
出版部电话:86-21-65642845
常熟市华顺印刷有限公司

开本 787 毫米×960 毫米　1/16　印张 13　字数 226 千字
2024 年 11 月第 2 版第 4 次印刷

ISBN 978-7-309-12461-3/O · 602
定价:30. 00 元